Motor Fan
illustrated

D R I V E   L I N E

드라이브 라인
4WD & 종감속기어

Motor Fan illustrated *Special Edition* CONTENTS

구동계통
완전이해

「드라이브 트레인은 숨어있는 실력자」라고 불린다.
엔진을 비롯한 파워트레인 시스템과는 달리 주목받는 경우가 적다.
그러나 프로펠러 샤프트, 드라이브 샤프트, 등속 조인트, 액셀 유닛
그리고 디퍼렌셜 등 「구동계통」은 어느 것 하나도 중요한 역할을 하고 있다.
그리고 기술의 혁신도 상상 이상으로 진행되고 있다.
엔진에서 발생되는 동력을 주행하는 구동력으로 변환시키는 테크놀로지.
이번 도해 특집에서는 이 「구동계통 = 드라이브 트레인」에 주목해 본다.

취재협력 : GKN 드라이브 라인 테크놀로지 주식회사/ NTN 주식회사
Special Thanks to : 구보 아즈오 교토 대학 명예 교수

엔진에서 발생시키는 동력을 주행하기 위한 구동력으로 변환하는 테크놀로지

가솔린 1 ℓ 가 갖고 있는 에너지는
어른 한 사람이 하루 8시간 일한 것의 일 주일분에 해당한다고 한다.
이러한 거대한 출력을 보유하고 있는 액체를 인류는
노면을 달리는 힘으로 이용하여 활동의 반경을 넓혀 왔다.
그리고 자동차가 진화에 이르기까지의 과정에서는 「구동 계통」의 역사이기도 하다.

글 : 마키노 시게오 · 사진 : DAIMLER

1934년에 메르세데스 벤츠 「130」모델은 리어 엔진 리어 드라이브(RR) 방식을 사용하고 있었다. 파워 패키지를 차체의 뒤쪽에 배치하고 전방에는 조향 계통만 배치한 현재의 RR 방식과 같은 구성이었다.

고트리프 다임러(Gottlieb Wilhelm Daimler)와 칼 벤츠(Carl Friedrich Benz)에 의해 19세기에 발명된 내연기관 자동차. 동력 전달의 방향을 바꾸는 톱니바퀴가 사용되고 있었는데 이때는 큰 「플라이휠」도 구동계통의 일부였다.

구동 계통의 출발점은 클러치 기구이며, 그 다음에 변속기와 종감속 기어가 배치되어 있으며 각 바퀴로 구동력을 분할하는 디퍼렌셜 기어가 있다. 나아가 디퍼렌셜에서 바퀴로 회전을 등속으로 전달하기 위한 드라이브 샤프트가 필요하다. 4WD(4륜구동)의 경우는 트랜스퍼도 필요하다.

이번 구동 계통의 특집에서 본지가 지금 시점에서 생각하는 「구동 계통의 개론」이 여하튼 완성을 보게 되었다. 물론 이것은 완결이 아니라 과정에 지나지 않는다는 점은 두말할 필요도 없다.

각론에 들어가기 전에 자동차의 역사 가운데 구동 계통의 진보에 관한 것을 조금만 살펴보기로 하겠다. 자동차라는 공업제품은 내연기관, 전달 계통, 기계 기구, 소재, 제조 기술 등 다양한 분야의 개별적인 진화로 유지되어 왔다. 어디 하나가 돌출된 것이 아니라 균형적인 기술의 진보가 있었기 때문에 자동차는 이 세상의 공업제품을 선도하는 진화 페이스를 유지할 수 있었다고 생각한다.

19세기 말에 내연기관을 탑재한 자동차가 등장하였을 때의 모습을 지금 눈으로 보면 그것은 엔진이나 구동 계통 소위 말하는 파

현재 「S클래스」는 시장에서 요구하는 동력의 성능이나 호화로움뿐만 아니라 안정성이나 환경적인 측면에서 큰 부분을 차지하고 있다. 「효율」로 뒷받침되는 상품성이 필수인 시대가 되었다.

다임러 벤츠가 85년에 완성시킨 3차원 시뮬레이터로 본 W126. 가상의 개발 기술은 구동 계통의 설계에도 큰 영향을 끼쳤다.

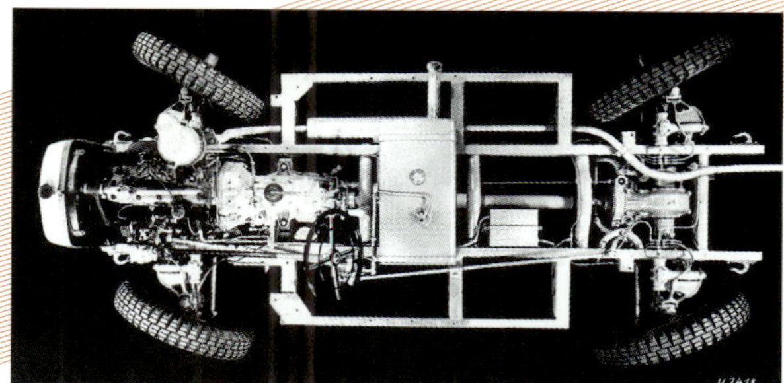

80년대 일본에서 크게 유행했던 4WS는 4WD 기술과 함께 메르세데스 벤츠 「G5」(1937~41년)에서 실용화되었다. 구동 계통과 섀시 기술이 융합된 전형적인 예이다.

아직도 기억이 생생한 80년대 후반의 「S클래스」 W126 시리즈는 동시대의 「E클래스」 W124 시리즈와 함께 어느 의미에서 자동차로서의 기계적 설계가 정점에 도달한 시대의 모델이다.

워 패키지를 운전하기 위한 운반 도구처럼 생각이 된다. 그 후 약 50년 간은 파워 패키지를 일직선 상에 배치하는 시대였는데 그것은 전달효율의 측면이나 섀시, 보디 구조에 의한 제약이 이유였다고 할 수 있다.

그러한 기술의 제약이 없어지면서 1950년대 말 이후에는 엔진을 가로로 배치하는 방식이 생겨났다. 동시에 내연기관과 구동 계통의 효율 향상이 패키징의 변혁을 가능하게 하여 자동차의 스타일은 다양화되었다. 그리고 80년대에는 4WD가 「온로드 고속형」이라는 새로운 세계로 돌입하였다.

기계설계술의 최고점은 70년대 후반부터 80년대 중반에 걸쳐서일 것이다. 온로드 4WD가 생기고 그 토크의 배분방식이 다양화되었던 시대였으며, 그 이후에는 기계 기구를 보완하는 제어 기술이 눈부실 정도로 발달했다. 그리고 90년대 말 이후에는 흔히 말하는 IT(Information Technology)의 진보로 제어 계통이 부각된다. 기계 기구를 보완하기 위한 것이 아니라 기계와 같은 위치, 경우에 따라서는 전기적 제어가 주로 이루어졌다.

이 페이지의 그림은 메르세데스 벤츠의 W126 시리즈로 기계의 설계가 절정을 이루던 시대의 제품으로 동시대의 W124 시리즈와 함께 지금까지 기계의 설계가 본보기라 할 수 있는 존재이다. 과거 본지 취재에 협력해준 많은 자동차 기술자와 연구자 분들이 「지금까지 최고의 걸작이다」라고 하는 자동차이다.

스티어링 시스템이나 구동 계통도 거의 기계적으로 제어되었으며, 전기적으로 제어되는 부분은 아주 미미하였다. 기계적 설계의 묘(妙)와 공작의 정밀도, 고도의 조립 정밀도에 의해 터득된 완성도가 거기에 녹아들어 있는 것이다. 그러나 다임러 벤츠는 전자제어를 사용하기 위한 준비를 동시에 병행하여 진행되고 있었으며, 한꺼번에 전자부품이 증가된 것은 80년대 후반이다. 이로 인해 버려진 기계 기구는 많으며, 한번 버려지게 되면 그 기계 설계는 멸종하게 된다.

이번에 특집은 기계 기구가 중심이다. 지금까지 자동차의 매체가 거의 다룬 적이 없었던 구동 계통의 말단부분이다. 아마도 일상적으로 자동차를 운전하면서는 별로 신경을 쓸 일이 없는 부위로 거의 완전하게 "숨은 공로자"인 것이다. 그러나 이 기계 기구와 설계 기술에는 눈여겨 볼만한 부분이 많고 동시에 계속해서 진보를 거듭하고 있는 부분이다.

어떻게 전자제어가 발달되어 가더라도 또 자동차의 동력원이 전동 모터로 바뀌었다고 하더라도 바퀴가 있는 한 기계 기구는 없어지지 않는다. 엔진이 발생하는 동력을 주행하기 위한 구동력으로 바꾸고 그것을 타이어에 전달하는 테크놀로지이다. 엔진과 타이어를 연결시키는 파워트랜스미터도 구동 계통이다.

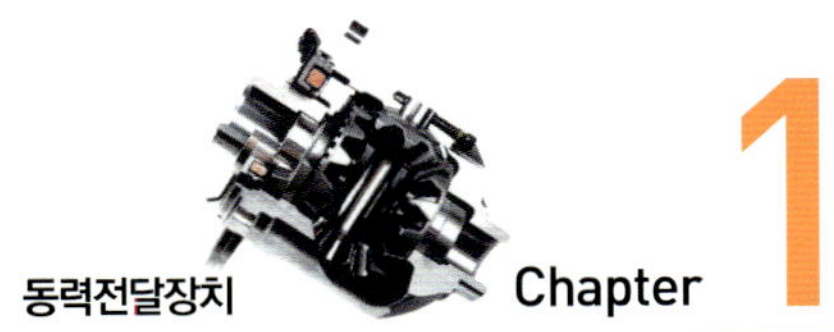

1

구동계통의 전체 모습

Part1 전륜 구동=FWD(Front Wheel Drive)

엔진과 구동계통을 원(Won) 패키지화하여
공간의 효율성이 뛰어난 방식

패밀리카의 구동방식으로 정착한 FF(Front engine · Front wheel drive) 방식은 처음에는 「잘 구동되지 않는다」, 「왼쪽과 오른쪽의 회전이 다르다」는 등의 현상이 나타났다. 아주 일반적인 구동방식으로 성장한 배경에는 주변 기술의 진보가 있었기 때문이다.

글 : 마키노 시게오 · 사진 & 그림 : 쿠마가이 토시나오 / GM / FORD / 스미요시 미치히토

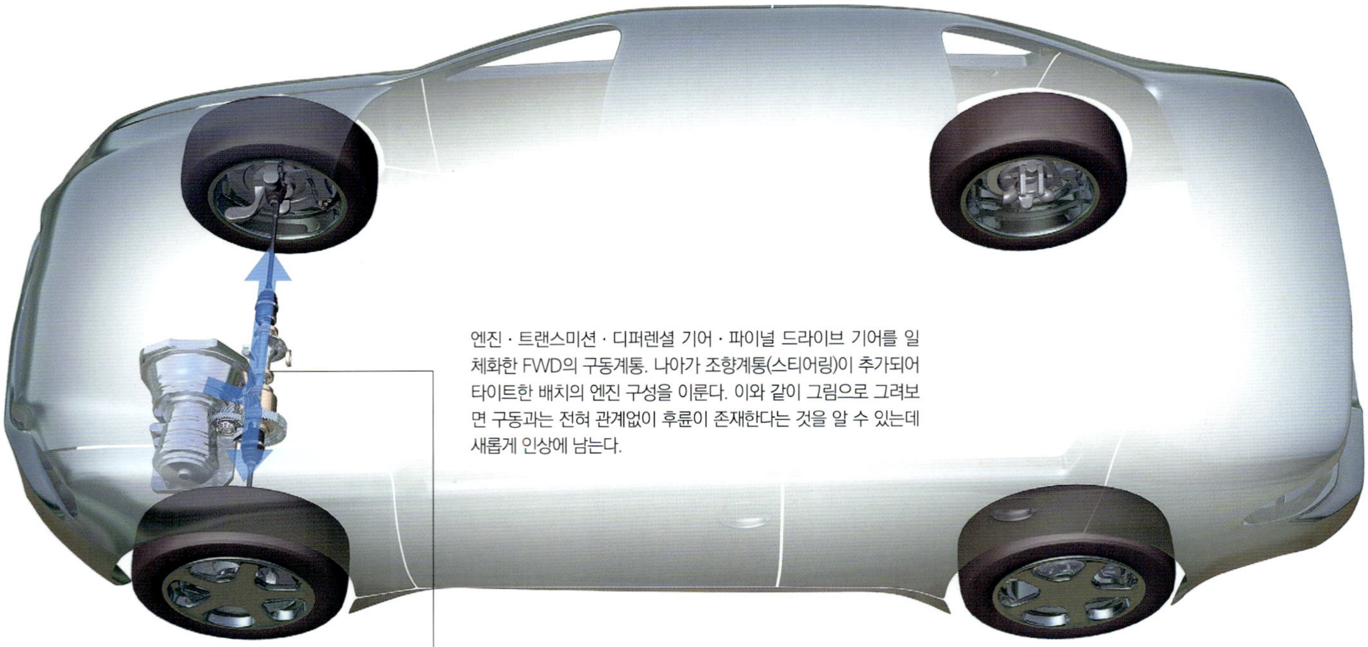

엔진 · 트랜스미션 · 디퍼렌셜 기어 · 파이널 드라이브 기어를 일체화한 FWD의 구동계통. 나아가 조향계통(스티어링)이 추가되어 타이트한 배치의 엔진 구성을 이룬다. 이와 같이 그림으로 그려보면 구동과는 전혀 관계없이 후륜이 존재한다는 것을 알 수 있는데 새롭게 인상에 남는다.

● 엔진 가로배치

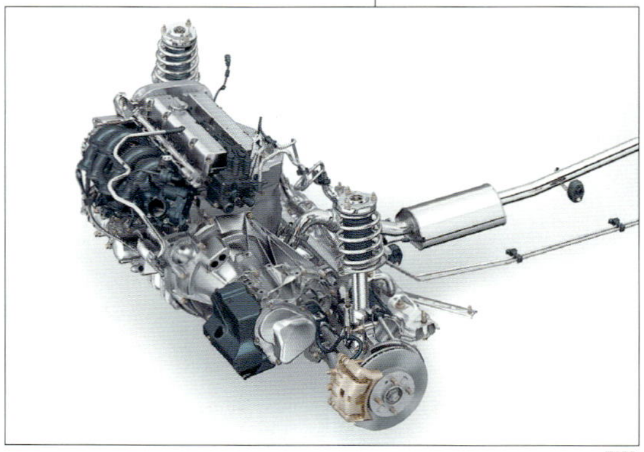

● 엔진 세로배치

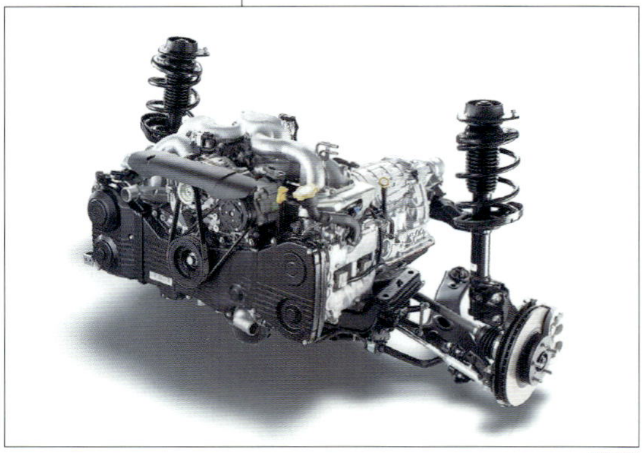

조인트 방식에는 몇 가지 종류가 있는데 위는 프랑스에서 개발된 타입으로 가로 방향의 슬라이드오·상하각도의 변화를 여기서 흡수한다. 바퀴쪽 허브 중심에 조인트가 결합되어야 한다는 것이 필수조건이다.

파이널 드라이브 기어에서 전달되는 회전을 등속(等速)으로 바퀴에 전달하기 위한 등속 조인트는 서스펜션의 작동에 따라 조인트 자체가 상하로 움직이도록 설정한 상태에서 설계가 이루어진다. 쇽업소버가 바운드 쪽으로 작동하면 등속 조인트가 부착된 드라이브 샤프트는 하반각(下反角)이 되고 반대로 리바운드 쪽에서는 상반각(上反角)이 된다. 이렇게 각도가 움직이도록 하는 요구가 증가되는 경향이 있다. 또한 위에서 보았을 때 조인트의 이니셜 위치가 차량의 중심선에 대해 직각이 아닌 배치도 있다.

엔진 룸 안에는 "주행", "선회", "정지"를 위한 기능이 모두 들어가 있다. 배기가스 규제의 강화로 인해 엔진의 배기관 근처에 촉매 컨버터가 위치하게 된 것이나 충돌시 안전성의 문제로 장착되는 위치는 한정되어 가고 있다. 프런트 서브 프레임의 어느 지점에 스티어링 랙을 배치하여 드라이브 샤프트와의 위치관계를 어떻게 할 것인가. 또한 프런트 서브 프레임에 엔진을 어떻게 설치할 것인가. 이러한 배치에 따라 주행성능도 크게 좌우된다.

트랜스미션에서 전달되는 출력을 디퍼렌셜 기어에서 좌우로 나누어 전륜을 구동한다. 엔진과 트랜스미션은 일체화되어 있어서 디퍼렌셜은 트랜스미션 내부 또는 부근에 위치하며, 프로펠러 샤프트는 필요가 없다. 바퀴로 동력을 전달하는 경로가 짧아 간단한 동력의 구동계통을 실현할 수 있다. 이것이 FWD(Front Wheel Drive) 방식의 장점이다.

현재의 FWD차량은 좌우의 길이가 같은 드라이브 샤프트를 사용하지만 예전에는 디퍼렌셜이 차량의 중심선에서 좌우 어느 한쪽으로 치우쳐 있을 경우 드라이브 샤프트도 그대로 좌우 길이가 다르게 사용하기도 했었다. 또한 구동바퀴와 조향바퀴가 같기 때문에 구동력의 변화나 노면의 상황에 따라서는 스티어링이 좌우되는 것처럼 토크 스티어링의 작동이 두드러졌다. 좌우 전륜의 접지상태나 드라이브 샤프트의 기울어진 각도 그때의 스

로틀 밸브의 개도와 타이어의 그립력 관계 등 다양한 원인으로 인해 운전자가 의도한대로 주행하지 못하는 현상이 나타났다. 그러나 드라이브 샤프트의 길이가 같아지고 조인트의 각도 변화에 의한 영향이 매우 작고 우수한 등속 조인트의 등장과 스티어링 랙 위치의 개선 등에 의해 현재의 FWD 차량은 우수한 스티어링 특성을 갖고 있다. FWD 방식이 패밀리카의 파워 패키지를 탑재하는 방법으로 시장을 점하게 된 최대의 이유는 구동계통 부품의 진보라고 말할 수 있다.

또한 FWD는 엔진의 가로배치와 세로배치로 크게 분류된다. 일반적으로는 가로배치가 주류를 이루지만 스바루, 사브, 아우디 등이 세로배치 방식에 많은 노하우를 갖고 있으면서 현재도 존재한다. 엔진을 가로로 배치하는 것은 엔진의 크랭크축과 트랜드미션의 출력축 그리고 드라이브 샤프트가 각각 평행하다는 것을 말한다. 엔진

을 세로로 장착하면 트랜스미션 안에 디퍼렌셜을 배치하여 출력을 90° 방향만큼 전환시키게 된다. 엔진의 가로 배치용 FWD 파워패키지 위치를 앞뒤 반대로 하면 그대로 미드십 RWD(Midship Engine Rear Wheel Drive)로 전용할 수 있다. 세로배치의 파워패키지를 그대로 후륜으로 이동시키면 미드십 RWD가 되고 앞뒤를 반대로 해서 후륜으로 이동시키면 RR(Rear engine Rear wheel drive) 타입이 된다.

엔진과 트랜스미션이라는 중량물을 차량 전체의 운동성이라는 차원에서 어떻게 이용할 것인가. 또한 목적에 어울리는 차량 실내(캐빈)의 공간을 어떻게 확보할 것인가. 이 2가지의 밸런스 조합에 따라 자동차에는 많은 레이아웃이 생겨났는데 실내를 최대한으로 확보한다는 점에서는 여전히 FWD에 장점이 많다고 할 수 있다.

엔진, 변속기, 디퍼렌셜을 일직선 상에 놓고 구동바퀴와 조향바퀴를 구분하는 방식

운전석 전방에 엔진을 배치하고 엔진의 출력을 후륜으로 전달한다.
전륜은 구동력을 부담하지 않고 조향 바퀴로서만 사용한다. 예전에 자동차가 사다리형 프레임이었던 20세기 초 무렵에는 이 방식이 합리적이었다.

글 : 마키노 시게오 · 사진 & 그림 : 쿠마가이 토시나오 / DAIMLER / FORD / PORSCHE / 스미요시 미치히토

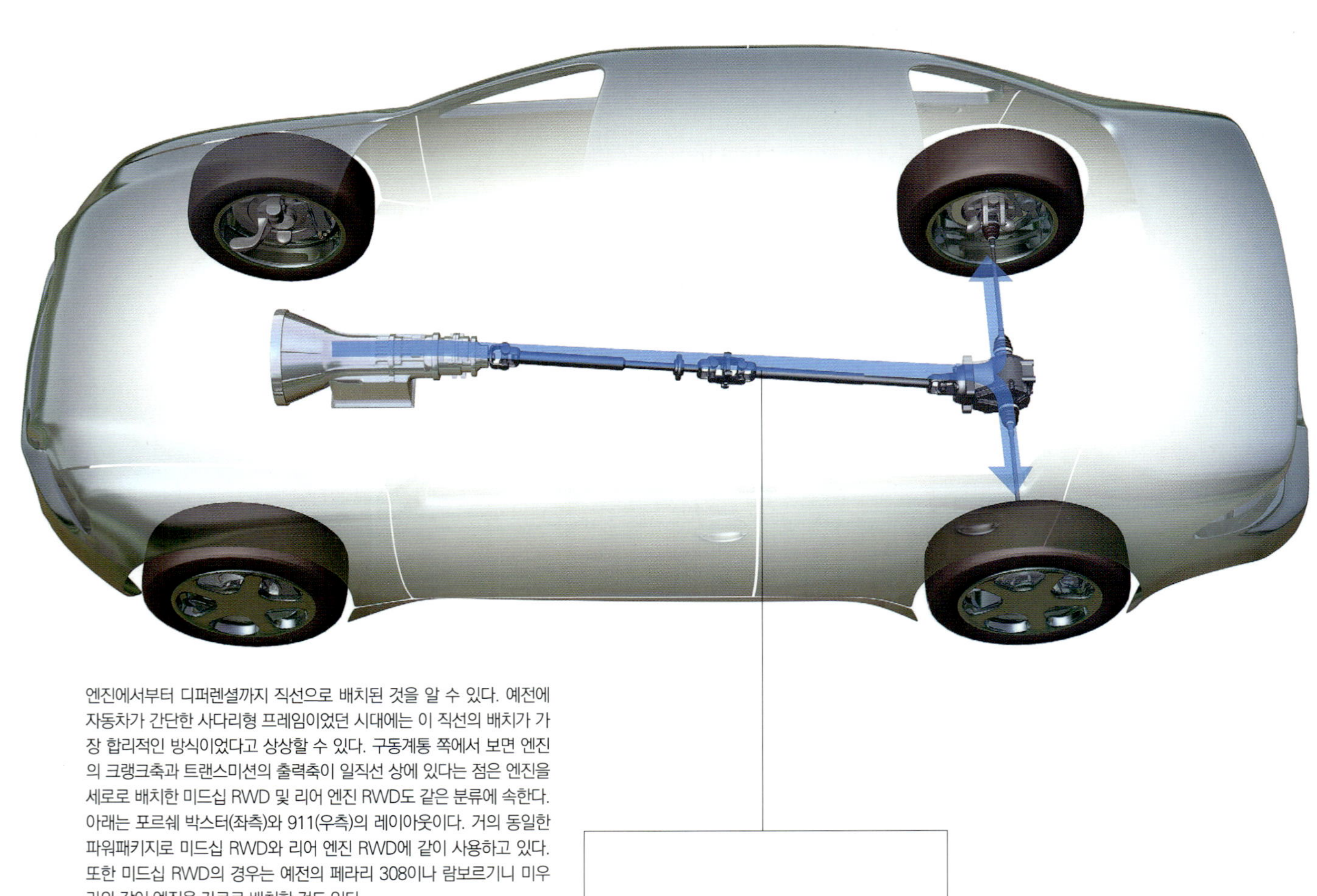

엔진에서부터 디퍼렌셜까지 직선으로 배치된 것을 알 수 있다. 예전에 자동차가 간단한 사다리형 프레임이었던 시대에는 이 직선의 배치가 가장 합리적인 방식이었다고 상상할 수 있다. 구동계통 쪽에서 보면 엔진의 크랭크축과 트랜스미션의 출력축이 일직선 상에 있다는 점은 엔진을 세로로 배치한 미드십 RWD 및 리어 엔진 RWD도 같은 분류에 속한다. 아래는 포르쉐 박스터(좌측)와 911(우측)의 레이아웃이다. 거의 동일한 파워패키지로 미드십 RWD와 리어 엔진 RWD에 같이 사용하고 있다. 또한 미드십 RWD의 경우는 예전의 페라리 308이나 람보르기니 미우라와 같이 엔진을 가로로 배치한 것도 있다.

● 미드십

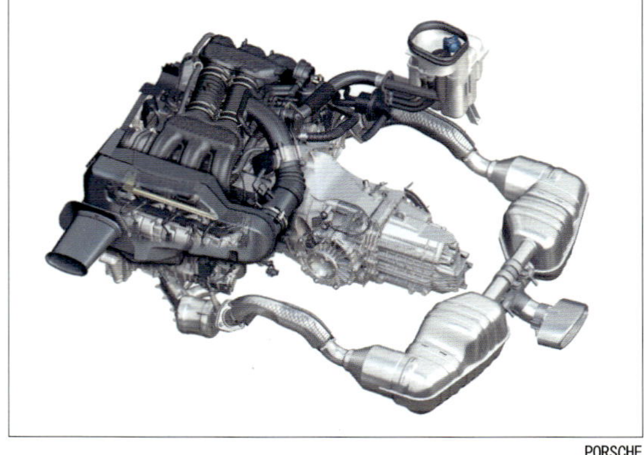

PORSCHE

● 리어 엔진

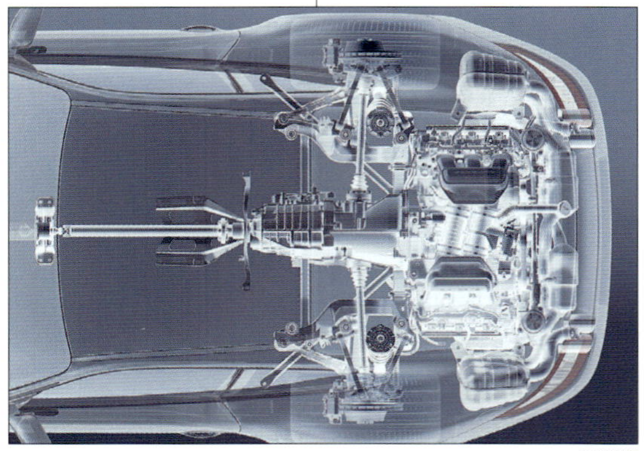

PORSCHE

포드의 SUV인 익스플로러의 리어 액슬. 좌우 바퀴의 노면에 대한 캠버가 다른 경우라도 구동력을 정상적으로 후륜에 전달할 수 있도록 FWD차와 똑같은 등속 조인트가 배치된 드라이브 샤프트가 사용되고 있다. 오프로드 주행에서는 디퍼렌셜 쪽 조인트 부분을 지지점으로 차륜 쪽의 조인트 부분이 크게 상하로 움직이기 때문에 드라이브 샤프트의 조인트는 큰 각도에 대응하도록 하고 있다. 세단계통의 차종보다 조건이 엄격하다.

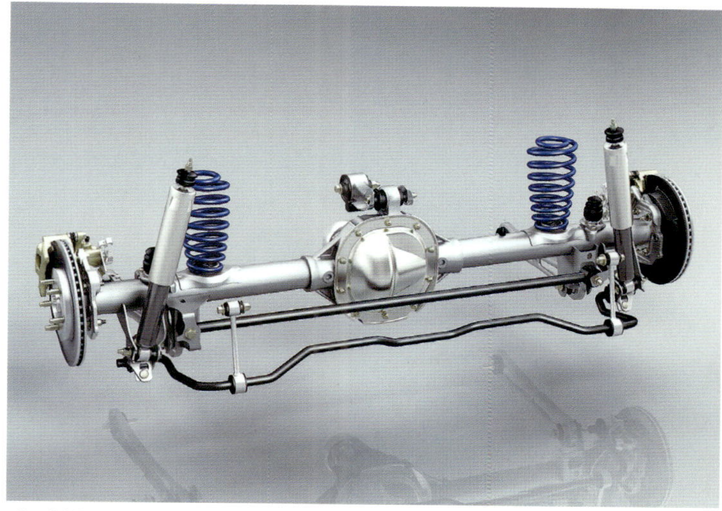

서스펜션이 좌우 독립식이 아니라 리지드식인 경우는 디퍼렌셜과 좌우 드라이브 샤프트를 직선형태의 튼튼한 하우징에 넣어 리지드 액슬로 할 수 있다. 이 경우는 드라이브 샤프트에서 각도가 변화되지 않는다. 좌우 바퀴는 항상 일정한 상대 각을 갖게 되어 같은 캠버 각도로 노면과 접촉하게 된다. 뒤 사진은 현행 모델인 포드 머스탱의 리지드식 차축이다. 디퍼렌셜 케이스와 액슬 하우징 및 허브는 모두 경량화되어 있는 등 리지드 방식에도 「새로운 도전」이 있다는 것을 보여주는 좋은 예이다.

이 드라이브 샤프트에는 디퍼렌셜 쪽(좌측)으로 슬립 조인트가 배치되어 있다. 서스펜션의 작동에 따라 허브 쪽(우측) 조인트가 그리는 궤적은 드라이브 샤프트가 슬립이 이루어지지 않으면 이치에 맞지 않기 때문이다.

다임러의 중량급 트럭의 리어 디퍼렌셜 주변 그림. 사다리형 프레임에 판스프링이라는 구성으로 예전의 90년대 초반을 생각나게 하는 구성이지만 프레임에 액슬 전체를 장착한 방법이나 후륜을 2개의 축으로 정한 것 등에서 세심한 방식을 구사했다는 것을 알 수 있다. 대형 트럭에서는 이러한 방식이 일반적이다. 드라이브 샤프트에는 아주 튼튼한 것이 사용된다.

자동차 구동계통의 레이아웃으로 등장한 RWD는 엔진을 캐빈(차량의 실내)보다도 앞에 배치하는 FR(Front engine, Rear drive)와 휠베이스 내의 캐빈 후방에 엔진을 배치하는 MR(Midship engine Rear drive) 그리고 후륜보다 뒤쪽인 리어 오버행 부분에 엔진을 배치하는 RR(Rear engine Rear drive) 3종류로 크게 분류된다. MR에는 더 많은 종류가 있어서 엔진 가로배치 즉 FWD용 파워패키지를 그대로 차량의 중앙부에 배치하는 레이아웃이나 엔진을 세로로 장착하고 트랜스미션을 구동바퀴보다도 후방에 배치하는 타입 등도 있다. 또한 FR은 닛산 GT-R과 같이 트랜스미션을 구동바퀴 쪽에 배치하는 트랜스액슬 방식이 있다. FR 및 RR에서 엔진을 가로로 배치하는 경우는 적어도 근대의 양산 자동차에서는 존재하지 않는다.

엔진을 세로로 배치하고 바로 다음에 클러치와 변속기가 위치하는 등 파이널 드라이브 기어와 디퍼렌셜까지를 일직선으로 배치하는 방법은 프랑스의 자동차 메이커인 파나르가 확립시킨 레이아웃이다. 좌우 바퀴의 근처에 차량의 전장(全長)과 거의 비슷한 길이의 세로축을 만들어 판스프링식의 완충재를 매개로 바퀴를 지지하고 좌우 세로축의 몇 군데를 가로방향의 빔으로 연결하는 사다리형 프레임&간이 서스펜션 시대에는 상당히 합리적이었다. 그 후 독립현가 방식의 서스펜션 등장이나 프레임 구조의 진보로 인해 RWD의 레이아웃은 세련되었다. 또한 엔진을 뒤차축 후방에 배치하고 거기에서 전륜까지를 튼튼하게 연결하는 백본 프레임이 등장하자 몇몇 자동차 메이커에서는 엔진을 캐빈 후방에 장착하는 리어 엔진 방식의 RWD 레이아웃이 등장하게 되었다.

전륜은 차량의 진행방향을 변화시키는 조향바퀴로 다루고 구동은 후륜이 담당하는 방식의 RWD는 현대에 있어서도 차량의 운동 성능을 추구하는 방면에서는 주로 이용되고 있으며, 레이아웃 상 특징을 성능으로 발휘하고 있는 모델이 많다. 예전의 자동차는 구조상 제약으로 인해 채택된 레이아웃이 주변 기술의 발달에 의해 가능성을 크게 넓혀 온 예라고 할 수 있다. 다만 스티어링 랙과 엔진의 위치관계나 점점 복잡해지는 서스펜션과 엔진 및 스티어링 랙의 위치 관계가 조향감과 차량의 운동 성능에 크게 영향을 미치기 때문에 엔진룸 안의 레이아웃이 간단하기 때문에 사용한다고는 말하기 어려워졌다. 프런트 엔진 방식의 RWD도 "고민"을 안고 있으면서 진화하고 있다.

FWD 또는 RWD 어느 쪽을 베이스로 하더라도 자유롭게 AWD화가 가능해졌다

노면이 좋지 않은 도로에서 주행성을 향상시킬 목적으로 생겨난 AWD=올 휠 드라이브(All Wheel Drive)방식은
포장도로에서 최대한의 고속주행을 서포트하는 방식으로 진화를 거듭해 왔다. 그리고 차량의 자세 제어에도 유효하다는 것이 증명되고 있다.

글 : 마키노 시게오 · 사진 & 그림 : 쿠마가이 토시나오 / NTN / MITSUBISHI Motors / FUJI Heavy Industries / 스미요시 미치히토

● **FWD 베이스**

엔진을 가로로 배치하는 FWD를 베이스로 한 AWD 승용자동차는 현재에도 가장 일반적인 AWD이다. 프로펠러 샤프트 이후를 제거하면 그대로 FWD가 되는 것을 우측 그림에서도 알 수 있다. 엔진은 전륜의 차축보다 앞쪽에 위치하기 때문에 중량의 배분은 앞쪽으로 기운다. 엔진 세로배치 FWD방식을 사용하는 아우디와 스바루는 엔진을 전륜의 차축보다 전방으로 오버행시켜 클러치 직후의 트랜스미션 앞쪽에 전륜용 디퍼렌셜을 내장하고 있다.

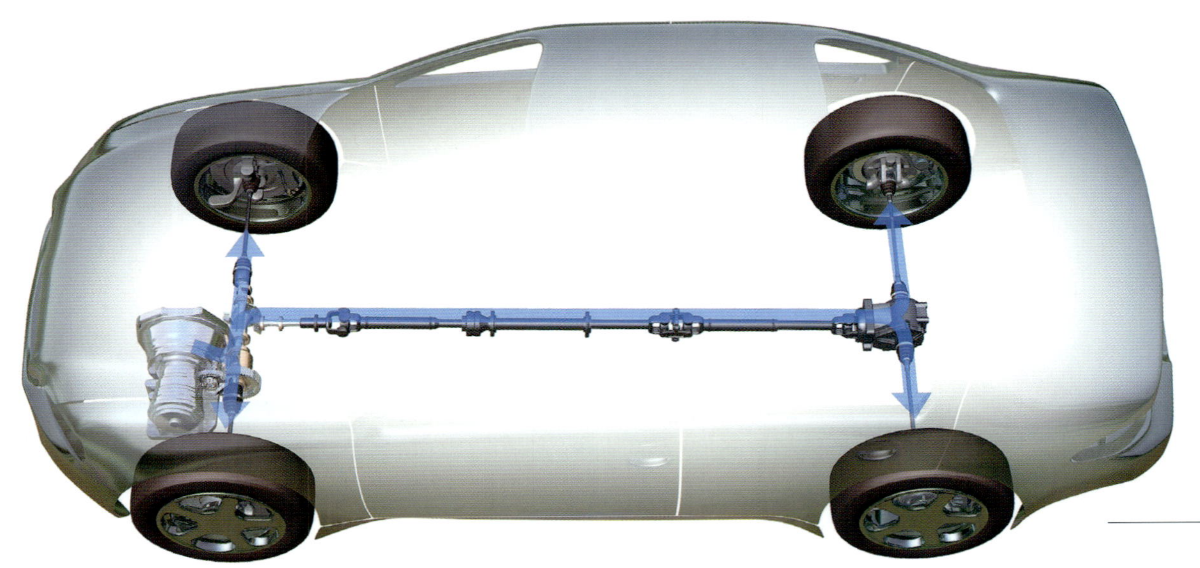

● **RWD 베이스**

프런트 엔진 RWD를 베이스로 한 전형적인 AWD 예. 트랜스미션에서 전달되는 출력은 일단 후방으로 유도되며, 거기에서 트랜스퍼 케이스를 매개로 전륜을 구동하기 위한 출력만 전방으로 반전(反轉)하게 된다. 전륜용 디퍼렌셜은 엔진의 근방에 배치되며, 드라이브 샤프트는 엔진의 아래를 통과하는 레이아웃이 많다. 엔진룸의 내장물이 증가되기 때문에 스티어링 랙과 드라이브 샤프트의 위치 관계 등 레이아웃 상의 연구가 요구된다.

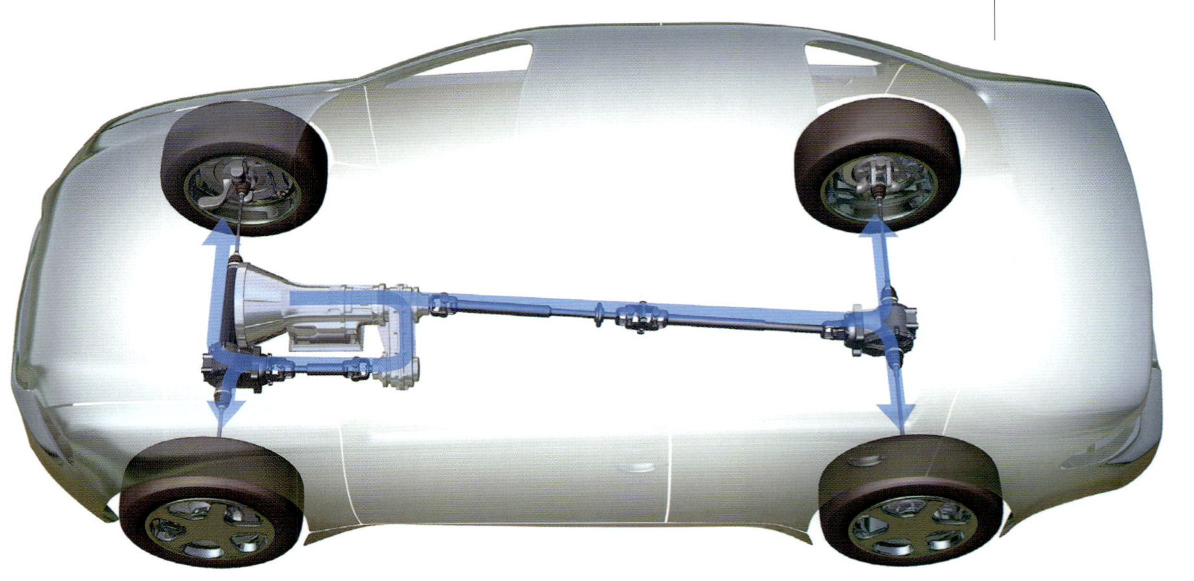

FWD, RWD 모두 차량을 구동하는데 있어서 4개의 바퀴 가운데 절반 밖에 이용하지 않는다. 4개의 바퀴 모두에 구동력이 전달되는 AWD로 하면 자동차의 성능에 어떤 변화가 일어날까. 이러한 질문에 먼저 답한 것은 군사용 차량이었다. 제2차 세계대전에서 다임러 벤츠의 트럭이나 미국의 「4분의 1톤 트럭(소위 말하는 지프)」은 조건이 나쁜 환경 속에서 수송을 담당하며 활약하게 되는데 구동력을 4바퀴로 분산시켜 슬립이나 하중과 관련한 위험 요소를 줄여 노면 추종성을 높인다는 AWD의 유용성을 증명하였다.

그러나 AWD의 활동 영역이 포장도로(온로드)에서 고속 주행의 안정성으로까지 넓혀진 것은 아우디가 콰트로 시스템을 실용화한 1980년대 이후의 일이다. 디퍼렌셜 기어가 선회하는 바깥쪽 바퀴와 안쪽 바퀴의 회전차를 흡수하듯이 전륜과 후륜 사이의 회전차를 센터 디퍼렌셜로 흡수하여 직결 AWD의 결점으로 일컬어지는 "어려운 선회"를 없앤 소위 말하는 풀타임 AWD이다. 구동력을 4륜으로 분산시킴으로써 타이어의 그립력을 구동분만 아니라 선회, 가로 이동으로도 분산시키는 효과가 발휘되었다. 근년에는 1바퀴마다 구동력의 제어가 가능해져 차량의 자세 제어에도 AWD 시스템이 사용되기에 이르렀다.

풀타임 AWD는 구동계통의 레이아웃에도 변혁을 가져왔다. 지프로 대표되는 엔진 세로배치 FWD를 베이스로 한 온로드 AWD가 드디어 엔진 가로배치 FWD로까지 확대되었으며, 유럽과 일본에서 많은 FWD차량이 AWD로 바뀌었다. 전후축 사이의 차동기구는 기어분만이 아니라 점성 커플링까지 이용하기에 이르렀다. 또한 RWD를 베이스로 한 헤비 듀티(heavy-duty) 계통의 AWD는 미국에서 SUV(Sports Utility Vehicle)로 개화

한다.

윌리스 오버랜드사가 「지프」를 상표 등록하게 되면서 이에 대한 대항으로 포드가 만들어낸 단어가 SUV였는데 얄궂게 윌리스 오버랜드는 70년에 AMC(American Motors Corporation)와 합병하여 최종적으로는 크라이슬러에게 흡수되었다. 픽업 트럭의 하대(적재함)까지 캐빈을 확대한 SUV가 빛을 보게 된 것은 1981년에 레이건 정권이 탄생하여 「레이거노믹스」라고 하는 경제정책을 실시한 이후였다. 레이거노믹스의 은혜를 입은 부유층이 SUV를 「새로운 타입의 자동차」로 인식했던 것이다.

이와 관련하여 말하면 일본에서는 교통사고 대책으로 AWD가 유효하다는 인식이 생겨나 93년 이후 대부분의 모델에 AWD 사양이 설정되기에 이르렀다.

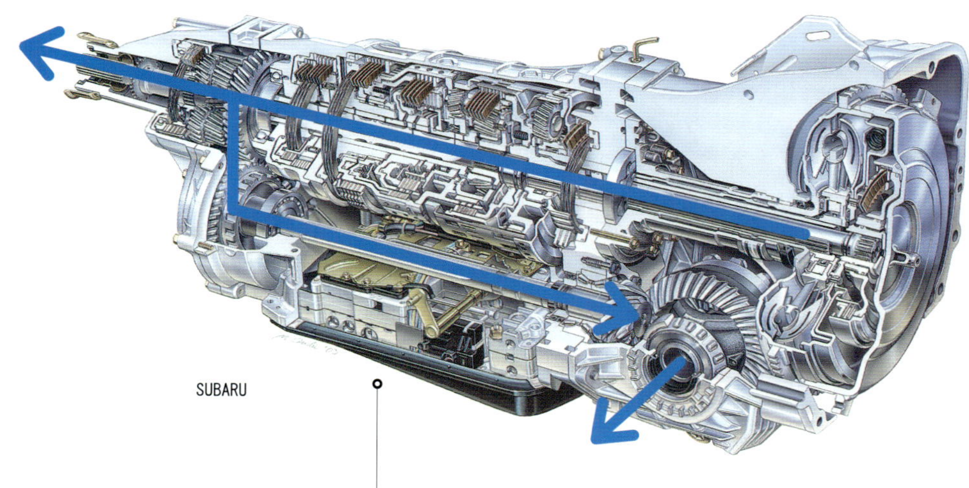

스바루의 5단 AT에 배치된 구동 시스템. 엔진을 세로로 배치하기 위해 우측 끝의 토크 컨버터에서 출력을 받아 바로 앞의 플래너터리 기어&습식 다판 클러치 열에서 변속을 한다. 그 출력축 끝단에 트랜스퍼 케이스와 센터 디퍼렌셜이 설치되어 있어 여기에서 앞·뒤축으로 출력이 분할된다. AT기구 아래의 샤프트는 전륜쪽 디퍼렌셜을 경유하여 좌우로 분할된다.

미쓰비시 랜서 에볼루션 X의 구동계통의 배치. 전형적으로 가로배치 엔진의 FWD차를 베이스로 한 풀타임 AWD 시스템. 트랜스미션에서의 출력은 먼저 센터 디퍼렌셜, 트랜스퍼 케이스로 들어가고 그 동일한 축 상에 있는 프런트 디퍼렌셜에서 전륜 좌우로 출력을 배분하며, 뒤축의 출력은 트랜스퍼 케이스에서 축을 후륜으로 이어준다. 어쨌든 기계구성의 집합체이다.

세로배치 엔진의 RWD를 베이스로 한 AWD 예. 앞 축은 엔진의 바로 아래에 있어서 드라이브 샤프트는 오일 팬을 관통한다. 전륜 구동이기 때문에 엔진의 탑재 위치가 높아지지 않기 위해서는 레이아웃에 연구가 필요하다. SUV 계통에서는 스티어링 랙을 엔진의 전방에 장착하는 레이아웃도 있다.

기어(gear)의 기초 이해하기

만일 전동효율이 100%인 기어가 만들어진다면 전달기계 쪽에서는 소리나 열이 발생하지 않는다.

기어는 기원전 350년 무렵부터 사용되었다는 문헌이 있다.
구조가 간단하고 확실한 동력전달을 정확한 속도비율로 할 수가 있으며, 더구나 전달 손실도 적다.

글 : 마키노 시게오 · 그림 : 쿠마가이 토시나오 / NTN · 사진 : 세야 마사히로 / 마키노 시게오

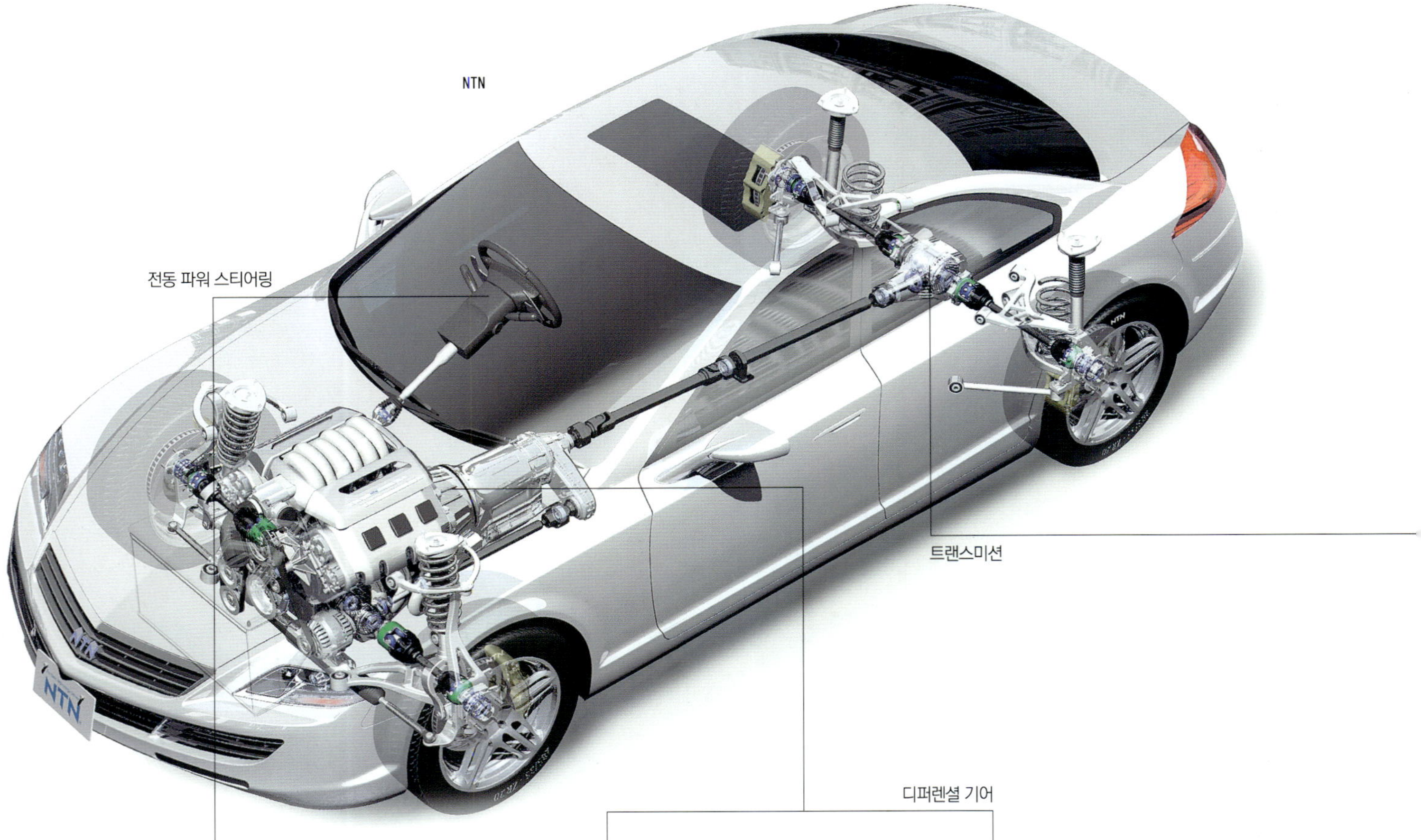

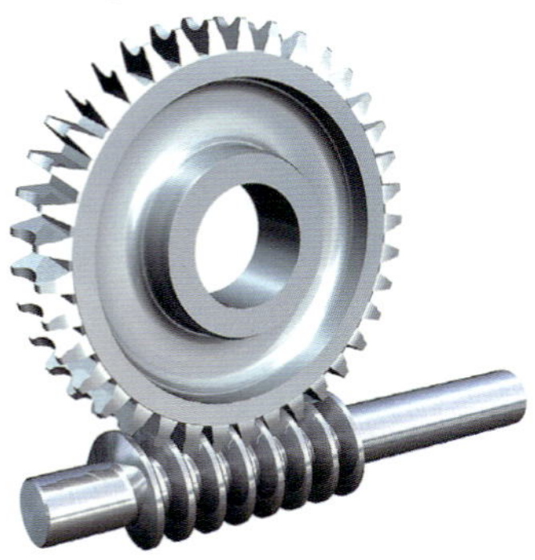

● 웜기어(worm gear)

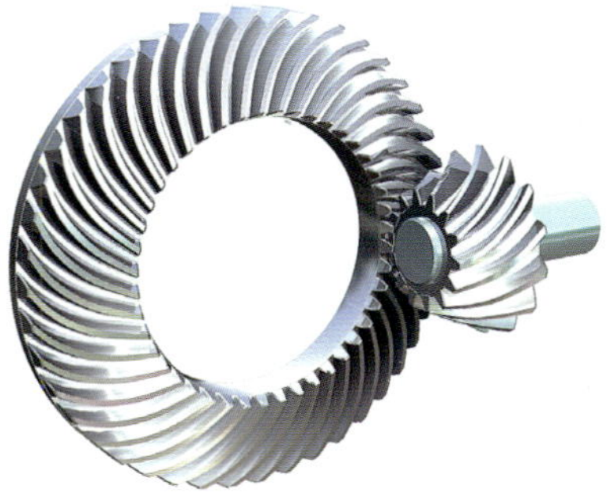

● 스파이럴 베벨기어(spiral bevel gear)

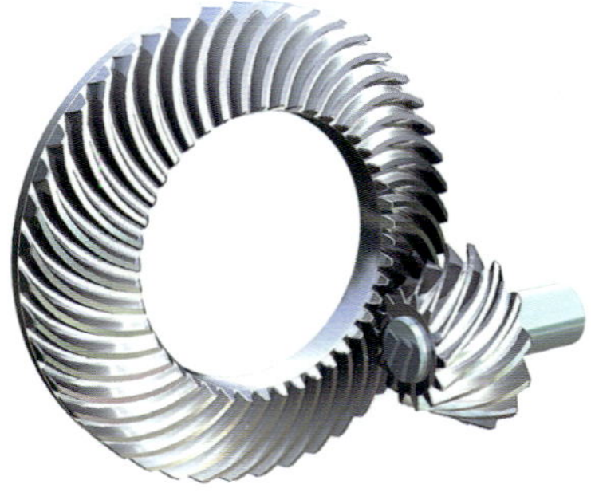

● 하이포이드 기어(hypoid gear)

웜(나사 모양의 기어)과 거기에 맞물리는 웜 휠로 구성되는 웜기어는 1단에서 큰 감속비를 얻을 수 있기 때문에 스티어링 컬럼 쪽에 모터를 배치한 전동 파워 스티어링에 사용되고 있다.

기어 이가 곡선으로 되어 있는 스파이럴(나선) 베벨기어는 기어 이가 직선으로 되어 있는 스퍼 베벨기어보다도 고부하, 고속 회전용 기어라는 점 이외에 맞물리는 비율이 높고 진동이나 소음이 작다. 생산 단가는 스퍼 베벨기어보다 비싸다.

스파이럴 베벨기어의 교차축이 서로 엇갈리도록 「맞물리는 축」을 다르게 한 것. 왼쪽과 비교하면 차이를 바로 알 수 있다. 맞물리는 비율이 큰 감속비를 얻을 수 있기 때문에 대부분 자동차의 구동축에 이용되고 있다.

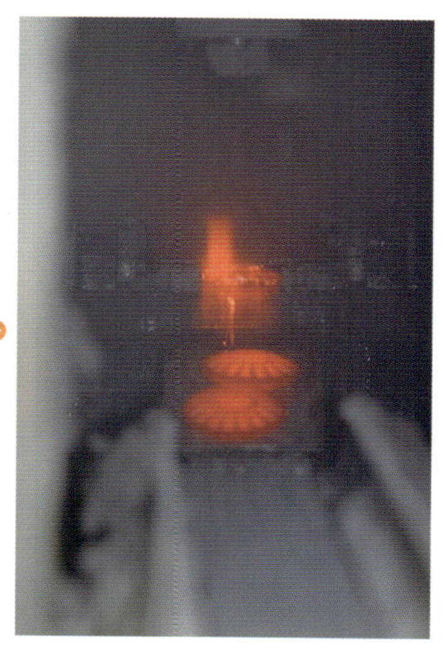

디퍼렌셜용 베벨기어의 제조공정을 예로 살펴보겠다. 먼저 가운데가 뚫린 막대 모양의 소재를 짧게 잘라 빌릿(billet)을 만든다. 여기에 큰 압력을 가하여 금형의 형상 안에 넣어 성형한다. 이러한 작은 기어는 상온에서 이루어지는 냉간 단조가 일반적이다. 단조가 끝나면 뜨임(tempering)과 담금질(annealing)을 하여 기어에 강도와 인성을 부여한다. 이때의 온도 관리가 성능에 크게 영향을 미친다. 열처리가 끝나면 필요에 맞도록 기계가공을 하는데 바이트를 이용하여 표면을 깎으면 거기에 맞게 강도가 증가되는 효과도 얻을 수 있다. 제조에는 그 나름대로의 설비가 필요하지만 기어의 가격이 상당히 낮게 유지되고 있다.

● 교차축 기어의 예

어느 한 점에서 엇갈리는 각각의 축에 기어를 배치하면 동력전달의 방향을 90°로 변환할 수 있다. 대부분이 베벨기어로 구성되며, 디퍼렌셜 기어는 이 기구를 조합시킨 것이다. 위 그림은 양쪽 기어의 잇수가 다른 경우를 나타내고 있는데 디퍼렌셜은 거의가 이러한 타입을 하고 있다.

동력을 전달하는 방법으로는 벨트, 풀리, 체인과 같이 감아서 하는 방식도 있지만 기어는 확실하고 내구성이 뛰어나며, 소형일 뿐만 아니라 일반적으로 가격도 저렴하다. 기어 이가 맞물리는 동작은 「미끄럼 마찰」로서 기어 단독으로 보았을 때 전달효율은 평행 축과 교차 축에서 98~99%, 축이 교차하는 스파이럴 기어에서 70~95%, 웜기어는 30~90% 정도라고 말한다. 전달효율은 기어 이에 대한 가공 정밀도나 재질에 의해서 변할 수 있다. 어느 부위에 어떤 기어를 사용할 것인지는 대체적으로 「결정」이 되어 있어 이미 정착되어 왔다. 기어 이가 있는 쪽에서 보았을 때 미묘한 형태의 곡선을 그리고 있는 것을 알 수 있는데 그 곡선에는 「인벌류트(involute) 곡선」이나 「사이클로이드(cycloid) 곡선」이 사용된다. 동력전달용 기어에는 가공이 쉽고 정밀도 오차의 허용 범위가 큰 헬리컬 기어 모양이 사용되는 경우가 많다. 또한 기어의 소재는 탄소강이나 합금강이 많은데 컬럼 타입의 전동 파워 스티어링과 같이 금속과 수지를 조합시켜 사용하는 경우도 있다. 최근에는 레어 메탈(rare metal ; 희소금속)류가 폭등하고 있어서 기어의 메이커는 가능한 니켈, 크롬, 몰리브덴과 같이 첨가물을 사용하지 않는 소재로 기어를 만드는 노력을 거듭하고 있다. 약간 기어의 사이즈가 커져도 「싼 소재를 선택」하는 경향이 두드러졌다. 다만 기어의 설계 자체에는 유행이 거의 없어서 기어의 선택은 사용되는 기계구조의 유행에 좌우된다고 볼 수 있다.

● 스퍼 기어(spur gear)

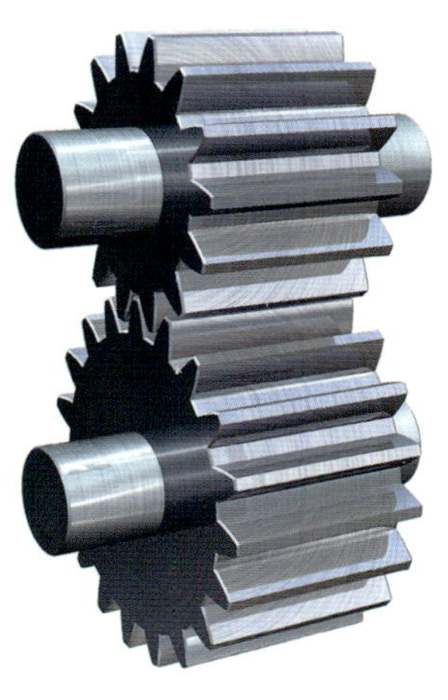

평행한 2개의 축 사이에 동력전달을 목적으로 하는 평행 축 기어 가운데 가장 일반적인 것은 기어가 축에 대하여 평행하게 배열되어 있는 스퍼 기어이다. 축 방향의 힘(thrust)이 발생하지 않는다. 조합시키는 기어 중 작은 기어를 피니언(pinion)이라고 부른다.

● 헬리컬 기어(helical gear)

왼쪽과 마찬가지로 평행 축을 하고 있지만 기어 이가 축에 대하여 경사가 져 있는 헬리컬 기어이다. 같은 크기에서는 스퍼 기어보다 강도가 높고 기어의 소음도 작지만 스러스트가 발생하기 때문에 그에 대한 대책이 필요하다.

● 랙&피니언 기어(rack & pinion gear)

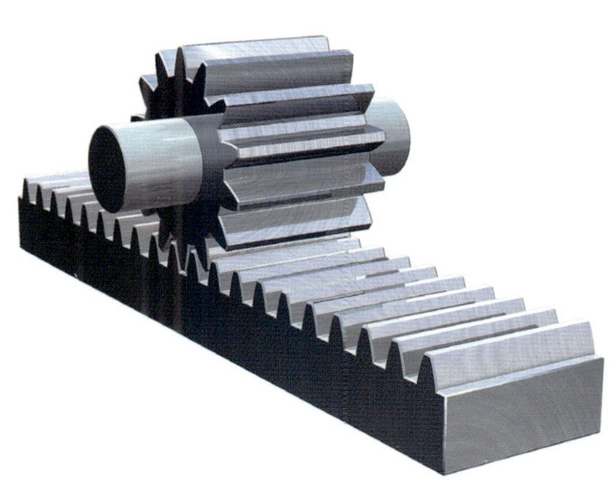

회전운동을 직선운동으로 변환시키는데 랙(직선) 기어와 피니언 기어를 사용한다. 평 기어와 평 기어 랙을 사용하는 것, 헬리컬 기어와 헬리컬 랙을 사용하는 것이 있다.

동력을 전달하기

등속 조인트 / 드라이브 샤프트 / 프로펠러 샤프트

지금의 자동차에 있어서 구동계통의 구체적인 검증은 휠을 회전시키기 위한 직접적인 부분부터 시작된다.
특히 등속조인트나 액슬 유닛에 관해서는 기본 이론부터 최첨단 기술까지 그림으로 살펴보고 그 미래까지 전망해 보겠다.

글 : 쓰지 츠가사 · 사진 & 그림 : GKN 드라이브 라인 / NTN

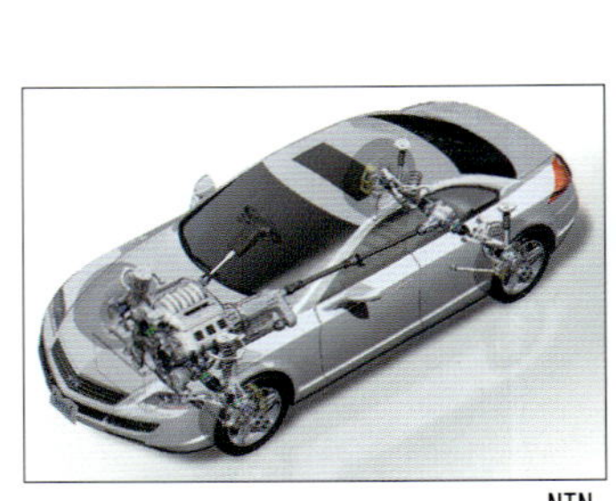

NTN

NTN

Chapter **2** Ⓐ 등속조인트

베어링과는 비슷하면서도 다른 것

현재 자동차에서 없어서는 안 될 존재 가운데 하나가 바로 등속 조인트이다.
알고 있을 것으로 생각되지만 사실은 의외라 할 정도로 이해되지 않고 있는 것이
등속 조인트로 그 내부를 파악해 나가는 것부터 구동계통의 해석을 시작하도록 하자.

Ⓐ ① 등속 조인트=CVJ란

드라이버에게 아무런 느낌도 주지 않고 정확하고 조용히 또한 원활하게 회
전을 전달하는 것이 구동계통의 역할이다. 여기서 중요한 것이 등속 조인트
(Constant Velocity Universal Joint)이며, 기술자들은 CVJ라고 부른다.
리지드 액슬 방식은 어찌 되었든 간에 독립현가 방식에서는 주행 중 서스펜
션의 상하 스트로크에 의해 드라이브 샤프트의 각도가 항상 변화하게 된다.
심지어 FWD차나 4WD차량의 전륜 허브쪽의 CVJ는 조향에 의한 각도 변
화의 대응이 더해져 큰 조인트 각이 요구된다. 20년 정도 전에는 커봐야 42°
정도의 조인트 각을 이루었는데 지금은 45~50° 정도가 확보되어야 한다. 이
부분은 조인트 각의 크기를 우선으로 하기 때문에 접동(摺動) 기능을 갖지 않
도록 하는 것이 일반적으로 고정식 CVJ이다.
한편, 서스펜션의 상하 스트로크에 맞추어 드라이브 샤프트의 길이는 변화
한다. 이러한 축 길이의 변화를 허용하는 기능을 갖춘 것이 접동식 CVJ이다.
접동 기능을 갖게 하기 위해서 조인트 각은 25~30° 정도로 작으며 일반적으
로 조향 각에 대한 대응이 불필요한 디퍼렌셜 쪽에 사용된다.
이러한 CVJ의 구조는 언뜻 보면 베어링과 비슷하다. 그러나 베어링의 연장
선상으로 보지 않으면 CVJ의 구조나 특성을 이해하기 어렵다.

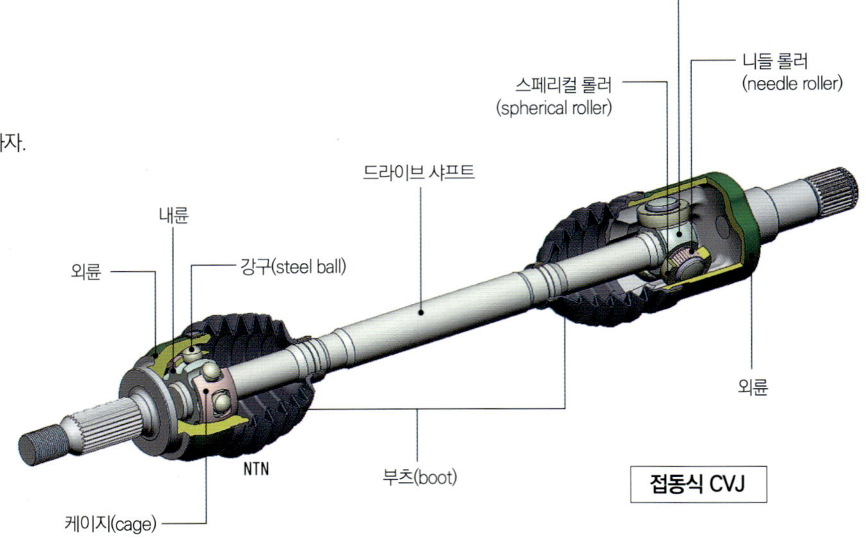

접동식 CVJ

고정식 CVJ

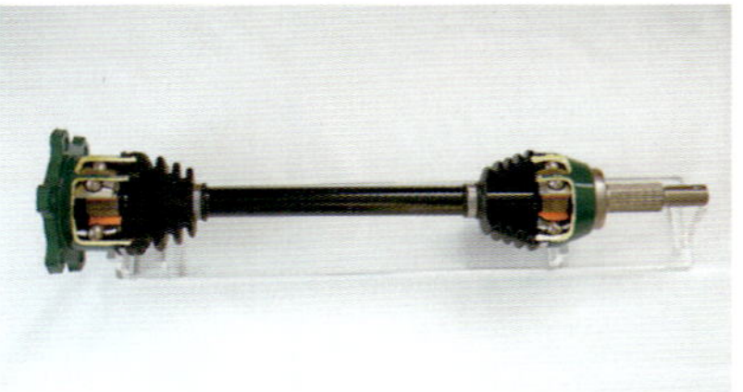

위 그림은 롤러를 사용하는 접동식
CVJ가 사용되고 있지만 우측의 컷
모델과 같이 볼 타입도 있다.

NTN

고정식 CVJ 그림. CG(Computer Graphics) 화상의 아주 기본적인 구조이다. 내·외륜의 홈(groove)에 배치되어 있는 구리 볼(ball)이 회전력을 전달한다. 구리 볼의 개수는 6~8개가 일반적이지만 홀수로도 배치된다. 입·출력축 어느 쪽에서 보아도 어느 회전 위치에서도 입·출력 점＝구리 볼과 축의 거리가 항상 똑같다. 그래서 동일한 각도와 속도로 회전이 전달된다. 그림 위쪽의 케이지가 공중에 떠있는 것과 같이 보이지만 구리 볼이 배치되어 있는 공간에서 잘려있다는 점에 주의. 아래쪽과 같이 케이지는 내륜의 바깥쪽 면과 외륜의 안쪽면에 인접되어 있다. 이물질 등의 유입을 막아주고 윤활용 그리스를 저장하는 부츠(boot)는 예전에는 고무 재질을 사용했지만 10년 전부터 내구성이 높은 열가소성 플라스틱(폴리에스테르계통의 엘라스토머 ; elastomer)이 사용되고 있다.

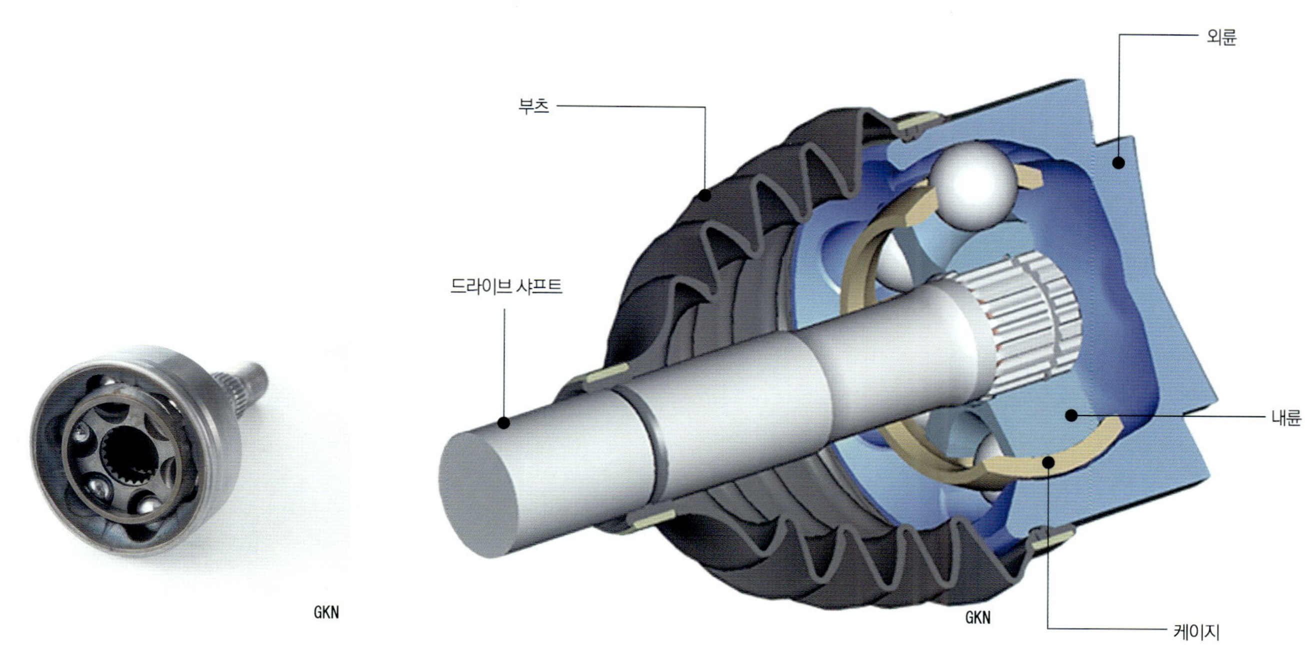

카르단 조인트(Cardan Joints)

CVJ는 아니다. 이 고전적인 유니버설 조인트는 구조가 간단하여 가격이 저렴하고 백래시(backlash)가 적으며 정비성이 좋다. 그러면서도 견고성마저 좋기 때문에 지금도 프로펠러 샤프트에서는 화물자동차에 한하지 않고 승용자동차용으로도 부분적으로 자주 사용된다. 다만 조인트 각이 부여될수록 부위에 따라 입·출력 점 축에서의 거리가 변화하기 때문에 입력이 정상적인 회전이라도 출력쪽은 약간의 부등속(不等速)이 된다. 샤프트의 양끝을 카르단 방식으로 하고 각도를 반대로 주면 이론적으로는 거의 등속이 된다고는 하지만 조인트 각에도 한계가 있다. 진동 등을 승용자동차에서 허용할 수 있는 수준으로 하려면 일반적으로 12~18°의 조인트 각이다. 전륜 드라이브 샤프트에 사용하는 것은 무리이다. 축의 길이 변화를 허용하는 스플라인(spline) 기구도 필요하기 때문이다.

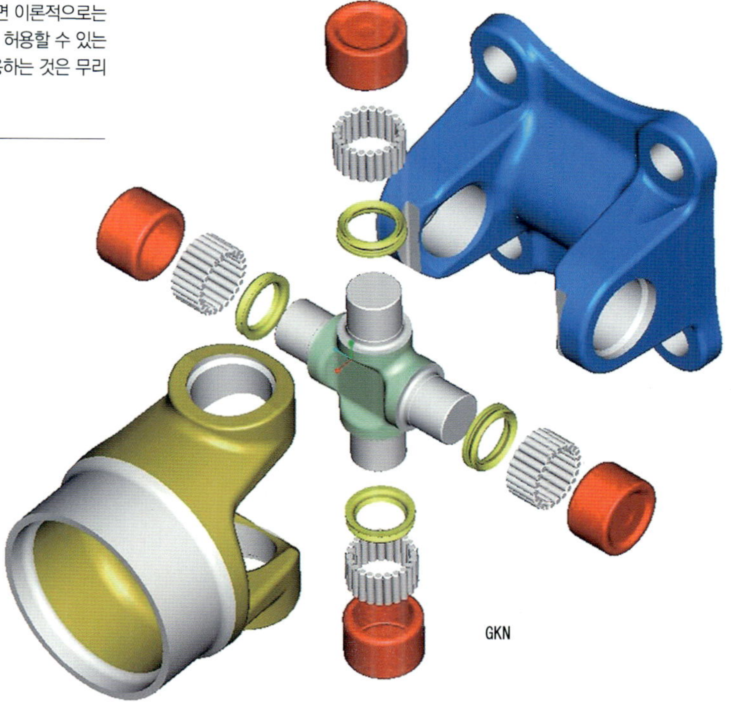

우측 페이지 사진은 NTN과 GKN의 고정식 CVJ 컷 모델이다. 여러 가지 검토 끝에 소형·경량화와 마찰의 절감이 이루어졌으며, 조인트의 각도 넓다. 그러나 이러한 각종 기능은 서로 상반되는 측면도 있다. CVJ의 다양한 가치를 알기 위해서는 우선 어떻게 해서 등속 회전전달이 실현되는지에 관한 기본적인 부분을 이해할 필요가 있을 것이다. 둥근 외륜 안에 둥근 내륜이 배치되어 있기 때문에 원활하게 움직인다고 생각하면 잘 이해를 못할 것이다. 그러나 잠시 눈을 가늘게 뜨고 유심히 들여다보면 케이지의 구리 볼이 배치되어 있는 구멍이 가로로 길다라는 것을 알 것이다. 샤프트에 주어진 조인트 각과 구리 볼의 배열+케이지의 경사가 다르다는 점을 알게 된다면 더 구체적으로 이해하는 데 접근할 수 있다.

외륜＝아우터 레이스(outer race)와 내륜＝이너 레이스(inner race)에 끼워져 있는 구리 볼은 섬세하게 이동하고 있으며, 얼마 안 되는 틈새에서 목표로 하는 위치로 움직인다. 그 움직임을 제어하는 핵심은 구리 볼의 홈에 나 있는 바닥면 라인의 설계이다.

STUDY: 1

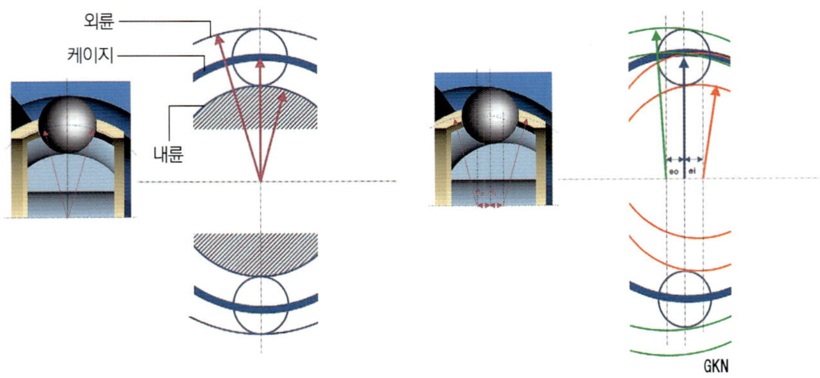

구르기만 하면 되는 것이 아니다.

간소화시킨 단면 모델로 이하의 고정식 CVJ에 관한 기본 개념을 생각해 보자. 우선 왼쪽의 그림. 내륜과 외륜의 구리 볼이 배치되는 홈 바닥부분의 라인 및 구리 볼+케이지가 전부 동심원(同心圓)인 상태는 가장 원활하게 작동할 것 같은 느낌이 든다. 그러나 실제로는 구리 볼+케이지의 위치가 정해지지 않아 실용적인 CVJ로 보기는 어렵다. 좀 더 얘기하자면 입력점·수력점(受力点)인 구리 볼이 입력축 및 출력축의 중심과 항상 같은 거리를 유지하지 못하게 된다. 어느 쪽의 축에 대해서도 모든 구리 볼이 같은 거리의 위치(구리 볼 열이 조인트 각의 중간위치＝등속 이등분면)에 있도록 제어하여 줄 필요가 있다. 이 제어는 내·외륜의 구리 볼이 배치되는 홈 바닥 부분 형상이 진원호(眞圓弧)라도 우측 그림과 같이 양쪽의 중심 원을 엇갈리도록 하면 가능해진다.

STUDY: 2

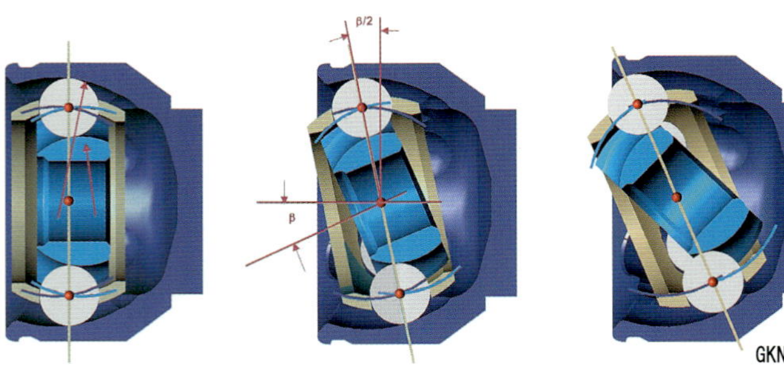

홈 형상에 구리 볼을 설계한 대로의 위치로 안내한다.

왼쪽 그림을 살펴보면 내륜과 외륜의 홈 형상이 옵셋되어 있어도 원활하게 각도를 변화시킨다는 사실을 이해하기 이전의 이미지로 전달된다고 생각한다. 구리 볼의 배열+케이지가 진원호가 아니더라도 작동한다는 사실을 알 수 있다. 실제로 조인트 각을 크게 하려면 일부를 직선으로 하는 등 여러 가지 연구가 더해진 것도 많다. 이론적으로는 내륜과 외륜에 구리 볼이 배열된 바닥 부분 라인이 그림으로 보아서는 좌우 반전 형상을 하고 있으면 어떤 형상이라도 상관없다. 구리 볼이 정해진 등속 이등분면의 위치로 굴러가게 되면 예를 들어 외륜쪽 홈이 깊어지면 그만큼 내륜쪽의 홈이 얕아지도록 설계되며, CVJ로서 기능을 하게 되는 것이다.

STUDY: 3

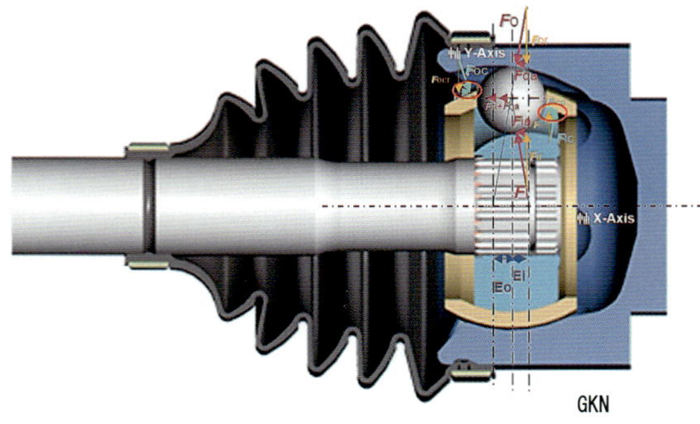

구리 볼이 이탈하지 않도록 유지하는 것이 케이지의 역할

이 옵셋된 내·외륜의 홈 형상에서는 토크가 가해지면 구리 볼이 밖으로 튀어나가려고 한다. 그 이유는 그림의 벡터(vector) 표시와 같은데 어렵게 생각하지 않고 그림에서 이미지화하면 이해할 수 있을 거라 생각된다. 여기서 구리 볼의 이탈을 방지하는 것이 케이지의 역할이며, 구리 볼을 유지시키면서 케이지가 내·외륜의 구면이 붉은 지점에 접촉함으로써 지지된다. 축 회전방향에 대해서는 구리 볼의 홈이 유지되기 때문에 누르고 있을 필요는 없다. 그렇다기보다 조인트 각이 있을 때는 부위에 따라 케이지의 구리 볼 유지 위치가 바뀌기 때문에 케이지 창은 축 회전방향으로 길게 되어 있다. 어쨌든 이러한 기본적인 구조에서는 케이지가 큰 힘을 받음으로써 내·외륜과의 마찰이 토크의 손실로 이어진다.

최신 CVJ 연구

고정식 CVJ(Constant Velocity Universal Joint)는 단순하게 보이지만 몇몇 요소가 서로 얽혀 있다. 예를 들면 조인트 각이 그렇다. 휠 하우스 공간 등 차량의 패키징에 따라 필요한 조향 각도는 달라지지만 더 큰 조향 각도가 필요하다는 요구가 항상 있는 것도 사실이다. 조인트 각의 확대는 확실히 CVJ가 갖고 있는 주제 가운데 하나이다. 다만 조인트 각을 크게 설정하려고 하면 케이지에 가해지는 부하가 커지기 쉬워진다. 동력전달의 효율 향상도 영원한 숙제이다. 사실 이러한 고정식 CVJ는

조인트 각이 작은 (직진) 상태에서는 의외라 싶을 정도로 동력전달의 효율이 좋아서 99.5% 정도라는 이야기도 들린다. 스퍼 기어 이상의 효율이다. 동력전달의 효율 향상과 더불어 CO_2 저감이 요구되는 가운데 연비의 향상을 위한 대처 방법으로써 소형경량화도 중요한 주제인 상황에서 스프링 아래에 위치하는 바퀴 쪽의 CVJ는 특히 중요하다. 이들의 요소를 복합적으로 반영한 최신 CVJ를 여기서 살펴보겠다. 접근 방식이 제각각이라는 점이 흥미롭다.

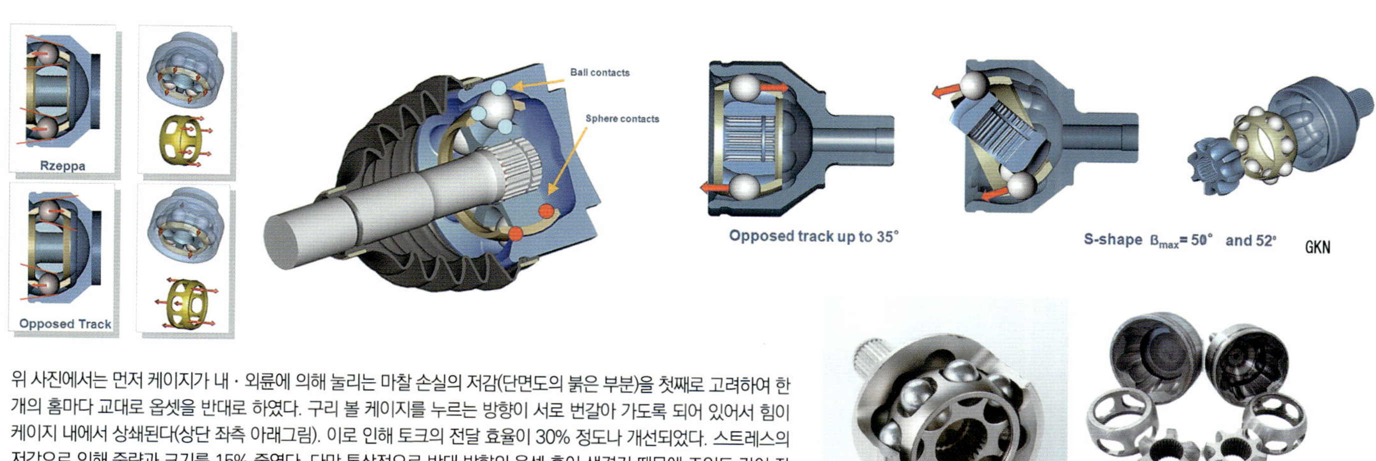

위 사진에서는 먼저 케이지가 내·외륜에 의해 눌리는 마찰 손실의 저감(단면도의 붉은 부분)을 첫째로 고려하여 한 개의 홈마다 교대로 옵셋을 반대로 하였다. 구리 볼 케이지를 누르는 방향이 서로 번갈아 가도록 되어 있어서 힘이 케이지 내에서 상쇄된다(상단 좌측 아래그림). 이로 인해 토크의 전달 효율이 30% 정도나 개선되었다. 스트레스의 저감으로 인해 중량과 크기를 15% 줄였다. 다만 통상적으로 반대 방향의 옵셋 홈이 생겼기 때문에 조인트 각이 작아진다. 그래서 홈의 바닥면 라인을 S자 형상으로 한 결과 조인트 각이 50~52°로 확대되었다(우측 상단). 최대 조인트 각에서는 구리 볼에 작동하는 힘이 같은 방향으로 되어 있는데 이는 S자 홈 특유의 발생되는 힘에 맞춘 것으로 균형을 유지하고 있다.

최대 조인트 각(54°) 고정식 CVJ(TUJ) —— 특징 : 자동차용 드라이브 샤프트로서는 세계 최초의 작동 각인 54°를 실현

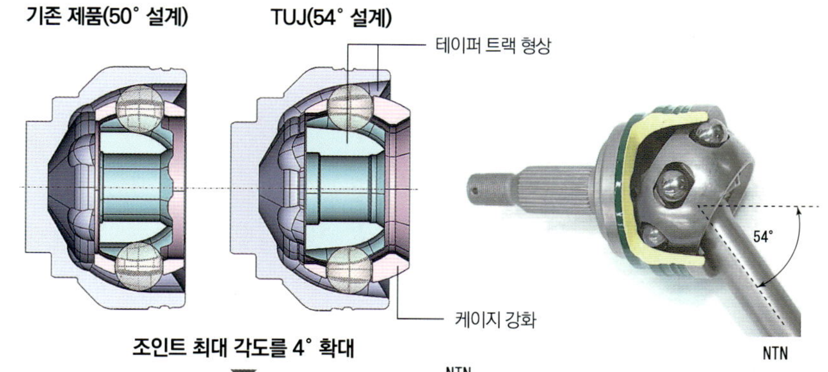

왼쪽의 NTN 구형은 홈 아랫면의 일부를 직선화하여 조인트 각을 50°로 하고 있다. 오른쪽은 최신형으로 내·외륜 홈에 끼워진 구리 볼의 유도 통로를 앞쪽이 넓은 테이퍼 모양으로 만들어 세계 최초로 54°를 실현하였다. 구리 볼이 밖으로 밀려나가는 힘이 증가하기 때문에 케이지 끝부분의 두께를 두껍게 하여 강화하고 있으며, 불과 4°에 지나지 않지만 현실적으로는 효과가 크다. 휠 하우스의 넓기 등 자동차의 기본설계가 관련된 부분이기 때문에 아직 탑재하는 차량은 없지만 제품으로는 완성되었다.

핸들을 크게 돌림 → 중형 FF차가 소형자동차와 같이 최소 회전반경을 확보
휠 베이스가 넓어짐 → 중형 FF차가 대형자동차 같이 실내 공간을 확보

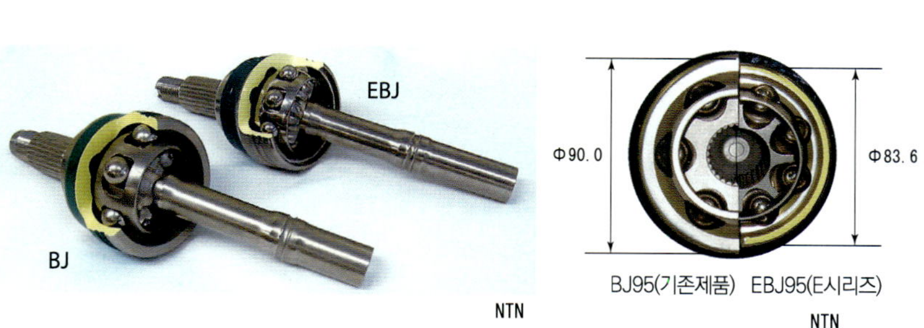

NTN에서는 90년대 초기에 CVJ 소재나 그리스의 개량으로 10%를 경량화 하였으며, 2002년부터 실용화한 이 E시리즈에서는 구리 볼의 개수를 6개에서 8개로 증가(작은 구리 볼을 사용)시키는 설계로 15%의 경량화와 CVJ의 외경에서 7%의 소형화를 실현하였다. 사진은 2.0~2.5ℓ 클래스의 차량용이지만 기존 제품인 1.8ℓ 클래스용 CVJ와 거의 비슷하다. 동시에 소재의 사용량이나 가공시의 소비량도 줄어 에너지 절약도 달성한 것이다. 그리고 현재는 한발 더 나아가 V시리즈 개발을 진행 중이다.

GKN 페이스 스플라인(Face Spline)

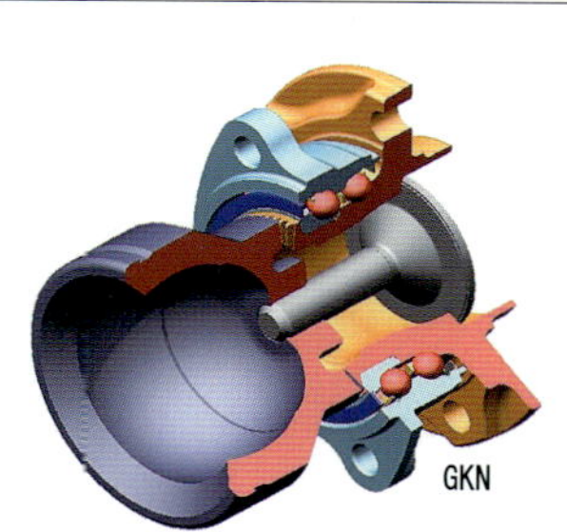

바퀴쪽 CVJ는 허브와 스플라인을 결합하는 것이 보통이지만 그 스플라인 축을 배제시킨 것이다. 바퀴쪽 고정 조인트의 외륜 안쪽 표면에 방사선 모양의 스플라인(페이스 스플라인)을 배치하여 허브 쪽에서 볼트를 끼워 체결할 뿐이기 때문에 경량화와 자원의 절약으로 이어진다. CVJ의 트러블 등 문제가 발생했을 경우는 분해정비도 쉽다. 또한 일반적인 방식에서는 이 외륜의 안쪽 표면과 허브쪽의 마찰에 의해 소음이 발생하는 경우도 때로는 있지만 여기서는 그것도 없다.

접동(摺動)형 CVJ 구조

접동형 CVJ의 주제 가운데 하나는 얼마나 접동 저항을 감소시키느냐 하는 것이다. 가령 AT차량의 경우 신호대기 등과 같은 상황에서 기어를 D레인지에 위치시킨 상태로 정지하는 경우가 많아 CVJ의 접동 저항이 커지면 아이들링 중인 엔진에서 불쾌한 진동이 드라이버에게 전달(아이들링 진동)되는 경우가 있다.

또 하나의 주제는 회전방향으로 유격이 적고 강성도 높다는 직접적인 특성일 것이다. 그러나 고정식과 달리 슬라이드 기구가 있기 때문에 의외로 어려우며, 유격이 적은 방식은 대체적으로 접동 저항이 많은 편이다. 조인트 각은 그다지 필요 없지만 고정식과는 다른 어려움이 있다.

CVJ는 세밀하게 보면 몇 가지 방식이 있다. 어느 방식이 좋다고 하기보다는 각 차량이 갖고 있는 진동 특성 등의 요건과 잘 맞는지도 따져서 선택하는 것이 실상인 것 같다. 특히 접동식에서는 그러한 경향이 강하다. 기본적인 구조의 패턴과 최신 모델을 아래와 같이 소개한다.

● 볼 타입 접동식

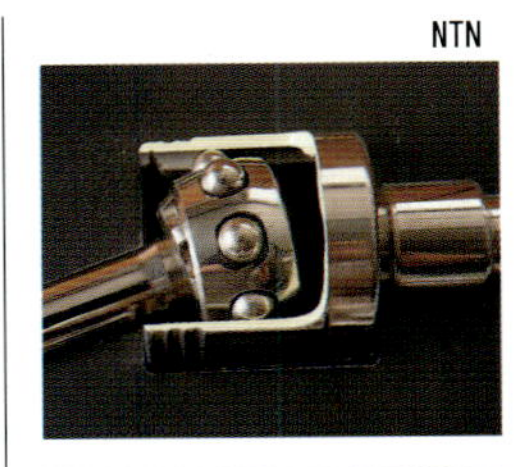

축 방향의 접동 기능까지 갖춘 볼 타입은 일본에서 스바루 1000공으로 NTN(당시의 동양베어링)이 개발한 것이 최초이다. 기구가 간단하고 강도가 높으며, 작동이 자유롭고 비틀림 강성이 높고 백래시(backlash)가 적다는 등의 특징이 있다. 구리 볼 배열+케이지가 내륜과 함께 슬라이딩하기 때문에 축 방향의 치수는 약간 커진다. 접동 저항은 트리포드(tripod) 타입만큼 적지는 않다.

● 트리포드 타입 접동식

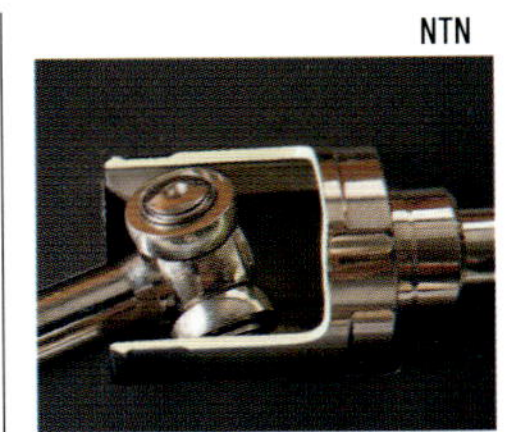

3개의 롤러를 사용하는 방식으로 접동 저항이 작은 것이 특징이며, 초기의 프랑스 자동차에 많이 사용되었다. 다만 어느 정도 이상으로 조인트 각이 커지고 롤러도 기울어진 상태에서는 다소 아이들링 진동이 쉽게 전달된다. 또한 기울어진 롤러의 접동으로 인해 가속 외에도 CVJ 안에서 축 방향으로 기진력(vibromotive force)이 발생한다. 축 회전수의 3차 성분에서 발생하는 기진력이 다른 진동과 같이 일어나면 부르르하고 차량을 가로방향으로 떨리게 한다(shudder).

● 크로스 그루부 타입

볼 타입이지만 내·외륜의 구리 볼 홈이 축 방향으로 나란히 배치되어 있지 않고 일정한 각도를 가지고 교대로 각도가 반대로 되어 있을 뿐만 아니라 구리 볼에 대응하는 내륜 쪽과 외륜 쪽도 역 각도로 홈이 배치되어 있다. 구리 볼 배열+케이지의 이동량이 축 방향으로 내륜 이동량의 반으로 끝나기 때문에 작다. 또한 비틀림 강성이 높고 백래시도 적으며, 독일의 자동차가 주로 사용한다. 볼의 배열은 주로 내·외륜 홈의 교차에 의해 등속 이등분면으로 유지되며, 각 구리 볼에 작용하는 힘의 방향은 반대로 되어 있어서 케이지 내에서 상쇄된다. 접동 저항도 약간 많은 편이다.

● 진화하는 롤러 타입 CVJ / 첫 번째

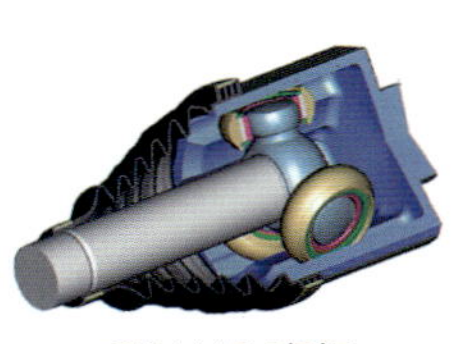

일반적으로 트리포드 타입은 조인트 각의 변화에 롤러도 기울어지기 때문에 이것이 기진력을 발생시켜 셔더(shudder) 현상을 일으키는 원인이다. 그래서 조인트 각이 생겨도 롤러는 외륜 그루브에 대해 똑바르게 하는 구성을 각 회사가 연구하고 있다. 이것은 GKN 것으로 보통은 직선 막대인 트러니언(trunnion) 축을 둥글게 가공하여 니들 베어링을 설치하여 이너 레이스가 있는 CVJ로 만든 것이다.

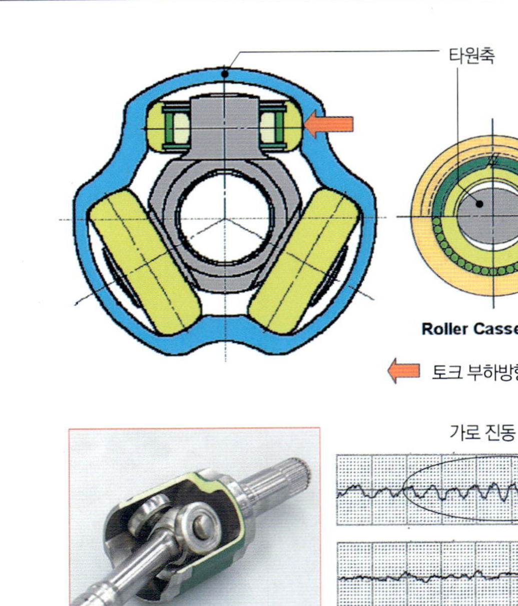

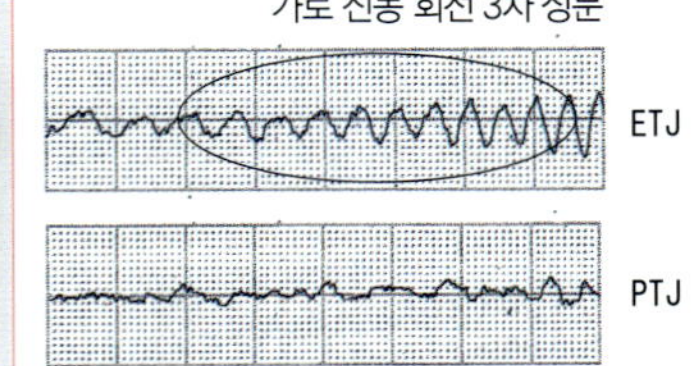

● 진화하는 트리포드 타입 CVJ / 두 번째

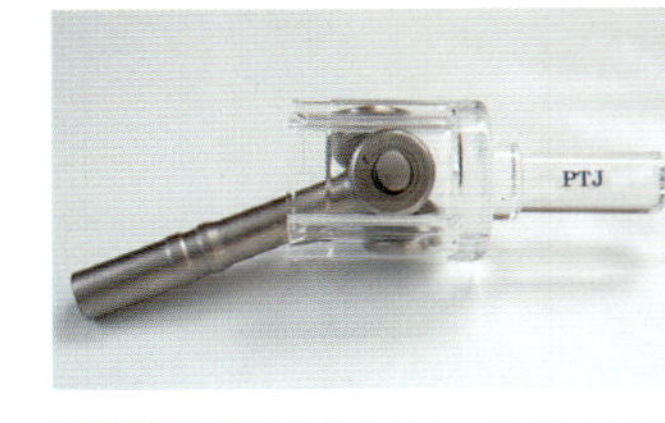

롤러가 기울어지지 않는 타입의 NTN 버전으로 트러니언 축을 타원의 단면으로 하여 롤러가 각도를 변화할 수 있도록 함으로써 하중이 가해지지 않는 방향의 축 지름을 작게 한 것이다. 롤러에 설치되는 니들 베어링도 형상을 검토한 이너 레이스를 갖추고 있다. CVJ 단독으로 보면 롤러가 흔들흔들 움직여 불안정한 것 같지만 실제로 토크가 전달되면 그 위치는 단단히 안정된다. 일반적인 저진동 트리포드 타입보다도 요동(judder)에서 30%, 아이들링 진동은 40%가 감소된다고 한다.

드라이브 샤프트

차체의 가로방향으로 배치되어 디퍼렌셜과 휠 허브를 연결하여 회전력을 전달하는 축을 드라이브 샤프트(하프 샤프트/사이드 샤프트)라고 한다. FWD 차량의 대부분은 이것을 동일한 길이로 하여 토크 스티어를 방지하기 때문에 미들 샤프트가 있지만 여기서는 제외한다.

드라이브 샤프트에 가해지는 힘은 부위에 따라 다르기 때문에 거기에 맞추어 샤프트의 외경이나 두께를 변화시키면 가벼워진다. 이러한 설계를 세세히 하여 CVJ 바로 앞부분의 샤프트의 외경을 가늘게 할 수 있으면 CVJ의 조인트 각을 증가시킬 수 있다.

이러한 생각은 샤프트 끝의 스플라인 형상에도 적용할 수 있다. CVJ 내륜의 구멍에 샤프트가 끼워지는 부분에서 말하자면 큰 힘이 가해지는 샤프트 가장 끝부분은 스플라인을 깊게 파놓고 점차적으로 홈이 얕아지게 지름을 좁혀 내구(內救) 뿐만 아니라 CVJ 전체를 가볍게 하는 경우도 있다.

우측 사진(GKN)의 가운데 샤프트는 마찰 용접에 의한 조립 샤프트이고 그 밑은 하나의 샤프트를 가공하여 두께에 변화를 준 샤프트이다.

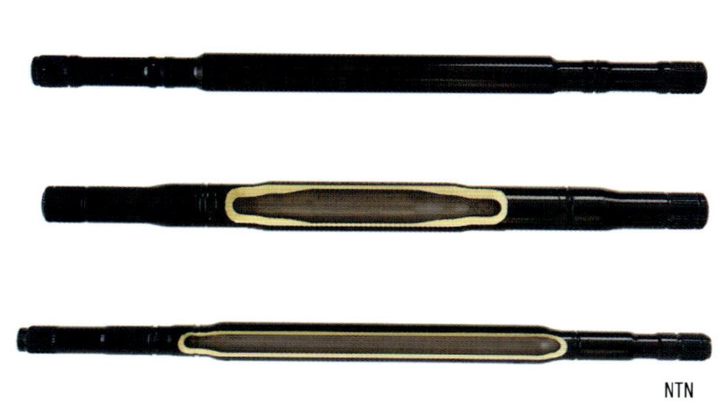

NTN

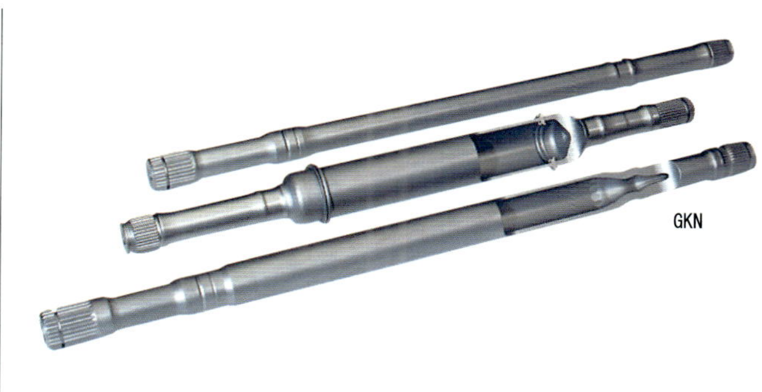

GKN

특이한 드라이브 샤프트 구성(GKN)

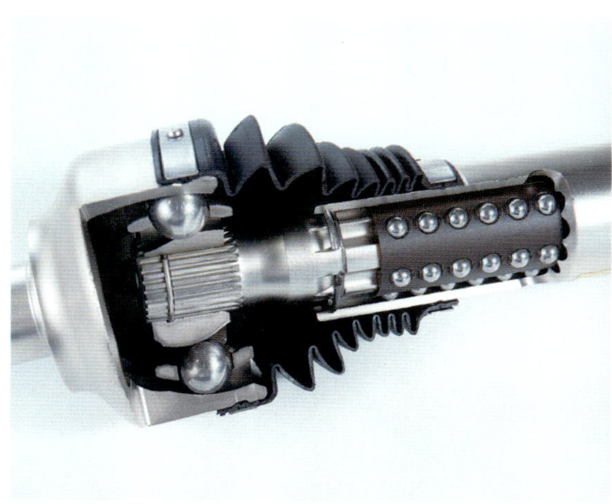

GKN

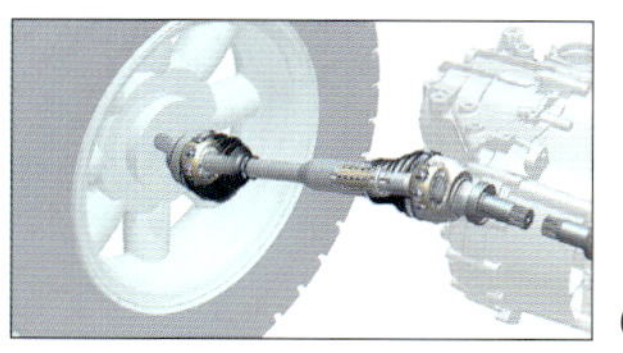

GKN

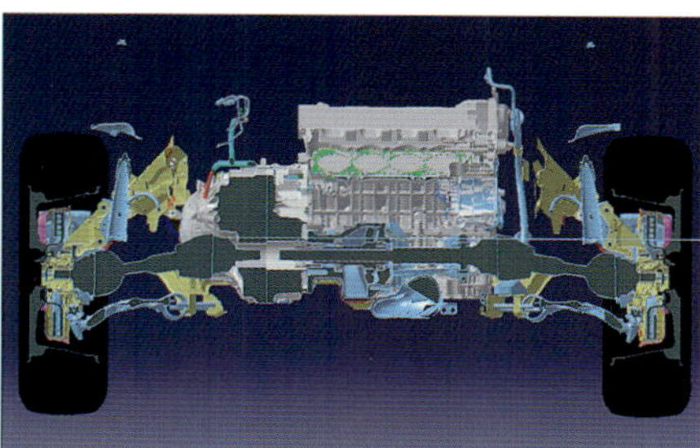

● 볼보 XC90

V8 엔진을 가로로 배치하여 탑재하기 때문에 드라이브 샤프트 길이가 짧다. 한편으로 SUV로서의 휠 스트로크도 확보하고 있다. 이러한 패키징에 대응하기 위해 인보드 쪽도 조인트 각을 크게 할 수 있는 볼 타입 고정식 CVJ(GKN SX 조인트)를 사용한 경우이다. 축의 길이 변화에 대한 대응은 별도로 하고 있는데 큰 토크가 가해진 상태에서도 접동성이 좋은 볼 스플라인을 사용하고 있다. 볼보 XC90이라는 한정된 모델을 위해 개발된 드라이브 샤프트로서 상당히 사치스러울 정도이다. 당초에는 V8 모델부터 시작했지만 지금은 가로배치 직렬6, 직렬5 엔진에서도 사용하고 있다.

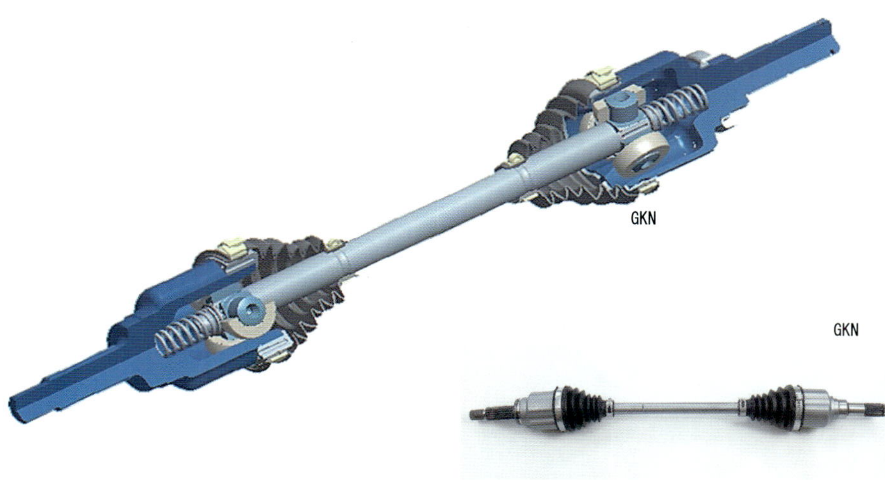

GKN

GKN

● 타타 Nano

10만 루피. 약 4백만원에 판매하겠다고 선언한 이 모델에서 중요한 것은 첫 번째로 가격이다. 그래서 제조 단가를 비교적 낮게 유지하기 쉬운 트리포드 타입 조인트를 디퍼렌셜 쪽뿐만 아니라 바퀴 쪽에도 사용하며, 큰 조인트 각을 취할 수 없는 방식의 CVJ이지만 RR차인 나노는 후륜 쪽에 조향기구가 없기 때문에 충분히 대응할 수 있다. 일반적인 트리포드 타입과 달리 트러니언과 외륜 사이에 스프링을 사용하고 있는 것은 샤프트를 중간에 배치하기 때문이다. 다른 메이커에서도 스티어링 샤프트용으로 백래시의 저감을 위해 이것과 비슷한 기구를 사용하는 경우도 있다.

B 프로펠러 샤프트의 구성

사용하려는 차량의 특성에 맞추어 CVJ를 선택할 수 있다는 것이 포인트

FWD 차량의 트랜스미션에서 디퍼렌셜, 트랜스퍼 케이스에서 프런트 디퍼렌셜 등,
차체 전 · 후 방향에 회전력을 전달하는 것이 프로펠러 샤프트이다. CVJ나 샤프트에도 고속회전을 하기 때문에 설계가 필요하다.

사진 : BMW / LAND ROVER / AUDI / JAGUAR / GKN

프로펠러 샤프트

드라이브 샤프트의 회전은 자동차에 따라 다양하지만 대략 최고 1800~2200rpm정도이다. 이에 반해 디퍼렌셜에서 감속이 이루어지기 전의 프로펠러 샤프트는 6000rpm부터 빠른 것은 9000rpm으로 고속회전을 한다. 회전의 불균형은 회전속도의 2승으로 NVH(소음 진동, Noise vibration and harshness)에 영향을 미친다. 프로펠러 샤프트용 CVJ는 조인트 각이나 축의 길이 변화는 작지만 레이디얼(radial) 방향의 클리어런스(clearance)를 적게 하는 것이 중요하다. 이 외에 원활한 회전 등 NVH 저감에 중점을 두어 제작되고 있으며, 작동 원리는 같아도 드라이브 샤프트용 CVJ와는 기본적인 설계가 다르다. 부츠(boot)나 윤활용 그리스(grease)도 고속회전에 견딜 수 있는 것을 사용하고 있고, 동일한 이유로 샤프트의 자체 중량이나 길이도 차량의 특성에 맞추어 제어할 필요가 있다.

application : Land Rover
FREELANDER 2 (GKN)

프로펠러 샤프트로부터 종감속 기어까지 동력의 전달 거리가 길어지는 차량의 패키징에서는 샤프트를 몇 개로 분할하여 배치한다. 그 이유는 샤프트의 벤딩 공진점(resonance point)을 높여 NVH를 줄이기 위해서다. 거기에는 중간의 각 접속부에 CVJ나 카르단(cardan) 조인트가 장착되어 있어서 샤프트 부분을 베어링 서포트로 섀시 쪽에 고정하게 된다. 마운트 브래킷과 볼베어링 사이에는 흡진재가 있는데 여기에는 차량의 진동 주파수 등 특성에 맞추어 튜닝이 되어 있다. 이 FWD 베이스의 4WD 프리랜더는 3피스 샤프트로 배치되어 있으며, 두 곳에서 베어링 서포트로 지지하고 있다. 각 유니버설 조인트의 기본형식은 후방부터 크로스 그루브 접동/카르단/볼 접동/볼 고정의 각 계통으로 되어 있어 상당히 사치스러운 방식이다.

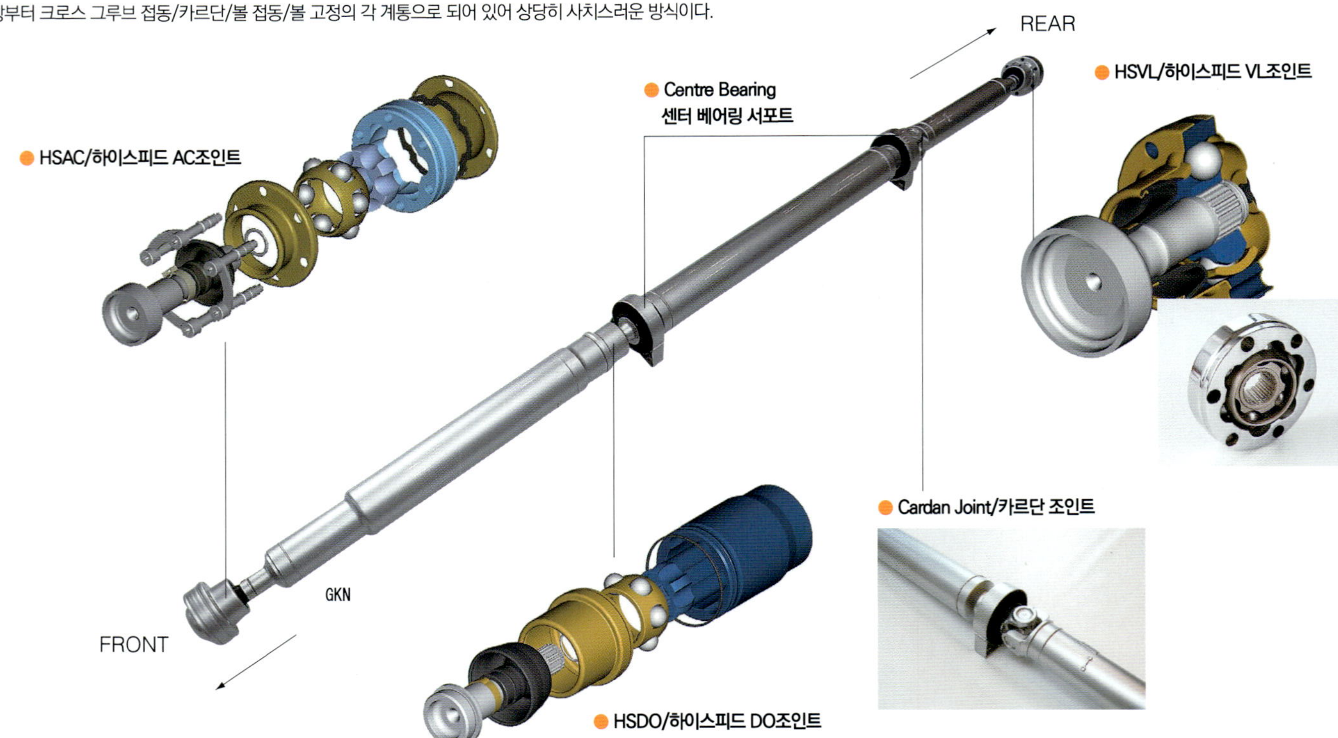

Q7 (GKN)

아우디Q7의 드라이브 트레인 구성

Q7은 RWD 베이스의 4WD로 2조의 프로펠러 샤프트를 사용하고 있으며, 리어 중앙을 제외한 조인트는 모두 접동식 CVJ로써 프런트용도를 포함하여 전 · 후륜은 회전방향의 반동이 적은 크로스 그루브 타입이다. 원래가 CVJ는 축 방향으로 치수가 작아지지만 프로펠러 샤프트를 전용으로 설계하였기 때문에 상당히 작은 것을 알 수 있다. 2피스로 구성된 리어용 프로펠레 샤프트 중앙은 그루브의 옵셋이 상호 교대로 역방향인 것(회전 저항이 적다)을 사용하고 있다. 구동계통의 응답성을 높인 스포츠 지향의 프로펠러 샤프트인 것을 알 수 있다. 또한 심한 충돌이 일어났을 때 샤프트의 충격 흡수성도 감안하여 계산되었다.

XK (GKN)

순수한 RWD 차량인 XK용 프로펠러 샤프트의 특징은 앞뒤 끝이 고무 커플링(rubber coupling)이라는 점이다. 고무라고는 하지만 이 타입은 단순한 고무판이 아니라 그림과 같이 체결 볼트가 들어가는 각 핀 사이를 아라미드(aramid) 계열 등의 고강도 코드로 연결하고 있으며, 그 외에 다른 곳은 고무로 고정시킨 것이다. 이상적인 회전을 유지하려면 조인트 각을 가능한 한 1° 이내로 맞추는 설계가 필요한데 NVH의 특성에 상당히 뛰어난 조인트로 고급 세단에 사용된다. 고무 커플링에는 축의 길이 변화를 흡수하는 능력은 없기 때문에 베어링 서포트 앞쪽은 스플라인 구조로 되어 있다. 스플라인 부분은 볼이 배치되지 않는 기본적인 구조이다.

특이한 샤프트 – Special Shafts –

프로펠러 샤프트는 강도와 강성을 확보할 수 있으며, 성능적인 면에서는 가벼운 쪽이 좋다. 그래서 생산 단가를 낮추지 않고 만든 스페셜 샤프트의 2가지 예를 소개하겠다. 왼쪽은 알루미늄 제품으로 양쪽 끝의 검은 부분은 스틸제로 통상적으로는 서로 용접이 불가능한 소재들이지만 GKN에서는 특수한 마찰 용접 기술을 개발하여 제조에 성공하였다. 이러한 제조법으로 만든 샤프트가 폰티액이나 BMW에 사용된 적이 있다. 오른쪽은 닛산 스카이라인 GT-R용으로 스피드가 빠를 뿐만 아니라 NVH도 최고 수준을 유지하겠다는 철학을 바탕으로 가벼우며, 강도가 높으면서 지름이 가늘게 만들어져 관성(inertia)이 작고 진동 흡수성에도 뛰어난 카본 FRP(Fiber Reinforced Plastics)를 사용한다.

C 액슬 유닛(Axle Unit)

휠을 유지시키면서 회전을 확실하게 전달하는 이외에도 지능까지 겸비하기 시작

기껏해야 허브일 뿐이라고 가볍게 생각해서는 안 된다. 매일 주행하는 자동차의 허브 구조를 확인하는 경우는 거의 없겠지만
허브와 그 축의 베어링은 하루가 다르게 발전을 거듭하고 있다. 오히려 앞으로의 시대야 말로 액슬 유닛이 크게 바뀌어 갈지도 모른다.

사진 : NTN

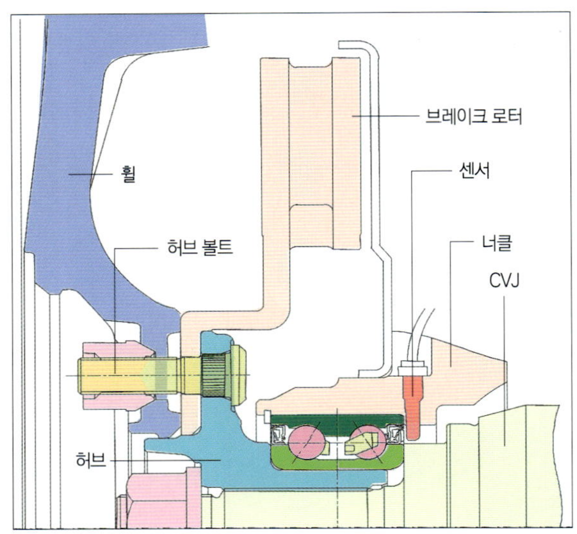

— 액슬 유닛이란 —

구동계통의 최종 단계는 타이어이며, 그 직전에 있는 것이 액슬 유닛이다. 위 그림은 구동바퀴 주변 구조이며, 휠이나 브레이크 로터를 지지하면서 회전하는 허브와 거기에 접합된 고정식 CVJ의 외륜 샤프트&너트, 전체를 지지하는 너클 또는 너클에 결합시키는 베어링, 외륜을 포함한 휠 베어링 등으로 구성되어 있다. 이것들은 개별 부품이 아니라 전체적으로 「액슬 유닛」이라고 파악할 필요가 있는 것은 아래와 같이 각 항목을 보면 납득이 갈 것이다.

지금 시대의 액슬 유닛에 요구되는 조건은 경량, 소형, 마찰 저항의 감소 등이다. 글로 표현하면 원리원칙에 지나지 않지만 스프링의 하부 부품에는 회전하는 부품도 많기 때문에 경량화는 기본적인 주행성능의 향상과 직결된다. 더불어 지금은 저연비=CO₂의 저감에 기여하는 요소도 중요하다. 말할 필요도 없이 이러한 사항들은 CVJ에서도 마찬가지이다.

다만 부품을 많이 절삭하여 경량화 하는 것은 소재나 제작의 공정에서 에너지를 헛되이 소비하는 결과를 초래하며, 소재의 가격도 비싸지고 있다. 절약=고성능이라는 도식이 요구되는 것이다. 나아가 노면의 반발력을 바로 파악하는 것이 조종의 안정을 제어하는 요소가 되고 있다.

● 경량화 – 베어링 부분

그림 속의 황색부분 : NTN 상품

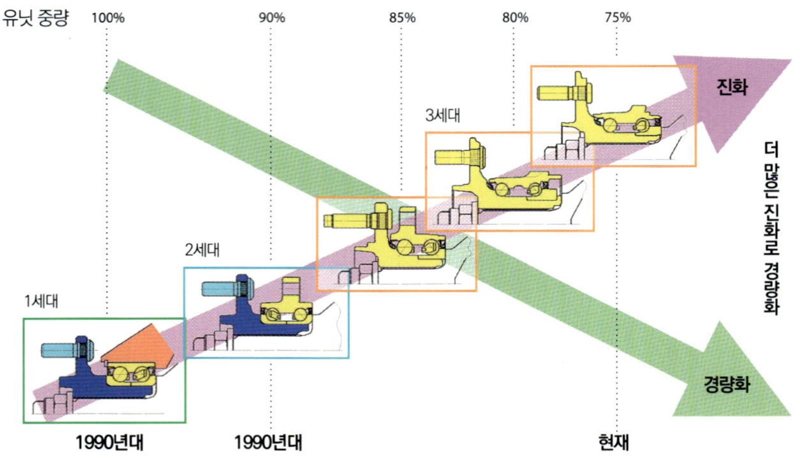

왼쪽 그림은 NTN이 걸어온 액슬 유닛 베어링의 경량화 로드맵으로 기본적으로는 직접 작동하는 쪽을 그림으로 표시하고 있지만 회전하는 쪽도 마찬가지로 개량이 이루어지고 있다. 위 사진은 그러한 실물 사진이다. 먼저 허브를 지지하는 부분은 비틀리는 힘에 대응하기 위해 베어링이 2개가 필요하며, 그 2개를 일체화하는 것부터 시작하고 있다. 이 방식은 가격이 저렴하기 때문에 제3세대가 등장한 지금도 사용되고 있으며, 다음 단계로 베어링의 바깥쪽 부품과 아우터 레이스를 일체화하고 있다. 그리고 지금은 이너 레이스도 허브와 일체화하는 상황까지 진행되었다. 무리한 단차(段差)의 통과 등으로 베어링 레이스에 손상이 발생되면 전체를 교환하여야 하는 경우가 있긴 하지만 일반적으로 사용하는 베어링의 수명은 차량의 수명과 비슷하다고 한다.

● 경량화 – 허브 본체

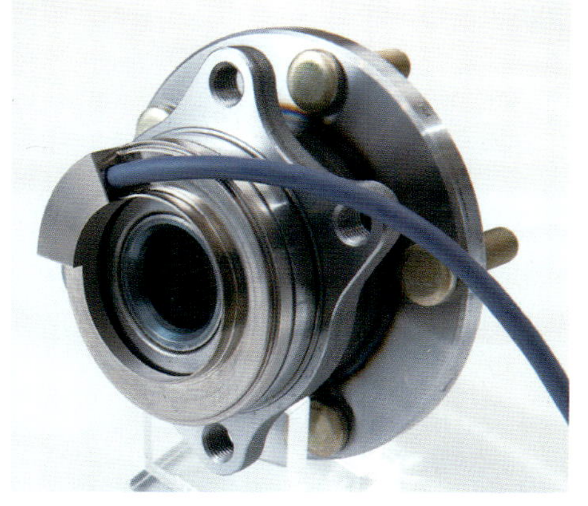

사진의 상하 모두 오른쪽 허브가 최신 모델이다. 기존의 허브와 비교하여 허브 플랜지 등이 크게 경량화 된 형상을 하고 있는 것이 눈에 들어온다. 위쪽 허브는 완성품으로 중량에서 10%를 경량화 하였지만 주목할 것은 소재의 중량에서 20%가 줄어들었다는 점이다. 절삭이나 편칭으로 나중에 소재를 깎아내는 것이 아니라 정밀화 형상으로 두께를 줄이는 단조 기술의 진화가 있다. 사용하는 소재 자체의 경량화는 가격의 저감뿐만 아니라 자원의 보호 등 환경측면에서도 좋다. 2개를 일체화한 베어링이라도 최신의 설계로 내외 레이스 부분의 두께를 줄이는 형상으로 단조함으로써 초기 모델과 비교하여 제품의 중량에서 14%, 소재의 중량도 가벼워졌다. 아래 사진은 경자동차용에 사용되는 허브로써 경량화를 극한까지 추구(–36%)한 시작품이다.

● 초경량화 – CVJ와의 결합

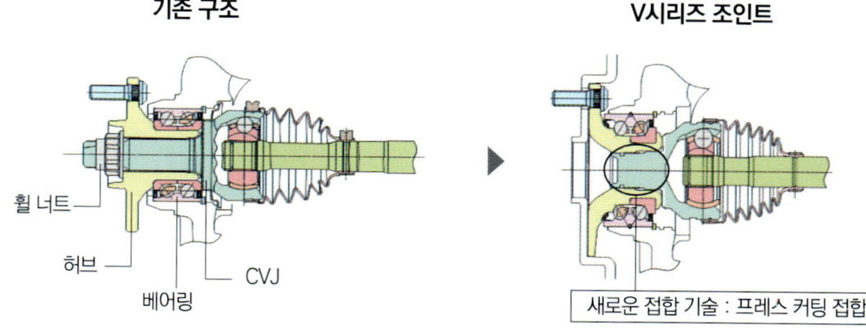

부품의 통합화는 결국 구동바퀴의 허브와 고정식 CVJ의 외륜을 일체화하는 데까지 이르렀다. 결합시키기 이전의 허브쪽 내경은 순수한 상태이다. 여기에 스플라인을 가공하고 열처리하여 강도를 높인 CVJ 샤프트를 끼운다. 이 시점에서 허브 쪽의 내경에 스플라인이 만들어지며, 접합 부분은 유격이 없고 응력의 분산에 뛰어나기 때문에 접합의 길이를 짧게 할 수 있다. 또한 접합력이 강하기 때문에 기본적으로 너트나 볼트가 필요 없이 그대로 사용하기 때문에 실제로는 만약을 위해 끝부분을 코킹(caulking)으로 하고 있다. 일반적인 구조와 비교하여 제품의 중량에서 12% 정도가 가볍고 조립의 공정 수도 감소되었다. 이미 개발을 완료하여 메이커 차량에 사용하기를 기다리는 NTN의 독자적인 최신기구이다. 드물게 베어링, 허브, CVJ 모두를 만드는 메이커의 입장을 활용한 유닛이다.

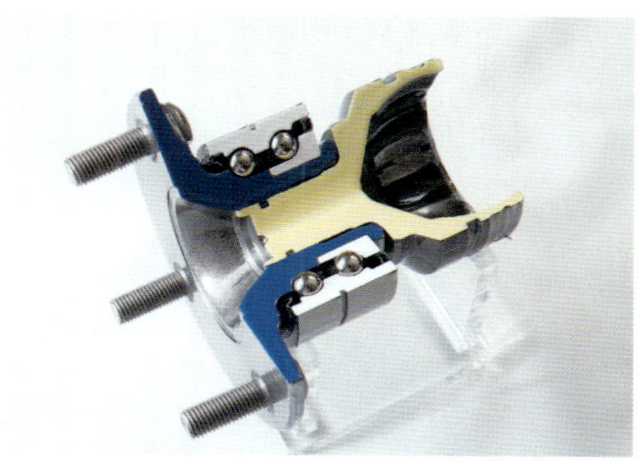

● 높은 지능화 – ABS센서

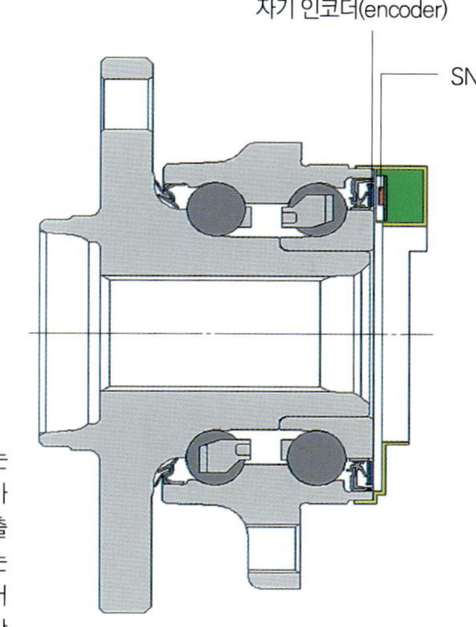

차륜의 회전속도를 판독하는 감도를 40배나 높인 액슬 유닛. 실제 ABS용 센서는 그다지 세밀하게 회전을 파악하지 않는다. 자동차의 움직임으로 보면 4cm 정도가 한도이다. 그러나 SNR사와 공동으로 개발한 이 유닛은 센서 안에 복수의 자기 검출 소자를 배치함으로써 1mm의 움직임도 파악할 수 있다. 바로 효과를 얻을 수 있는 것은 크루즈 컨트롤의 기능향상이라고 하는데 ABS에 한하지 않고 기타 많은 제어 기능을 높일 수 있는 가능성을 갖는다고 생각된다. 또한 회전하는 바퀴는 어떻든 간에 구동바퀴의 경우 기존에 회전 센서를 외부에 장착하는 것이 일반적이었기 때문에 비포장 도로 등 조건이 나쁜 장소에서는 트러블이 발생할 가능성도 있다. 이것을 전륜(全輪) 모두 밀폐시키는 구조로 사용함으로써 안전성을 높이고 있다.

● 높은 지능화 – 하중 검출 센서

일반적인 요 레이트 센서(yaw rate sensor)는 보디에 장착되어 롤(roll)이 시작되어야 비로소 각종 제어가 가능해진다. 이에 비하여 NTN이 개발한 방식은 액슬 유닛에 변형 센서가 설치되기 때문에 가로로 G가 발생하고 나서의 응답속도는 0.2초에서 0.05초로 크게 빨라졌다. 이 0.15초의 차이는 100km/h일 때의 주행거리로 약 4.2m에 해당하는데 급격한 차선의 변경시 등과 같은 경우에 안정성을 확보하는데 크게 기여한다. 사진은 시작품이기 때문에 하얀 수지로 된 마이크로컴퓨터 부분이 약간 커 보이지만 양산으로 넘어갈 때는 훨씬 소형화될 예정이다. 여기서 더 나아가 하나의 휠에 복수의 하중 센서를 장착함으로써 가로 하중, 세로 하중, 전후 하중의 변화를 분해 검출하는 시스템도 개발 중이다. 상당한 수준의 움직임 제어도 가능해질 것이다. 센서가 가벼워 액슬 유닛 중량은 거의 증가하지 않는다고 한다.

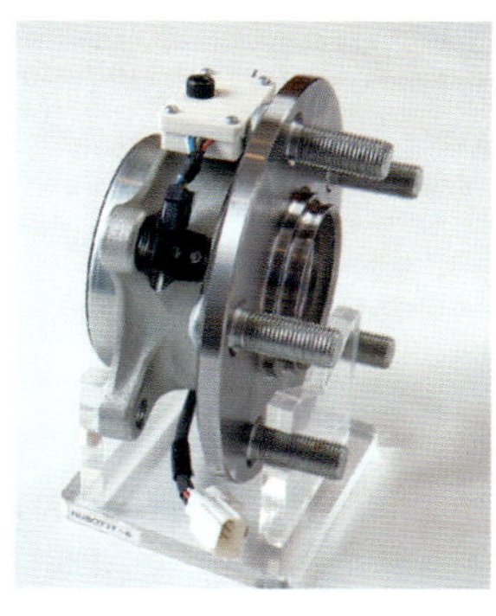

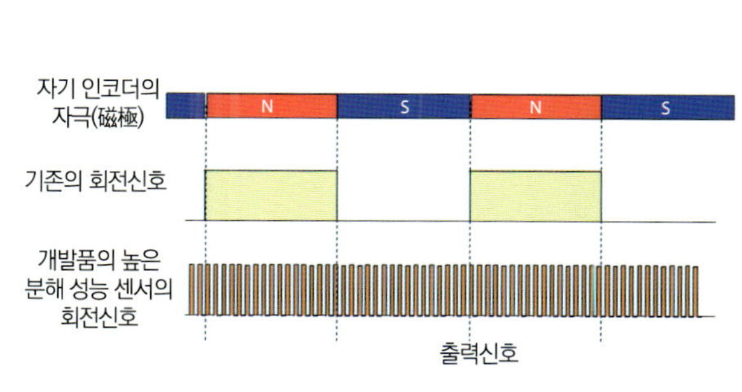

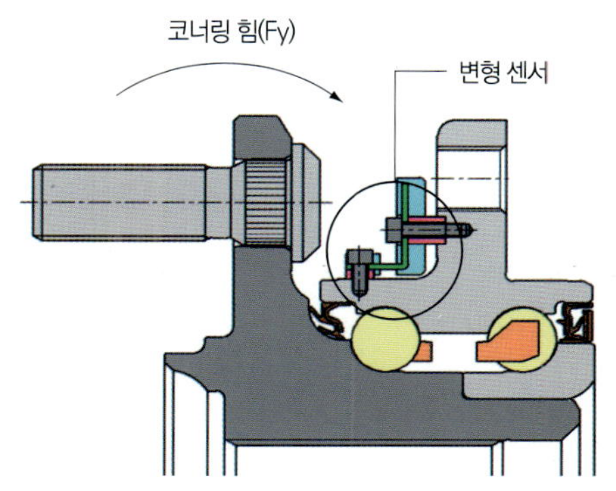

구동을 변환하다

Power Transfer Unit Final Drive Unit

구동력의 「방향」을 바꾸면서 전 · 후륜으로 분배하여 전달한다.

엔진이 발생시키는 출력을 효율적이고 확실하게 노면으로 전달하기 위한 기구가 전륜(全輪)구동이다.
어떠한 기구를 어디에 배치하고 구동력을 어떻게 분산할까? 기본 중의 기본을 복습해 보자.

글 : 마쓰다 유지 · 그림 : 쿠마가이 토시나오 / GKN / CHRYSLER / AUDI / DAIMLER BENZ / BMW

Power Transfer Unit

아주 드문 경우를 빼고는 4WD 자동차라 하더라도 엔진은 차체의 전방에 탑재되어 있다. 후륜 구동의 베이스인 경우는 일반적으로 축 출력을 어딘가에서 전륜 쪽으로 되돌려 주어야 한다. 전륜 구동의 베이스인 경우는 축 출력을 후륜 쪽으로도 전달시켜야 한다. 그러기 위한 기구가 Power Transfer Unit으로써 「트랜스퍼 케이스」라고 말하는 경우가 많다. 4WD로 변화시키는 목적에 따라 몇 종류의 구조로 분류된다.

흔히 말하는 「디퍼렌셜 케이스」 안에 들어가 있는 것은 「파이널 기어」와 「디퍼렌셜 기어」가 일체화된 Final Drive Unit이다. 엔진을 세로로 탑재한 차량의 경우 여기에서 축 출력의 방향을 90°로 변경하여 구동바퀴로 전달한다. 위 사진은 그것을 위한 구조를 보여주는 FDU(Final Drive Unit)이다. 지아코자(Jiakoza) 방식 FF 등 가로배치 엔진에서 트랜스 액슬을 구성할 경우는 출력 축 회전을 180° 역전시키면서 FDU를 구동하게 된다.

물이나 공기의 흐름과 같은 자연 에너지를 수차(水車)나 풍차(風車)의 「동력」으로 이용한다. 이렇게 얻어진 동력을 축이나 풀리, 기어 등으로 전달하고 또한 세기나 방향을 바꾸면서 이용함으로써 기계문명은 발달을 거듭해 왔다.

그런 가운데 축이나 차륜(車輪)도 실로 위대한 발명품이다. 너무 넘쳐나는 존재라는 사실을 넘어서 그것이 「발명」이라는 것조차 인식되기 어려울지도 모르지만 모 베스트셀러 서적의 기술로 유명해진 것처럼 자연세계에 차륜이나 프로펠러 같은 회전 기구를 가진 생물은 존재하지 않는다. 축이나 차륜의 회전과 그에 따른 동력전달은 「문명」을 기본에서 지탱하는 "기계원리" 가운데 하나인 것이다.

방향을 바꾸어 현대 자동차의 기본바탕이라고 할 수 있는 것 가운데 하나로 1827년에 프랑스의 페퀴르

(1792~1852년)가 개발한 증기자동차가 있다. 1769년에 퀴노(1725~1804년)가 발명한 최초의 자동차인 「포차(砲車)가 증기기관의 동력으로 앞쪽 바퀴 하나를 구동하는 「FF」였던 것에 비하여 페퀴르의 증기자동차는 증기엔진을 차체의 전방에 탑재하고 앞바퀴 2개를 조향, 뒷바퀴 2개를 구동하는 「FR」의 구성을 채택하였으며, 심지어 후륜의 차축에는 차동기어 장치까지 갖추고 있었다.

차륜을 구동하기 위해서는 구동 바퀴가 차축에 고정되어 있을 필요가 있다. 직진상태라면 문제는 없지만 선회할 때는 타이어가 그리는 궤적은 타원을 그리게 되기 때문에 당연히 바깥쪽 바퀴와 안쪽 바퀴는 선회 중심점으로부터의 선회 반경이 다르게 된다. 다시 말하면 바깥쪽 바퀴는 안쪽 바퀴보다도 긴 거리를 달리게 되는 것이다. 달리 표현하자면 많이 회전하여야 하기 때문에 회전차를

허용하는 「차동」을 위한 구조가 필요하다.

그 당시까지 차동을 허용하기 위한 기구로 슬라이드를 이용한 것, 프리 휠이나 나사를 이용한 것 등이 연구되어 왔지만 페퀴르가 연구한 차동기어장치는 현재의 오픈 디퍼렌셜과 거의 비슷한 기구를 갖추고 있었다. 덧붙여 말하자면 영국의 맥라렌이 발로 밟는 페달＋로드에 의한 후륜 구동식 자전차를 발명했던(라고 전해지고 있다) 것이 1839년이기 때문에 4륜차는 2륜차보다 앞서서 원동기를 탑재하여 후륜을 구동하게 되었고 차동장치까지 갖추게 되었던 것이다.

1880년대 독일의 니콜라우스 어거스트 오토(1832~1891년)에 의해 가솔린 엔진이 실용화되자 고틀리프 다임러(1834~1900년)나 칼 벤츠(1844~1929년) 같은 사람들이 그것을 개량하여 자동차용의 동력원으로 사용하였다. 처음에는 앞바퀴 1개의 조향에 뒷바퀴 2개

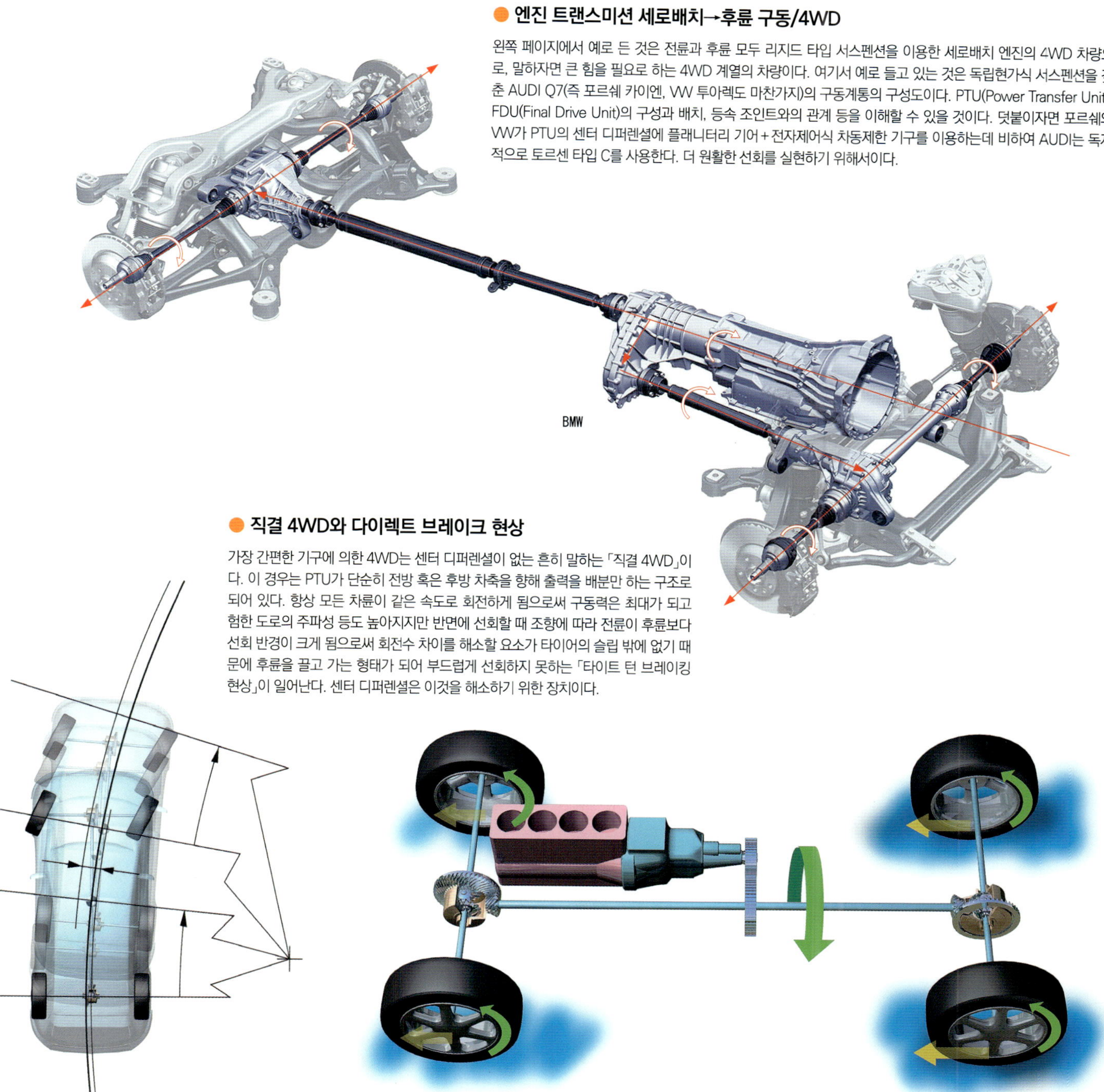

● 엔진 트랜스미션 세로배치→후륜 구동/4WD

왼쪽 페이지에서 예로 든 것은 전륜과 후륜 모두 리지드 타입 서스펜션을 이용한 세로배치 엔진의 4WD 차량으로, 말하자면 큰 힘을 필요로 하는 4WD 계열의 차량이다. 여기서 예로 들고 있는 것은 독립현가식 서스펜션을 갖춘 AUDI Q7(즉 포르쉐 카이엔, VW 투아렉도 마찬가지)의 구동계통의 구성도이다. PTU(Power Transfer Unit), FDU(Final Drive Unit)의 구성과 배치, 등속 조인트와의 관계 등을 이해할 수 있을 것이다. 덧붙이자면 포르쉐와 VW가 PTU의 센터 디퍼렌셜에 플래니터리 기어＋전자제어식 차동제한 기구를 이용하는데 비하여 AUDI는 독자적으로 토르센 타입 C를 사용한다. 더 원활한 선회를 실현하기 위해서이다.

● 직결 4WD와 다이렉트 브레이크 현상

가장 간편한 기구에 의한 4WD는 센터 디퍼렌셜이 없는 흔히 말하는 「직결 4WD」이다. 이 경우는 PTU가 단순히 전방 혹은 후방 차축을 향해 출력을 배분만 하는 구조로 되어 있다. 항상 모든 차륜이 같은 속도로 회전하게 됨으로써 구동력은 최대가 되고 험한 도로의 주파성 등도 높아지지만 반면에 선회할 때 조향에 따라 전륜이 후륜보다 선회 반경이 크게 됨으로써 회전수 차이를 해소할 요소가 타이어의 슬립 밖에 없기 때문에 후륜을 끌고 가는 형태가 되어 부드럽게 선회하지 못하는 「타이트 턴 브레이킹 현상」이 일어난다. 센터 디퍼렌셜은 이것을 해소하기 위한 장치이다.

를 구동하는 것도 있었지만 점차로 패키지의 효율과 조종의 안정성이 뛰어난 앞바퀴 2륜 조향에 뒷바퀴 2륜 구동이 기본형으로 정착되어 발전을 계속하였다. 동력전달의 기구도 풀리＋벨트에서 스프로킷＋체인으로 발전하며, 영국의 스탈리(1854~1901년)가 고안한 체인 드라이브용 차동장치가 사용되었다. 나아가 전륜(前輪) 2바퀴의 조향장치로 애커먼(ackerman)기구가 사용되기에 이르러 현대적인 자동차의 구성 요소가 완성되었다.

그리고 1902년에 네덜란드에서 최초의 4륜구동 엔진의 차량인 「스파이커 4WD」가 개발되었다. 스파이커가 4륜 구동을 채택한 이유는 당시 네덜란드의 식민지였던 인도네시아로 수출을 계획하다 현지의 도로사정을 고려 하였기 때문이라고 알려지고 있다. 또한 스파이커가 세계 최초라고 해도 좋을 6기통 엔진을 탑재하고 50~70ps이나 되는 높은 출력을 달성했던 것도 4륜 구동방식을 사용한 이유 가운데 하나로 들 수 있을 것이다.

발표되고 얼마 지나지 않아 한 박람회에 전시된 스카이퍼 4WD 사진에는 「Racer」로 표기된 간판이 걸려있었다. 4WD가 되면서 노면의 상황과 상관없이 안정된 구동을 발휘하고 높은 출력에도 대응하기 쉽다는 것은 그 당시 쉽게 이해되고 있었던 것이다. 이것은 스파이커보다 앞서 1900년에 페르디난트 포르쉐(1875~1951년)가 중심이 되어 개발한 인휠 모터 방식의 전기자동차 4WD가 존재하고 있었다는 사실로도 명백할 것이다.

당시에는 아직 셀프 스타터가 개발되지 않았던 이유도 있어서 시동이 어렵고 소음이나 진동이 큰 엔진의 차량보다 전기자동차를 선호하는 층도 많았다. 포르쉐가 마차 메이커에 스카우트되어 만든 자동차도 인휠 모터에 의한 앞바퀴 2륜 구동방식이었지만, 힐 클라임 레이스 등에서 더 큰 구동력을 얻기 위한 목적으로 4WD의 모델이 개발되었다. 그러한 파워패키지의 구성 때문에 차동장치는 필요가 없게 되었던 것이다.

이야기를 스파이커로 되돌리면 6기통 엔진에는 3단 트랜스미션을 장착하고 그 뒤쪽에 탑재한 트랜스퍼 유닛과 출력축을 이용하여 전·후륜으로 출력을 전달하고 있다. 그러나 조향할 때는 전륜이 후륜보다 회전반경이 크기 때문에 전·후륜 사이에도 회전차가 생겨 소위 말하는 타이트 턴 브레이킹(tight-turn·braking) 현상이 발생하게 된다. 그에 대한 대책으로 스파이커의 트랜스퍼 유닛은 디퍼렌셜 기어도 설치되어 있었다. 즉 세계 최초의 4WD 엔진 차량은 동시에 최초의 센터 디퍼렌셜 방식 4WD이기도 했던 것이다. 이 무렵에 이르러서야 현대적인 자동차 구동기구가 그 기본구조를 갖추었다고 말할 수 있는 것이다.

PTU 종류와 기본구조

▶▶▶ **셀렉티브 4WD**

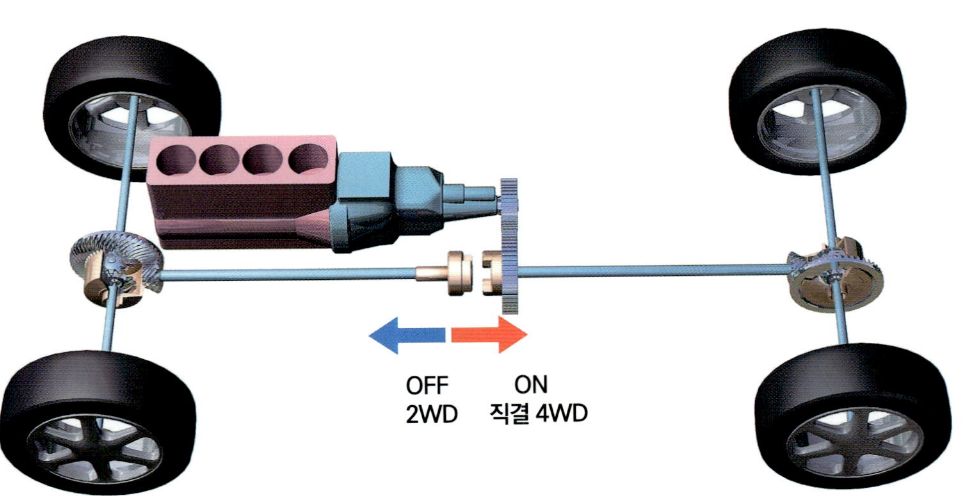

엔진에서 전달되는 출력은 기본적으로 전·후륜 어느 쪽이든 2륜에 배분된다. 다른 한 쪽의 2륜에 대해서는 PTU 기구에 의해 기계적으로 결합시키거나 차단함으로써 4WD 상태를 만든다. 직결 4WD와 2WD 어느 한 쪽의 상태를 임의로 선택하게 되는 이유로 「셀렉티브(selective)」라고 불리는 방식이다. 일반적으로 타이트 턴 브레이킹 현상을 회피하기 위해 2WD로 주행하다 험한 도로나 젖은 노면, 고속 주행과 같은 큰 구동력이 필요하거나 혹은 안정성을 향상시킬 경우에만 4WD를 선택하는 식의 사용방법을 상정하고 있다. 센터 디퍼렌셜 방식이나 토크 스플릿 방식의 보급에 따라 특히 승용자동차 베이스의 4WD에서는 거의 볼 수 없게 되었다.

▶▶▶ **센터 디퍼렌셜 4WD**

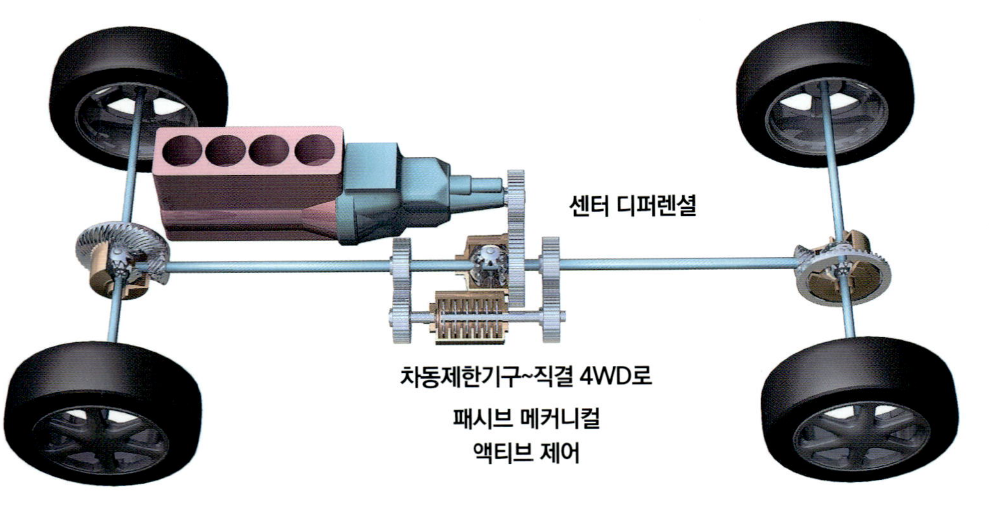

PTU에 전·후륜 차축 사이의 회전속도 차이를 허용하기 위한 디퍼렌셜 기구를 장착한 것. 센터 디퍼렌셜에는 일상적인 오픈 디퍼렌셜이 아니라 차동제한 기능이 있는 LSD(Limited Slip Differential)를 이용한다. 오픈 디퍼렌셜은 어느 한 쪽의 차륜이 꼼짝하지 못하게 되었을 때(stuck) 노면에서의 반력을 충분히 받지 못하게 되면 다른 한 쪽의 차륜에도 구동력이 전달되지 않기 때문이다. 디퍼렌셜 자체의 형식은 다판(기계)식, 비스커스 커플링, 토르센 디퍼렌셜, 전자제어 클러치를 갖춘 것 등 여러 종류의 타입이 이용되고 있다. 또한 록 기구가 설치된 디퍼렌셜을 장착하면 통상은 센터 디퍼렌셜 4WD로 사용하다 필요에 알맞게 직결 4WD로 나눠 사용할 수도 있다.

▶▶▶ **토크 스플릿 4WD**

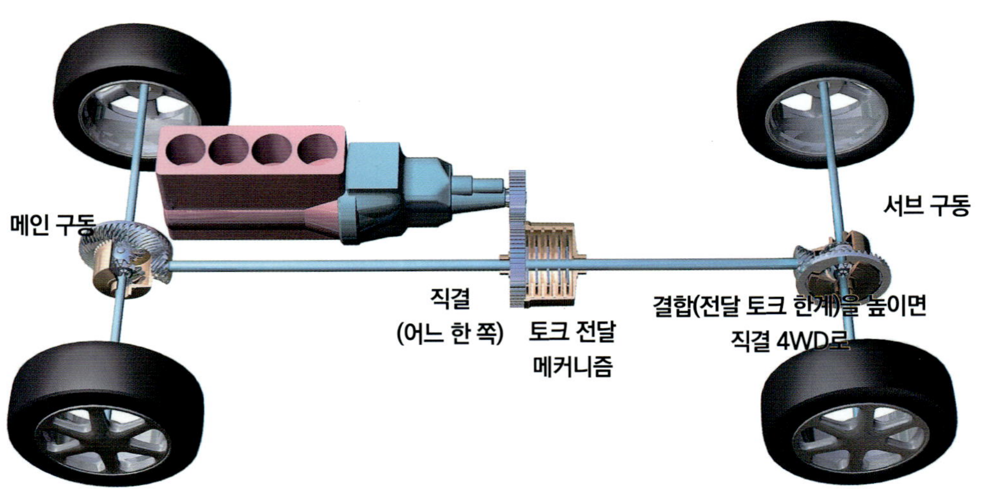

기본적으로 엔진 출력은 전·후륜 어느 한 쪽으로 전달되지만 어떠한 토크 전달의 메커니즘을 이용함으로써 다른 한 쪽 차축으로도 토크를 분할하는 기구를 갖는 타입. 구동 토크는 「배분」되는 것이 아니라 어디까지나 분할하는 것이기 때문에 「토크 스플릿」으로 불리고 있다. 회전차 감응형 커플링 기구나 유압 펌프 등을 사용하여 전·후륜 사이에서 회전차가 생겼을 때만 구동 토크를 분할하는 「패시브 토크 스플릿(passive torque split)」 타입과 전자제어 기구와 조합시킨 다판 클러치 등을 사용하여 상황에 알맞게 전달 토크의 용량을 변동시키는 「액티브 토크 스플릿(active torque split)」 기구로 분류된다.

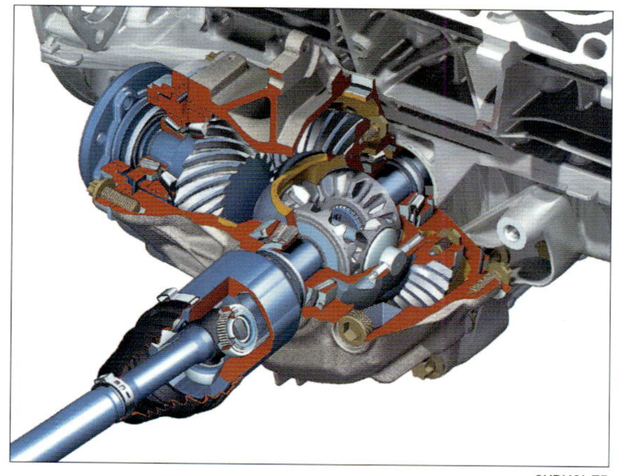

● 프런트 디퍼렌셜 기어

그림 우측이 차량의 진행 방향. 등속 조인트는 우측의 전륜용으로 트리포드 타입을 사용하고 있다는 것을 알 수 있다. 트랜스퍼 케이스에서 전방으로 출력을 되돌리는 프로펠러 샤프트는 세로 배치형 트랜스미션 우측 측면의 밑 부분에 설치되어 있어서 이 부분에 있는 프런트 FDU에 접속되어 있다. 좌측으로 나가는 구동축은 오일 팬을 관통하게 되는데 좌우 대칭되는 위치에 조인트가 배치되어 있다.

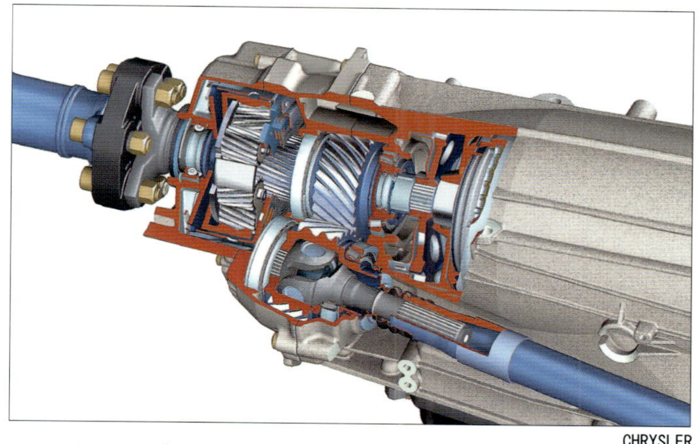

● 4WD 트랜스퍼 케이스

7G-TRONIC(7단 AT)의 케이스 뒤쪽 끝에 장착된 PTU. 센터 디퍼렌셜은 플래니터리 기어로 전륜쪽 출력의 선 기어 지름을 크게 하기 위해 작은 지름의 트윈 피니언 방식을 사용하고 있다. 전륜 쪽으로 돌아가는 샤프트의 조인트 부분은 카르단 조인트가 사용되고 있는 것을 알 수 있다. 플래니터리 캐리어와 후륜쪽 출력 사이에는 차동제한용 클러치가 장착되어 있다.

BMW X3/X5 x드라이브 [액티브 토크 스플릿→다판 클러치 모터 작동]

● 분할되는 부분의 결합을 전동 모터로 제어

엔진의 출력은 후륜 구동용 프로펠러 샤프트로 직결된다. 동일 축 상에 토크 스플릿 클러치를 배치하여 거기에서 전륜으로 구동 토크를 분할한다. X3의 경우 이렇게 분할하는데 있어서 사일런트 체인을 이용하고 있다. 즉 후륜 구동을 기본으로 하고 분할하는 부분의 결합을 높임으로써 직결 4WD 상태에 가깝게 하는 시스템. 클러치 압착력의 변동은 그림 중앙부분에서 확인할 수 있는 전동 모터에 의해 움직이는 액티브 토크 스플릿 방식이다.

● 기어로 분할하던 것을 모터와 클러치로 제어

현재 5시리즈에서 사용하고 있는 액티브 토크 스플릿 기구. 그림의 좌측이 차량의 진행 방향이다. 기본 구성은 X3와 마찬가지로 출력이 후륜으로 직결되어 있는 것도 똑같다. 다만 토크를 분할하기 위한 기구가 달라서 트랜스미션 케이스 후방에 장착된 PTU는 헬리컬 기어에 의해 구동 토크를 전륜으로 보낸다. 전동 모터로 구동되는 클러치 판으로 결합을 제어한다. 그림에서는 모터 쪽의 하얀 기어와 PTU쪽의 노란 기어가 서로 맞물려 있다.

AUDI R8 QUATRO SYSTEM [센터 디퍼렌셜→비스커스 커플링]

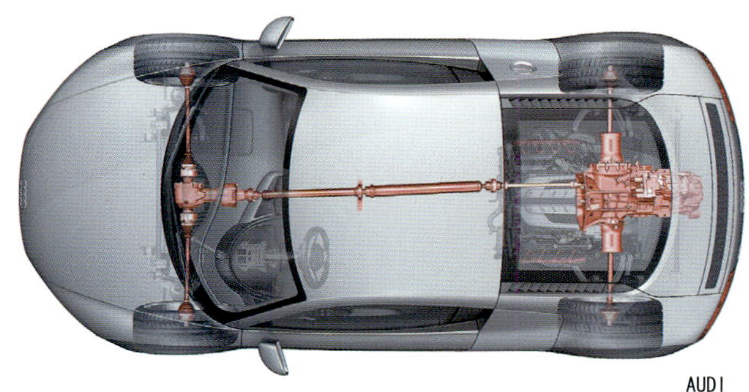

AUDI R8은 엔진을 세로로 배치한 미드십이기 때문에 축 출력은 일단 보디의 후방에 배치된 세로 방향의 트랜스미션으로 전달된다. 트랜스미션의 카운터 샤프트에 의해 전방으로 전달되고 출력 축 끝에 접속된 비스커스 커플링의 센터 디퍼렌셜을 매개로 리어 FDU와 프런트 FDU로 토크가 배분된다. 프런트 쪽으로 전달되는 토크 배분은 10~35% 사이에서 변동한다.

옵션으로 장착되는 2페달 6단 자동 MT 「R트로닉」의 구성. 기계적으로는 로봇타이즈 시프터(robotize shifter)로 람보르기니 무르시엘라고나 가야르도의 「e기어」와 같은 것이다. 그림의 좌측이 차량의 전방 방향이다. 안쪽에 위치하고 있는 카운터 샤프트 전방에 비스커스 방식 센터 디퍼렌셜이 위치하며(유감스럽지만 그림에서는 안쪽에 위치하여 보이지 않는다), 헬리컬 기어에 의해 리어 FDU와 프런트 FDU로 토크를 전달하고 있다.

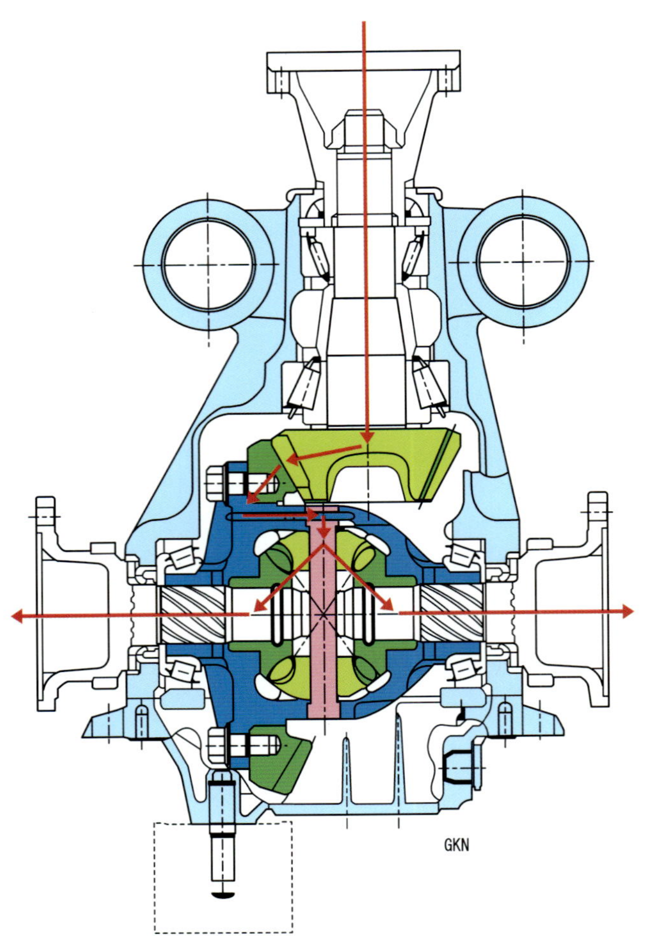

왼쪽 단면도는 상단 컷 모델 사진과 함께 엔진은 세로배치, 후륜 구동 차량용의 파이널 드라이브를 나타낸 것이다. 단면도를 예로 들어 출력전달 과정을 따라가 보자. 엔진에서 트랜스미션을 매개로 프로펠러 샤프트를 경유하여 전달된 출력은 축 끝에 고정된 구동 피니언 기어의 회전으로 바뀌고 상대되는 파이널 링 기어에 의해 방향이 90°로 변환된다. 여기서 이루어지는 감속이 「최종감속」이다. 트랜스미션의 감속비와 최종 감속비를 곱한 것을 총감속비(overall ratio)라고 부른다. 이것은 드라이브 샤프트(더 정확하게 말하면 디퍼렌셜 케이스) 1회전 당 엔진이 몇 회전하는지를 나타내는 수치이다. 링 기어로 전달된 동력은 고정되어 있는 디퍼렌셜 케이스 전체를 회전시킨다. 디퍼렌셜 케이스에는 디퍼렌셜의 피니언 샤프트 끝 부분이 연결되어 있어서 피니언 샤프트를 경유하여 디퍼렌셜 피니언 기어→사이드 기어로 전달된다. 사이드 기어는 내부에서 드라이브 샤프트가 맞물려 있기 때문에 이 경로에 의해 허브와 휠을 회전시킨다. 이 부분의 작동을 문자로 설명하면 상당히 복잡하지만 실물의 작동을 보면 기본적인 작동이 한 눈에 들어올 것이다. 실물로 확인할 수 있으면 가장 좋겠지만 그렇지 못하면 인터넷 상의 동영상 사이트 등에 파이널 리덕션 기어와 디퍼렌셜의 작동에 관련하여 해설해 놓은 것들이 많이 올라와 있으므로 검색해서 찾아 볼 것을 권한다.

동력전달장치　　Chapter **3**

Power Transfer Unit Final Drive Unit

최종감속기어와 차동장치를 일체화한
구동계통의 "파이널" 아웃풋

엔진의 출력을 전달하면서 최종적으로 감속을 하고 좌우 바퀴 사이의 회전차를 허용한다.
구동의 최종 마무리를 담당하는 파이널 리덕션 기어와 디퍼렌셜 기어의 구조를 다시 살펴보자.

글 : 마쓰다 유지 · 그림 : 쿠마가이 토시나오 / GKN / BMW / MFi

파이널 드라이브 유닛(FDU)은 이름 그대로 구동계통의 최종적인 위치를 차지하는 기구이다. 일반적으로는 파이널 리덕션 기어(종감속기어)와 디퍼렌셜 기어(차동장치)를 하나의 케이스에 조립되어 있는 구조이다.

파이널 리덕션 기어는 출력축의 회전을 감속하는 하나의 기어이다. 축 끝에 장착되는 드라이브 피니언 기어와 그에 대응하는 링 기어로 구성되어 축 토크를 구동 토크로 변환시킨다. 양쪽 기어 잇수의 비율에 의해 출력 회전의 최종적인 감속비가 정해지기 때문에 최종감속기라고 불린다.

일반적으로 FR 차량은 여기서 출력 회전의 전달 방향을 90°로 바꿀 필요가 있기 때문에 베벨 기어의 일종인 하이포이드(hypoid) 기어를 사용하는 경우가 많다. 하이포이드 기어는 일반적인 베벨 기어와 비교하여 구동축의 위치를 낮게 설정할 수 있고 맞물리는 상태가 좋아서 소음이나 진동이 적은 장점 때문에 주류를 이루고 있다. FF의 경우는 역시 소음이나 진동에 대한 대책 때문에 일반적으로 헬리컬 기어가 이용된다.

파이널 링 기어는 디퍼렌셜 기어 케이스에 볼트로 고정되며, 케이스를 전체로 회전시킴으로써 디퍼렌셜의 사이드 기어와 연결된 드라이브 샤프트를 회전시킨다. 이 회전이 허브→휠로 전달됨으로써 구동력을 얻을 수 있다.

가령 디퍼렌셜이 존재하지 않고 좌우의 차륜이 일체화되어 있으면 선회할 때 좌우 바퀴의 회전차를 흡수하는 요소는 타이어 슬립 밖에 없기 때문에 부드럽게 선회할 수 없다. 그래서 차축을 좌우로 분할하여 직진이나 선회할 때 각각의 차륜이 적절한 회전수를 유지하면서 구동 토크를 확실하게 전달할 수 있도록 연구된 기구가 디퍼렌셜이다.

디퍼렌셜의 구성 요소에서 보자면 파이널 링 기어에서 전달되는 동력에 의해 케이스 전체의 회전은 「공전」이 된다. 이에 비하여 좌우 바퀴 사이의 회전차를 허용하기 위해 내부에서 일어나는 회전은 「자전」이다. 디퍼렌셜 내부는 공전과 자전이 서로 간섭하지 않는 「차별 회전」 상태를 유지하면서 구동 토크를 차륜으로 전달할 수 있다. 이로 인해 자동차는 비로소 자유롭게 선회할 수 있게 된다.

가장 기초적인 디퍼렌셜은 「오픈 디퍼렌셜」이라고 불리는 좌 · 우 바퀴의 차동을 전혀 제한하지 않는 타입이다. 일반적으로 베벨기어로 구성된다. 디퍼렌셜 피니언 기어의 개수는 보통 2개 혹은 4개이다. 4피니언 방식을 이용하는 것은 전달하는 힘이 크고 강도를 확보할 필요가 있는 경우 등이다.

선회 중인 타이어의 궤적을 따라가면 바깥쪽 바퀴와 안쪽 바퀴가 각각 선회 원을 그린다. 그러나 선회 중심은 같기 때문에 양쪽은 동심 원 관계를 갖는다. 중심점에서의 거리 = 선회 원의 지름 관계가 되기 때문에 바깥쪽 바퀴가 그리는 원주 길이는 당연히 안쪽 바퀴보다 커진다. 달리 말하면 바깥쪽은 많이 회전해야 한다는 것이다. 바깥쪽 바퀴와 안쪽 바퀴 양쪽에 구동 토크를 전달하면서 동시에 회전차를 허용하기 위한 장치가 디퍼렌셜(차동) 기어로 차동장치라고 한다.

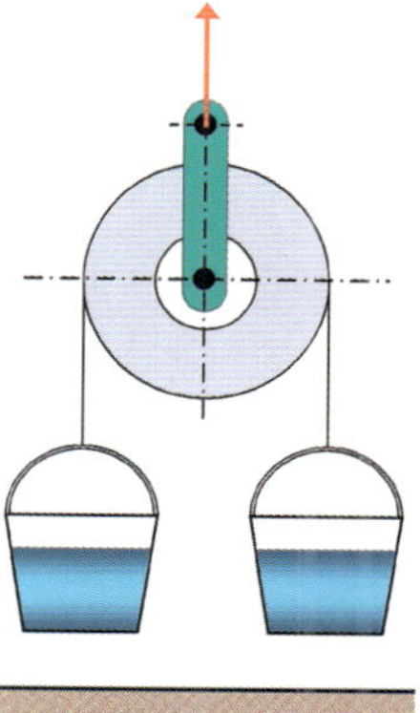
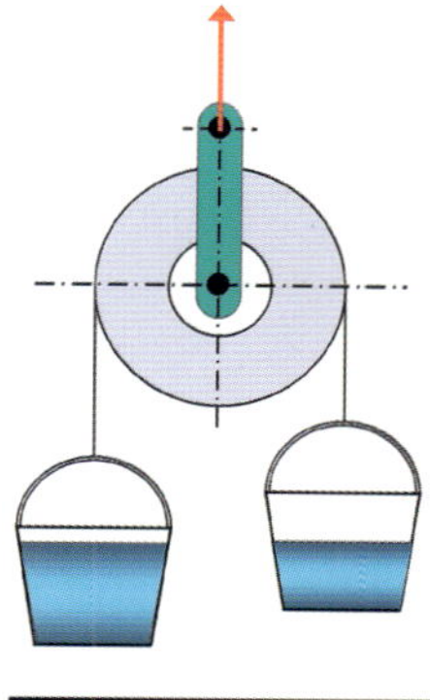

디퍼렌셜 작동 모델(직진시)　　디퍼렌셜 작동 모델(차동시)

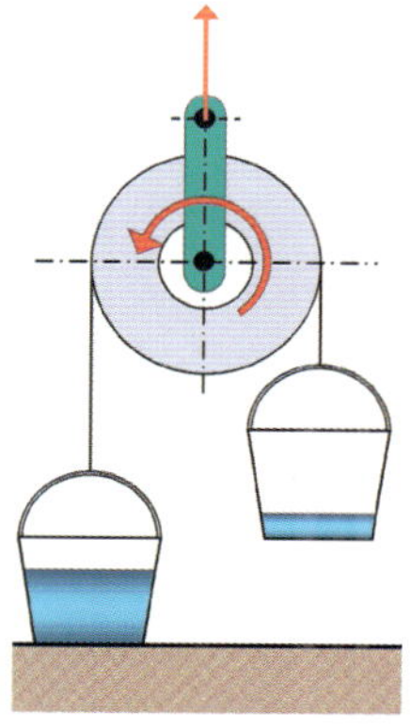
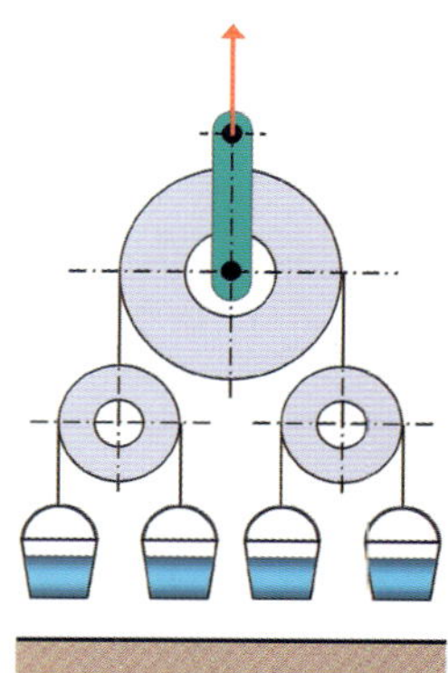

디퍼렌셜 작동 모델(스플릿 · 노면)　　디퍼렌셜 작동 모델(4WD차량)

도르래와 추(錘)를 모델로 하여 디퍼렌셜의 작동을 나타낸 예. 상단 왼쪽이 2WD 차량의 액슬용 디퍼렌셜 직진시. 상단 오른쪽이 차동시로 양동이 무게가 다소 달라도 전체적인 균형은 유지가 되어서 무게가 같아지면 원래의 상태로 복귀한다. 그러나 하단 왼쪽의 스플릿 · 노면과 같이 되면 이미 균형은 확보되지 않는다. 4WD 모델에서는 위 도르래가 센터 디퍼렌셜, 아래 도르래가 앞뒤 디퍼렌셜을 가리킨다.

○ 좌우 바퀴에서 회전차가 없는 상태(직진시)

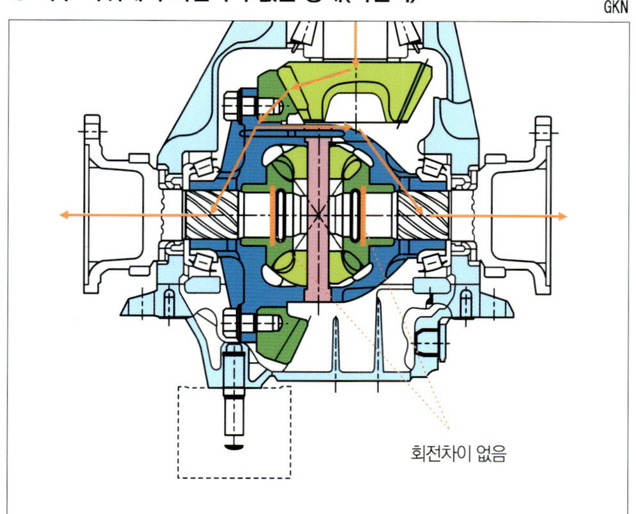

부드러운 도로 위를 직진하는 상태에서는 좌우 바퀴와 노면 사이의 저항이 제각각 거의 똑같이 유지된다. 다시 말하면 구동력을 전달하기 위해 필요한 노면으로부터의 반력(反力)이 좌우에서 똑같기 때문에 좌우 바퀴에 모두 동일한 구동 토크가 전달되고 회전수도 동일한 상태가 지속된다. 이 상태에서는 디퍼렌셜 케이스→디퍼렌셜 피니언 샤프트로 전달되는 회전력이 좌우로 균등하게 배분되기 때문에 디퍼렌셜 피니언 기어가 스스로 축 방향으로 회전(자전)하기 위한 토크가 작용하지 않는다. 즉 자전을 하지 않고 정지한 상태로 디퍼렌셜 케이스와 디퍼렌셜 피니언 샤프트의 회전이 일체가 된 「공전」만 하게 된다. 디퍼렌셜 피니언 기어는 사이드 기어와 맞물려 있기 때문에 디퍼렌셜 피니언 기어의 공전운동은 사이드 기어를 차량의 진행방향으로 회전시키는 토크가 된다. 사이드 기어는 셀렉션(selection) 등으로 드라이브 샤프트를 연결하고 있기 때문에 최종적으로 드라이브 샤프트가 좌우 같은 속도로 계속해서 회전하게 된다.

○ 좌우 바퀴에 회전차가 생긴 상태(차동시)

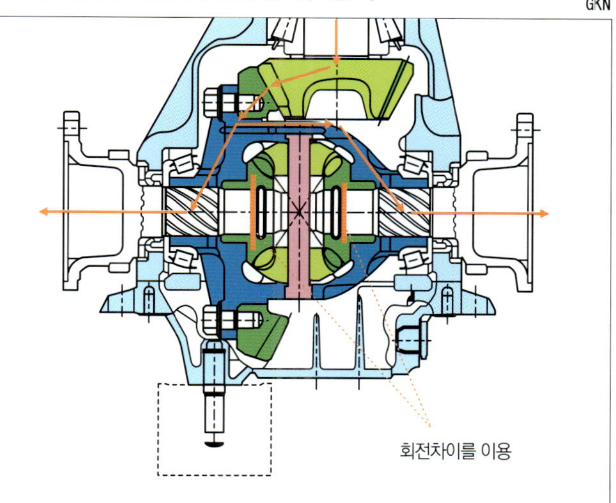

자동차가 선회 자세로 들어가면 노면의 μ 등이 같더라도 슬립 앵글의 차이에 의해 안쪽 바퀴가 노면에서 받는 저항은 바깥쪽 바퀴가 받는 저항보다 커지게 된다. 또한 안쪽 바퀴는 바깥쪽 바퀴보다 작은 선회 원을 그리게 되고 빨리 회전하려고 해도 노면의 저항으로 인해 회전속도가 높아지지 않기 때문에 당연히 이 상태에서는 안쪽 바퀴의 사이드 기어가 회전하기 어렵게 된다. 이 저항(노면에서의 반력)과 안쪽 바퀴의 사이드 기어와 디퍼렌셜 피니언 샤프트와의 회전차로 인해 디퍼렌셜 피니언 기어는 스스로 축 방향으로 회전하는 「자전」 작용을 시작하게 된다. 이 자전에 의해 안쪽 바퀴의 사이드 기어에 가해져 있는 부하만큼 바깥쪽 사이드 기어가 빨리 회전한다. 그러나 디퍼렌셜 케이스 외에 디퍼렌셜 피니언 샤프트는 회전(공전)을 계속하고 있기 때문에 전체적으로 전달되는 토크는 중도에서 끊어지지 않은 상태로 디퍼렌셜 피니언 기어의 자전에 의해 좌우 바퀴의 회전차가 허용된다.

구동바퀴 사이의 "회전차이"를 허용하여 "차동"을 제한한다. – Limited Slip Differential

구동력은 노면으로부터의 저항에 대해 「작용과 반작용」의 법칙에 따라서 전달된다.
반작용이 일어나지 않는 경우에

글 : 마쓰다 유지 · 그림 : GKN / MFi

오픈 디퍼렌셜은 「노면의 저항이 적은 쪽 바퀴를 많이 회전시킴」으로써 좌우 바퀴의 회전차를 허용한다. 그러나 구조적으로 모든 차륜에 대해 항상 일정한 구동 토크밖에 전달할 수 없기 때문에 생기는 결점도 있다. 차륜으로 전달되는 노면의 저항에 좌우 사이에서 큰 차이가 생긴 상태에서는 저항이 작은 바퀴의 회전수가 점점 높아지고 반대로 저항이 높은 쪽 바퀴에는 유효한 구동력이 전달되지 않는 것이다.

예를 들면 높은 G로 선회할 때는 접지하중으로 인하여 바깥쪽 바퀴의 타이어와 노면 사이에 큰 마찰이 생겨 저항이 증가한다. 반대로 안쪽 바퀴의 하중은 감소하여 저항이 줄어든다. 그러면 구동력은 큰 하중이 걸리고 있는 바깥쪽으로는 전달되지 않고 안쪽 바퀴를 공전시키려는 토크로 쓰이게 되어 자동차가 회전하려고 하는 토크

가 작동하기 어려운 상황에 처하게 된다.

가장 극단적인 예로 말하자면 한 쪽 구덩이 등에 의해 바퀴가 빠졌을 경우를 들 수 있다. 빠진 바퀴는 저항이 제로이기 때문에 공전을 계속하기 때문에 반대쪽 차륜에는 구동력이 전혀 전달되지 않아 자력으로 탈출은 불가능해진다.

거기까지 가지 않더라도 바퀴 하나만 뜨거나 극단적으로 μ가 다른 노면 위에 있을 경우도 저항이 큰(바꿔 말하면 그립된다)쪽의 구동력이 빠지게 됨으로써 유효한 구동력을 얻지 못하게 된다(앞 페이지에서 언급한 도르래와 양동이 개념 모델의 스플릿μ 상태가 여기에 해당한다).

심지어 그 사이에 엔진의 출력은 트랜스미션이나 타이어를 공전시키면서 운동 에너지로서 계속 축적하게 된

다. 그리고 타이어가 그립을 회복한 순간 축적된 에너지가 한꺼번에 해방되어 차체는 상당히 불안정한 상태에 빠지게 된다.

이러한 문제를 해결하려면 디퍼렌셜 작동 개념 모델에서 나타낸 도르래 부분에 어떠한 방법으로든 브레이크를 걸어 공전을 막을 필요가 있다. 이것을 「차동제한」이라고 부르며, 그를 위한 기구가 차동제한장치, 즉 LSD인 것이다.

LSD는 도르래에 브레이크를 거는 방법에 의해 분류된다. 부하에 대응하는 「토크 감응형」이 대표적이며, 그 외에도 공전속도에 맞추어 브레이크 힘을 만드는 「회전차 감응형」, 유압이나 모터 등 외부의 힘을 사용하는 「액티브형」, 기계적으로 록시키는 「록킹형」 등이 있다. 각각의 대력적인 특성은 35페이지 표를 참조해 주기 바란다.

Multi Plate LSD – 다판식(메커니컬) LSD

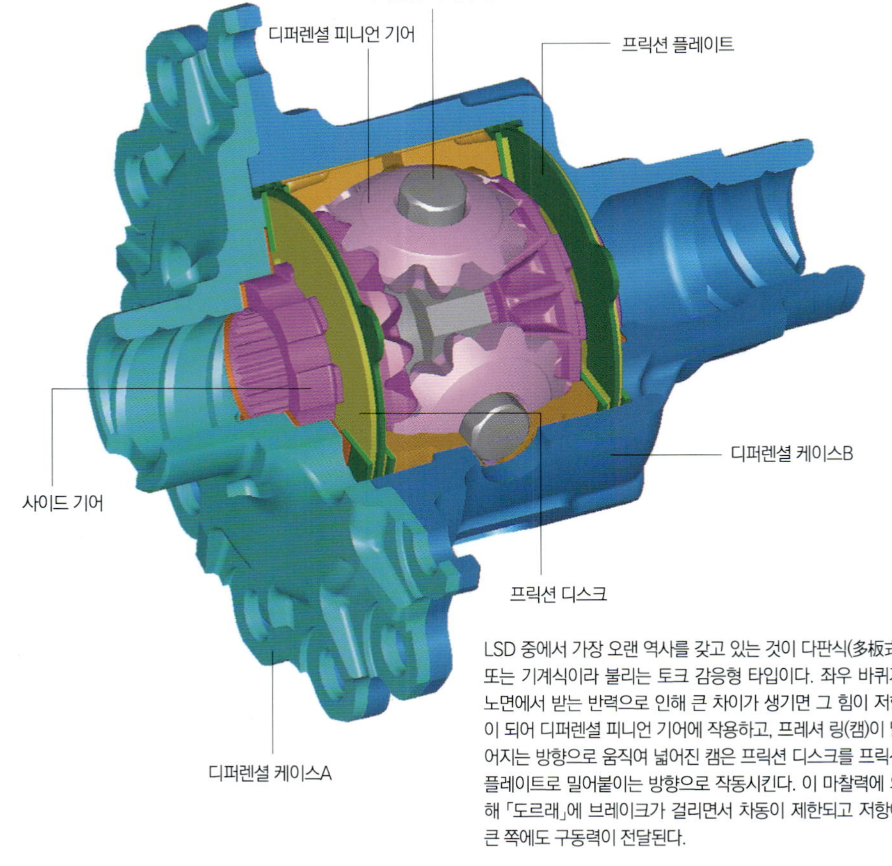

LSD 중에서 가장 오랜 역사를 갖고 있는 것이 다판식(多板式) 또는 기계식이라 불리는 토크 감응형 타입이다. 좌우 바퀴가 노면에서 받는 반력으로 인해 큰 차이가 생기면 그 힘이 저항이 되어 디퍼렌셜 피니언 기어에 작용하고, 프레셔 링(캠)이 넓어지는 방향으로 움직여 넓어진 캠은 프릭션 디스크를 프릭션 플레이트로 밀어붙이는 방향으로 작동시킨다. 이 마찰력에 의해 「도르래」에 브레이크가 걸리면서 차동이 제한되고 저항이 큰 쪽에도 구동력이 전달된다.

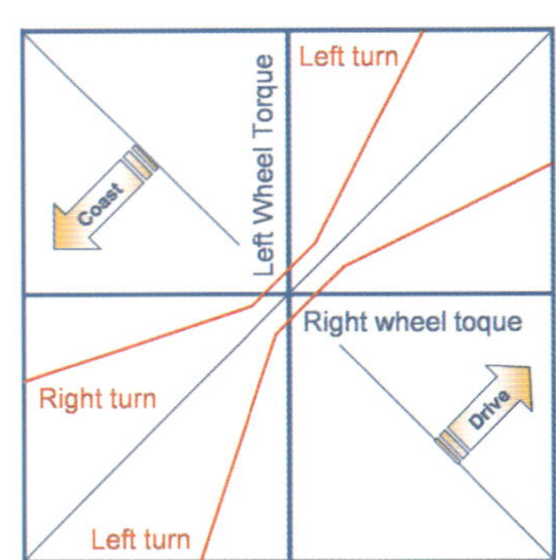

아래 그림은 「1.5 웨이(way)」라고 불리는 다판식 LSD의 토크 바이어스 레시오(Torque bias ratio, 좌우 바퀴에 전달되는 토크 차) 특성 그래프이다. 디퍼렌셜 피니언 기어와 캠 형상을 변화시킴으로써 드라이브(출력으로 회전된다) 쪽과 코스트(coast, 타이어로 회전된다) 쪽의 토크 바이어스 레시오를 바꾸고 있다. 간단하게 말하면 가속상태에서는 강하게 코스트일 때는 부드러운 작용을 하도록 함으로써 차동제한시 필링의 향상을 도모하고 있다.

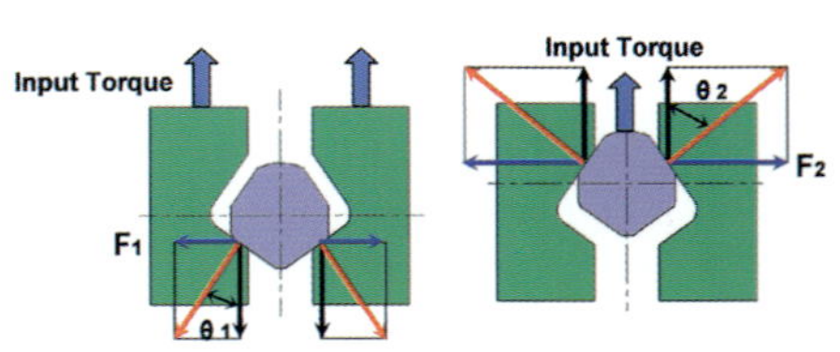

1.5 웨이형 다판식 LSD의 프레셔 링과 피니언 샤프트 접촉점의 캠 부분 상세도. 캠 위쪽의 각도가 코스트, 아래쪽 각도가 드라이브 상태의 차동 특성을 결정한다. 양쪽의 각도가 같은 2웨이 타입이 주류를 이루어 왔지만 1.5웨이 타입은 드라이브 쪽과 코스트 쪽 각도를 바꾸고 있는 것이 특징이다.

4피니언 타입의 멀티 플레이트 LSD를 분해하여 각 구성 부품을 배열한 그림이다. 디퍼렌셜 피니언 샤프트는 「스파이더」나 「피니언 메이트」 등으로 불리는 경우도 있다. 디퍼렌셜 피니언 기어와 사이드 기어는 베벨기어로 구성되며, 프레셔 링은 캠 형상 부분에 디퍼렌셜 피니언 샤프트 헤드 부분을 끼워 넣는 형태로 조립된다. 이 캠 형상과 더불어 프릭션 디스크와 프릭션 플레이트의 재질, 표면의 마찰특성, 매수 등이 세팅과 관련되어 있다.

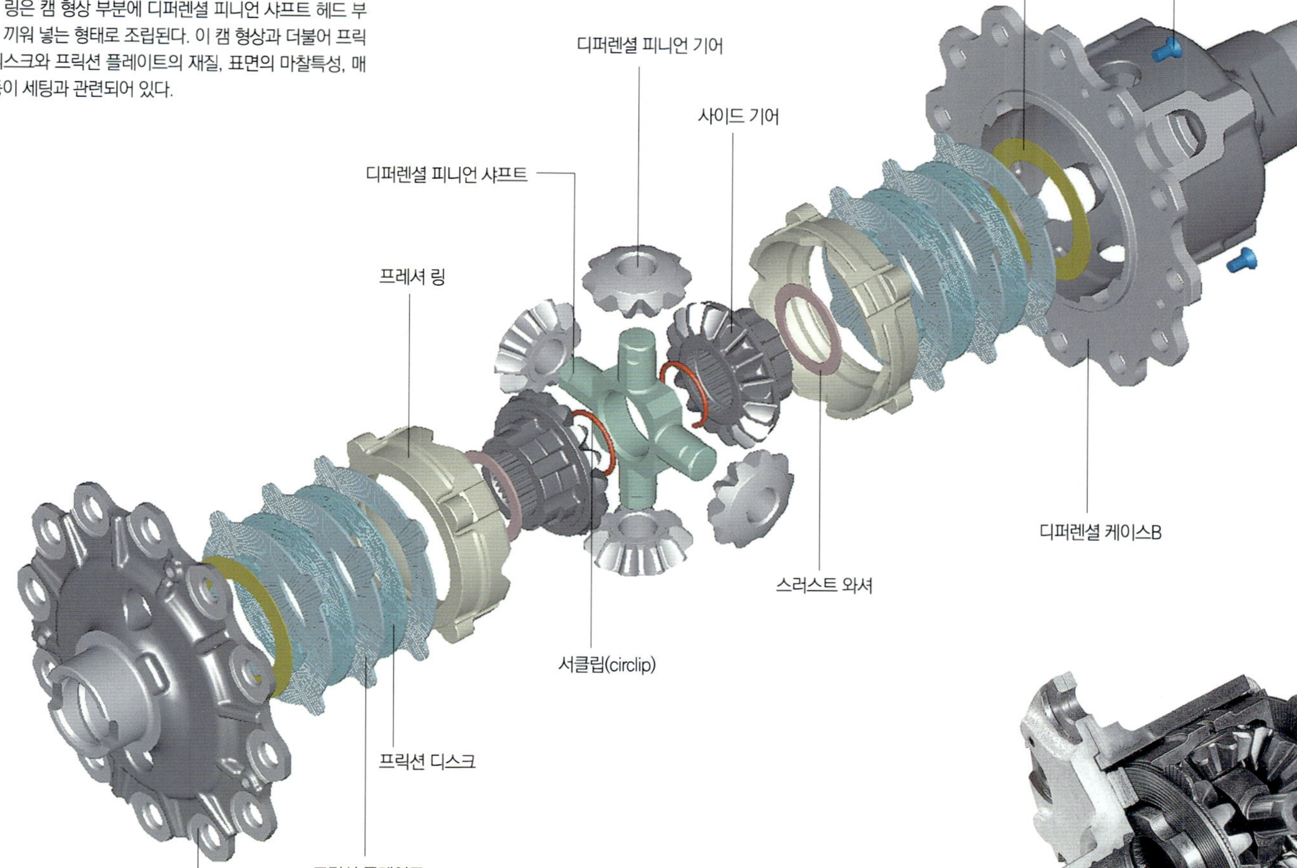

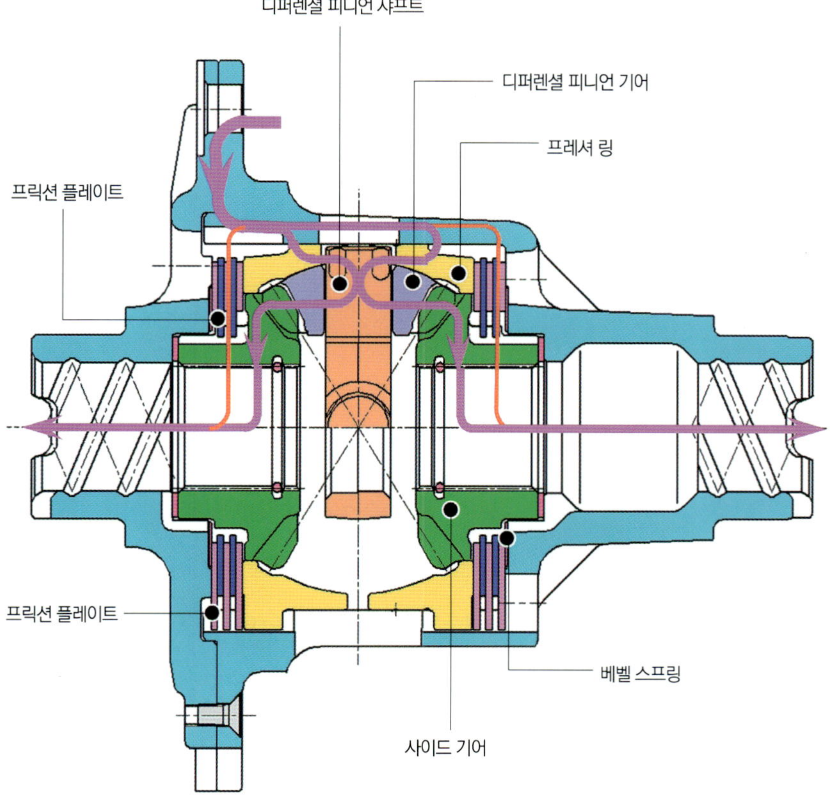

4피니언 타입의 멀티 플레이트 LSD의 단면도. 베벨기어에 의한 기본 구조는 오픈 디퍼렌셜과 마찬가지로 좌우 바퀴 사이에 작용하는 노면의 반력 차이가 작은 상태에서는 차동이 허용된다. 오픈 디퍼렌셜과의 구조상 차이점은 디퍼렌셜 피니언 샤프트의 헤드 윗부분이 디퍼렌셜 케이스의 안쪽에 있는 프레셔 링의 캠에 끼워져 있다는 것과 차동제한(작동개념 모델로 말하면 도르래에 브레이크를 거는)용 다판(多板) 클러치가 있다는 것이다. 위 분해도에서 프릭션 플레이트, 프릭션 디스크로 되어 있는 부분이 클러치 플레이트 역할을 한다. 좌우 바퀴 사이의 회전차가 커지면 좌우 바퀴에서 전달되는 토크의 크기 차이에 의해 디퍼렌셜 피니언 샤프트가 프레셔 링의 캠 부위를 넓게 밀어주게 되고 프레셔 링이 클러치 플레이트로 밀려서 접촉함으로써 마찰력을 발생하여 디퍼렌셜 케이스로의 입력 토크에 비례하는 토크 바이어스 레시오를 발생함으로써 차동을 제한한다. 이때 토크 바이어스 레시오의 비례정수를 「록킹 팩터(rocking factor)」 또는 그것을 100배로 해서 록 비율(%)이라고 부른다. 이니셜 토크는 프리로드(pre-load)용 스프링의 비율(rate)에 따라 변경이 가능하다. 캠 각도에 따라서도 특성이 크게 바뀌는 토크 바이어스 레시오(차동제한시의 토크 배분 비율) 설정을 자유롭게 할 수 있다는 것이 가장 큰 특징이다. 이런 타입의 LSD가 차동을 하기 위해서는 외부로부터의 강력한 제어가 필요하기 때문에 차동시 토크의 방향은 좌우로 역방향이 된다. 일반적인 LSD는 상황에 따라 한 쪽 바퀴의 공전이 일어나지만 로킹 팩터의 설정에 따라서는 한 쪽 바퀴가 완전하게 구동력을 잃어버려도 또 다른 바퀴에 모든 입력 토크를 전달하는 것이 가능해진다.

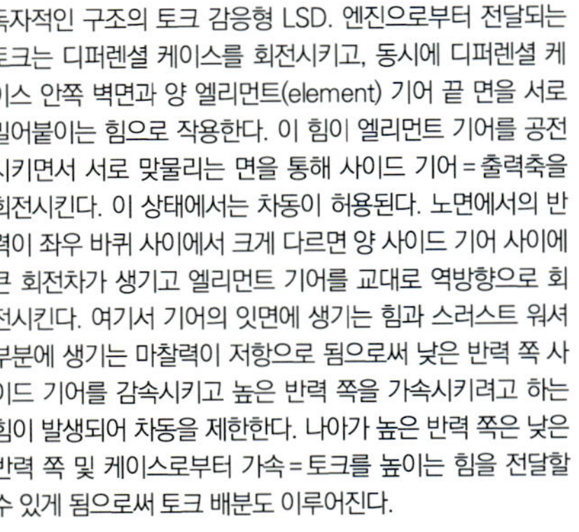

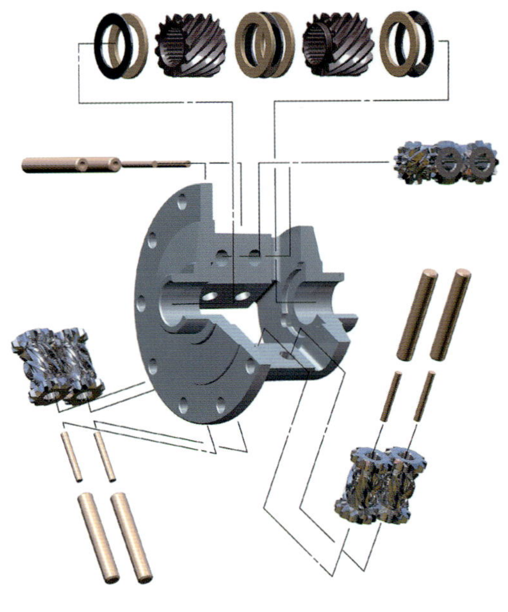

독자적인 구조의 토크 감응형 LSD. 엔진으로부터 전달되는 토크는 디퍼렌셜 케이스를 회전시키고, 동시에 디퍼렌셜 케이스 안쪽 벽면과 양 엘리먼트(element) 기어 끝 면을 서로 밀어붙이는 힘으로 작용한다. 이 힘이 엘리먼트 기어를 공전시키면서 서로 맞물리는 면을 통해 사이드 기어 = 출력축을 회전시킨다. 이 상태에서는 차동이 허용된다. 노면에서의 반력이 좌우 바퀴 사이에서 크게 다르면 양 사이드 기어 사이에 큰 회전차가 생기고 엘리먼트 기어를 교대로 역방향으로 회전시킨다. 여기서 기어의 잇면에 생기는 힘과 스러스트 워셔 부분에 생기는 마찰력이 저항으로 됨으로써 낮은 반력 쪽 사이드 기어를 감속시키고 높은 반력 쪽을 가속시키려고 하는 힘이 발생되어 차동을 제한한다. 나아가 높은 반력 쪽은 낮은 반력 쪽 및 케이스로부터 가속 = 토크를 높이는 힘을 전달할 수 있게 됨으로써 토크 배분도 이루어진다.

● 토르센 타입 A의 일체회전과 차동

좌우 차축 사이에 회전차가 없는 상태에서는 각 기어가 고정 상태로 공전만 하게 된다. 구조상 엘리먼트 기어는 같은 방향으로 회전할 수 없기 때문이다. 왼쪽 그림이 이 상태를 나타낸 것이다. 오른쪽 그림은 양 차축 사이에 회전차가 있는 상태이며, 이 상태에서는 당연히 사이드 기어 간에도 회전차가 생긴다. 이 회전차가 엘리먼트 기어의 스퍼기어를 매개로 하여 스플(spool) 기어를 역방향으로 회전시키는 힘으로써 전달되지만 엔진 쪽의 동력이 노면의 반력보다 큰 상태에서는 회전차가 허용된 상태로 유지된다. 즉 이 상태에서는 좌우바퀴 사이에서 차동이 허용된다. 시험 삼아 토르센을 구동축용 디퍼렌셜로 장착한 자동차를 잭으로 들어 올린 다음에 한 쪽 휠을 회전시키면 반대쪽 휠은 반대방향으로 같은 양만큼 회전한다. 덧붙이자면 오픈 디퍼렌셜과 마찬가지의 작동을 하고 있는 것이다.

● 토르센 타입 A의 차동제한

아래쪽 좌우의 빨간 화살표는 노면의 반력을 나타낸 것이다. 여기서는 왼쪽 노면의 반력이 우측보다도 크다. 이 반력에 의해 사이드 기어와 엘리먼트 기어가 서로 맞물리는 면에 생기는 힘을 벡터(vector)로 표시하고 있다. 기어 이의 형상이 경사진 기어이기 때문에 벡터의 합력(合力)은 경사진 방향으로의 힘이 된다.(실제로는 이 그림보다도 약간 바깥쪽을 향한 힘이 생기지만 이번에는 사이드 기어에 바깥쪽으로 접하는 면과 엘리먼트 기어의 축 방향으로 평행한 이차원으로 생각한다). 엘리먼트 기어는 각자의 자전에 따라 양 사이드 기어 사이의 회전차를 제한하며, 우측 사이드 기어의 회전을 감속시켜 차동을 제한한다. 동시에 좌측 사이드 기어와의 회전 차에 의해 우측 사이드 기어를 감속시키면서 좌측 사이드 기어를 가속한다. 왼쪽 사이드 기어의 가로방향 힘은 스스로를 케이스 쪽 와셔로 밀어붙이는데 케이스 쪽 회전이 빠르기 때문에 가속이 일어난다. 이러한 결과로 생긴 모든 힘이 왼쪽 바퀴 노면의 반력을 토크 바이어스 레시오에 맞추어 증대시켜 왼쪽 바퀴로 전달한다.

● 토르센 타입 B

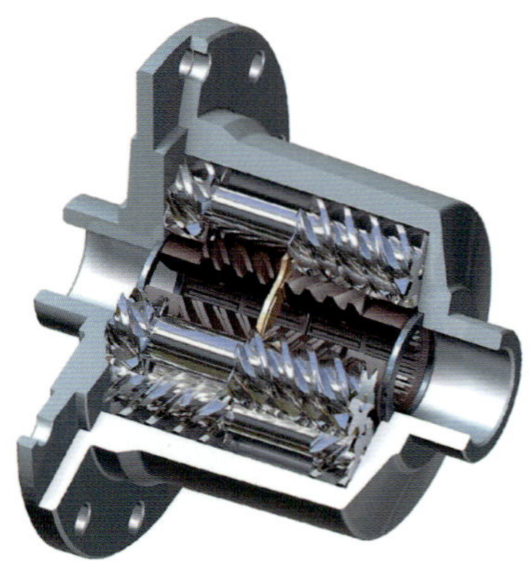

저널의 핀이 없고 사이드 기어의 잇면이 반대 방향을 하고 있으며, 엘리먼트 기어에는 특수한 헬리컬 기어를 사용하고 있다. 엘리먼트 기어는 케이스 내부에 설치된 구멍에 삽입되어 있을 뿐 고정되어 있지 않다. 또한 일부가 잇면이 없는 구조로 되어 있어서 마주보는 엘리먼트 기어는 서로 잇면이 접촉되어 있지만 사이드 기어 2개는 어느 쪽인가 한 쪽만 잇면이 접촉되어 있는 것이 특징이다. 좌우 바퀴 사이에 회전속도의 차이가 생기면 사이드 기어에서 엘리먼트 기어를 회전시키려 하는 힘이 전달되어 마주보는 엘리먼트 기어가 서로 반대 방향으로 회전을 시작함으로써 사이드 기어를 회전속도가 느린 쪽으로 밀어붙이는 작용이 생긴다.

● 토르센 타입 C

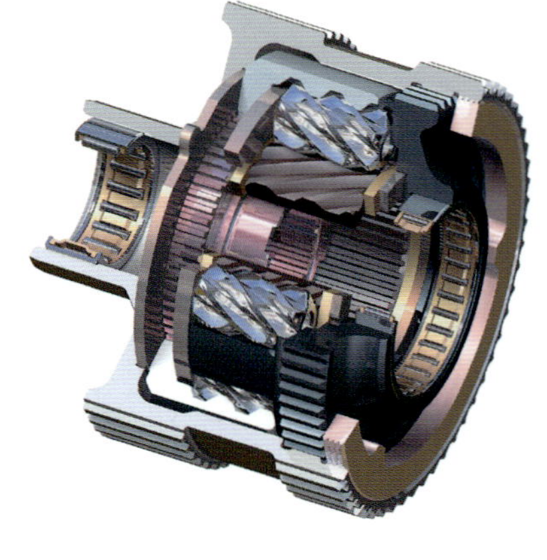

4WD 차량의 센터 디퍼렌셜용으로 개발되었으며, 직진상태에서도 앞뒤 토크 배분비를 불균등하게 할 수 있다. 기본적으로 시판되는 차량용은 앞 40 대 뒤 60으로 배분한다. 기본 구조는 유성기어 방식으로 기어가 세팅되어 있으며, 구동 토크는 플래니터리 캐리어 전체를 회전시키는 힘으로 사용된다. 직진상태에서는 플래니터리 캐리어의 회전력이 각 기어를 모두 각속도가 일정하게 회전시키며, 선 기어와 링 기어의 지름 차이에 따라 토크 배분비가 불균등하게 된다. 구체적으로는 선 기어로 전달되는 토크가 더 작아지기 때문에 샤프트→프런트 디퍼렌셜을 매개로 모든 바퀴에 전달되게 된다. 선 기어와 링 기어 사이에서 회전속도의 차이가 생기면 플래니터리 캐리어와 플래니터리 기어 접촉면의 마찰력에 의해 차동을 제한한다.

Super LSD - 슈퍼 LSD

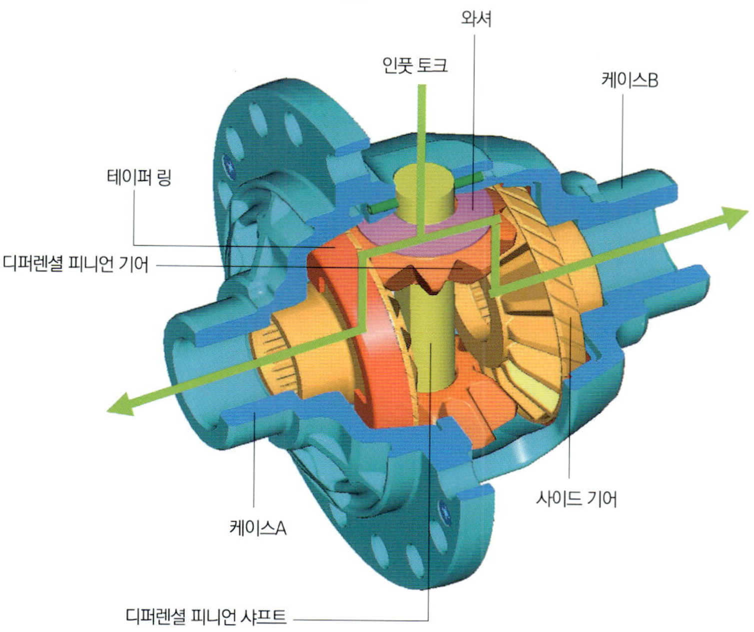

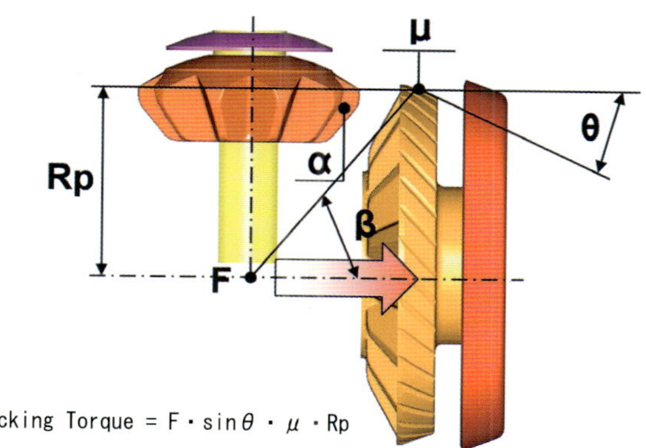

간단한 구조로 구성되어 있으며, 가격이 싸면서 적절한 차동제한의 효과를 얻기 위한 목적으로 개발된 토크 감응형 LSD. 다판식과는 달리 오픈 디퍼렌셜에 비해서도 사이드 기어의 끝 부분 형상 등 약간의 부품 변경과 추가로 구성할 수 있으며, 전체적인 부품수도 얼마되지 않기 때문에 차량에 탑재하기도 좋다. 차동제한은 사이드 기어가 맞물리는 반력에 의해 테이퍼 링 쪽으로 밀려남으로써 생기는 마찰에 의해서 이루어진다. 전용의 마찰재가 없고 마찰을 얻기 위해 사용할 수 있는 면적에도 제한이 있어서 너무 큰 토크 바이어스 레시오는 얻지 못하지만(위 록킹 팩터 결정방식을 참조) 4기통 자연 흡기 등 비교적 토크가 작은 엔진을 탑재하는 스포티 계열 차량용으로 많이 사용되고 있다.

Viscous Coupling - 비스커스 커플링

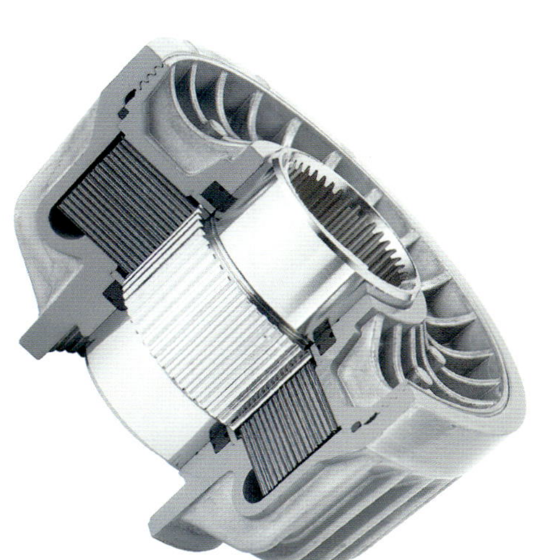

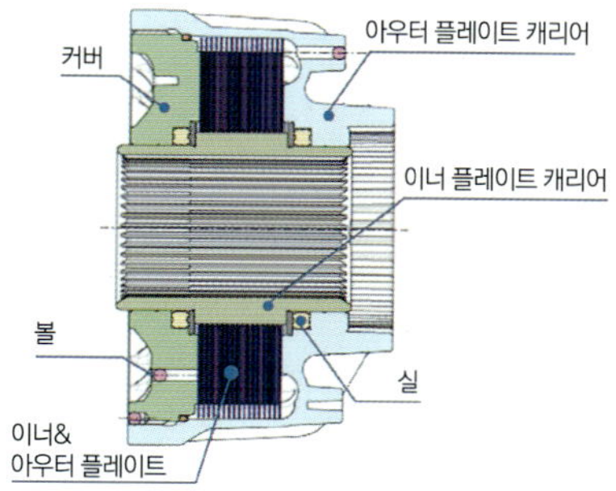

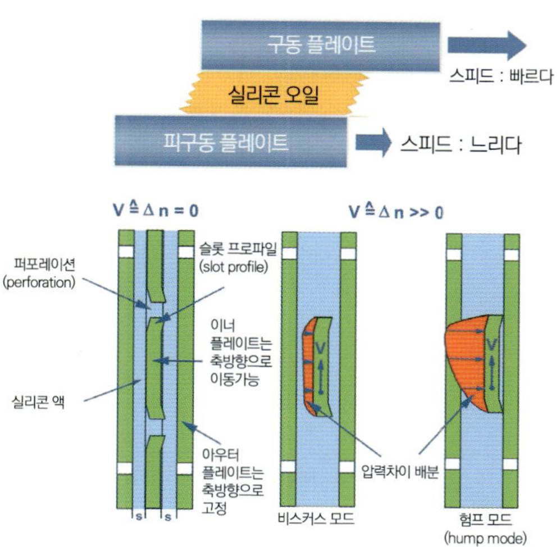

기계적인 결합부분 없이 토크의 전달과 배분을 하는 점성유체에 의한 커플링 장치. LSD로 사용하는 경우는 회전차 감응형이 된다. 바깥쪽 케이스에 접속된 아주 얇은 플레이트와 안쪽 샤프트에 접속된 플레이트가 아주 좁은 간격으로 교대로 배열되어 있으며, 플레이트 사이에는 점도가 높은 실리콘 계열의 오일로 채워져 있다. 외부 입력에 의해 한 쪽 플레이트가 회전하면 그 힘이 오일의 "전단력(shearing force)"에 의해 이웃한 플레이트로 전달되어 회전시키는 것으로 최종적으로 출력축을 회전시킨다. 이렇게 간편하고 기계적인 결합부분 없이 힘을 전달시킬 수 있다는 점이 비스커스 커플링의 특징이다.

플레이트 사이의 회전수 차이와 그에 따른 전달 토크의 관계를 결정하는 요소는 실리콘 오일의 점도와 케이스 안의 충진율 그리고 플레이트 사양이다. 열팽창을 고려하여 오일의 충진율은 일반적으로 70~80% 전후이다. 나머지를 차지하는 공기가 플레이트 사이에 들어가면 점성이 떨어져서 동력의 전달효율이 악화된다. 이것을 방지하기 위하여 플레이트 면에 구멍이 뚫려 있어서 그곳으로 공기가 모이도록 하고 있다. 또한 이 구멍은 플레이트 사이에서 오일의 이동에도 이용된다. 그 때문에 크기, 위치, 형상을 인접한 플레이트 사이에서 바꾸는 것도 특징을 변경하기 위한 유효한 수단이다.

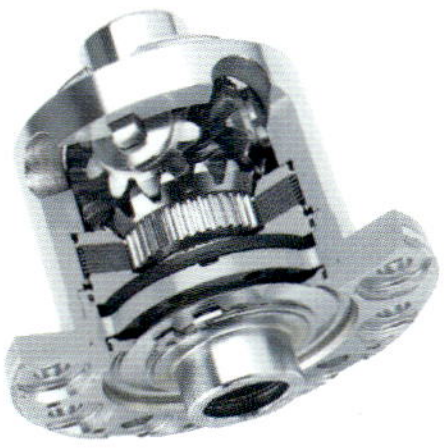

베벨 기어로 구성되는 디퍼렌셜에 비스커스 커플링에 준하는 구조를 갖는 「클러치 팩」을 일체화한 회전차 감응형 LSD. 기계식 디퍼렌셜과 비스커스 커플링의 장점만을 이용한 것이다. 좌우 바퀴에 회전차가 생기면 그 힘에 의해 펌프 디스크가 유압을 발생시키고 피드(feed) 디스크를 통해 클러치 팩 부분의 내부 압력을 높여 차동을 제한시키는 힘을 얻는다. 유압에 의해 강하게 클러치 팩 부분의 전단력을 제어하기 때문에 일반적인 비스커스 커플링과 비교하여 차동을 제한하는 힘을 많이 얻을 수 있다. 또한 토크의 전달 특성이 2차원 곡선적으로 만들어지는 것도 특징이다.

LSD 타입별 특징과 차량의 적용 비교

LSD 타입	특징			차량 적용							
						장착 위치			적용 차종		
	리스폰스	부드러움	적용범위	탑재성	매칭	프런트	리어	센터	승용	오프로드	스포츠
토크 감응형	◎	△	△	◎	○	△	◎	○	○	○	◎
회전차감응형	△	◎	○	◎	△	○	○	○	◎	○	△
액티브제어형	○	○	◎	○	◎	○	◎	◎	◎	○	◎

LSD의 종류별로 일반론적으로 설명할 수 있는 범위에서 각각의 특징과 차량의 타입 및 장착 위치에 대한 적응성을 표로 정리해 보았다. 아주 대략적인 분류로서 토크 감응형은 리스폰스에 뛰어나기 때문에 스포티 타입에, 회전차 감응형은 부드러운 작동으로 인해 후륜 구동용 승용자동차 타입에 적합하다고 말할 수 있다. 또한 다음 페이지에서 소개할 EMCD와 같은 「액티브 제어형」은 높은 제어성 때문에 비교적 다재다능하게 이용할 수 있다.

폭발적인 트랙션을 쉽게 제공

극단적인 험한 도로에서 탈출하기 위해 필요불가결한 디퍼 록(Diff-lock).
더 빠르고 더 정확하게 록을 도모하기 위해 최신형 디퍼렌셜에는 전자 액추에이터가 내장되어 있다.

글 : 세라 코타 · 취재협력 & 자료제공 : GKN 드라이브 라인 테크놀로지 · 사진 : FORD / NISSAN / 스미요시 미치히토

최신 액추에이터인 통합형 전자식 디퍼렌셜 록의 컷 모델. 전자 록 기구가 첨가되어 있으면서도 오픈 디퍼렌셜과 동등한 크기를 유지하고 있다. 좌측 사이드 기어의 뒷면이 캠 링과 맞물리는 도그 클러치인 것을 알 수 있다.

소형 액추에이터를 디퍼렌셜 캐리어에 내장

모래 길을 달리다가 좌측 뒷바퀴가 모래 구덩이에 빠졌다고 하자. 오픈 디퍼렌셜이라면 좌측 뒷바퀴는 공전하기 때문에 큰 동력을 사용해도 우측 뒷바퀴는 꼼짝도 하지 않는다. 그런데 리어 디퍼렌셜을 록시키면 뒤 차축은 직결상태가 되어 좌측 뒷바퀴는 공전하지만 우측 뒷바퀴에 똑같은 힘이 전달되어 구덩이에서 탈출하게 된다. 이것이 디퍼렌셜 록의 장점이다. 국내 시장에서만 보면 과연 필요할지 의문이 들지만 북미나 아시아에서는 디퍼렌셜 록을 필요로 하는 심각한 노면과 맞닥뜨리는 상황이 많이 발생하기 때문에 오히려 수요가 증가되는 추세라고 한다. 공전을 멈추는데 브레이크 제어를 이용하는 방법도 있지만 지평선 넘어서까지 계속되는 진창길을 달리다보면 브레이크는 점차 약해져서 기능을 다하지 못하게 된다. 오픈 디퍼렌셜을 베이스로 록 기구를 첨가한 장치 쪽이 훨씬 믿음직하다.

에어 압력으로 액추에이터를 작동시키는 뉴매틱(pneumatic) 방식의 록 기구는 1990년대에 등장하여 21세기에 들어와 응답성이 뛰어난 전자식으로 바뀌어 현재에 이르고 있다. 액추에이터를 디퍼렌셜 케이스와 통합화한 타입이 최신형이다.

application:Ford F-150

포드 F-150은 2009년 모델부터 액추에이터를 디퍼렌셜 케이스에 통합시킨 전자식 디퍼렌셜 록을 탑재하였다. 디퍼렌셜 록은 옵션으로 설정되는 경우가 많기 때문에 오픈 디퍼렌셜과의 호환성이 요구된다.

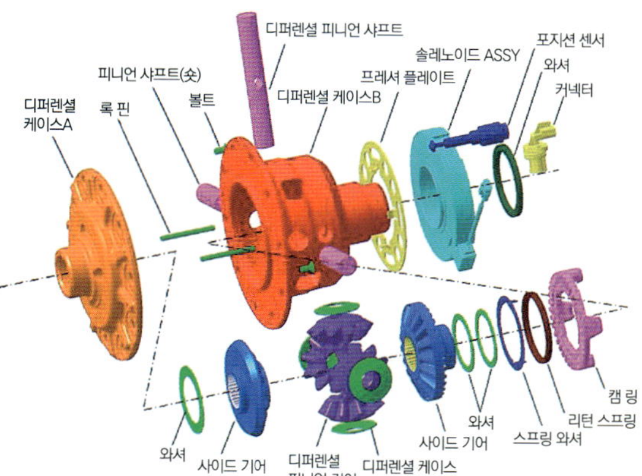

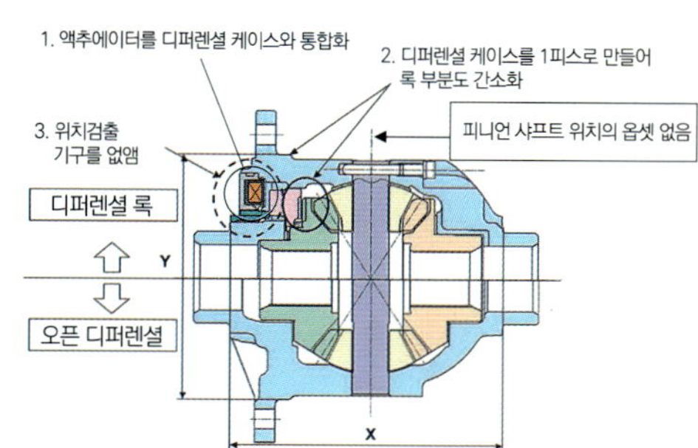

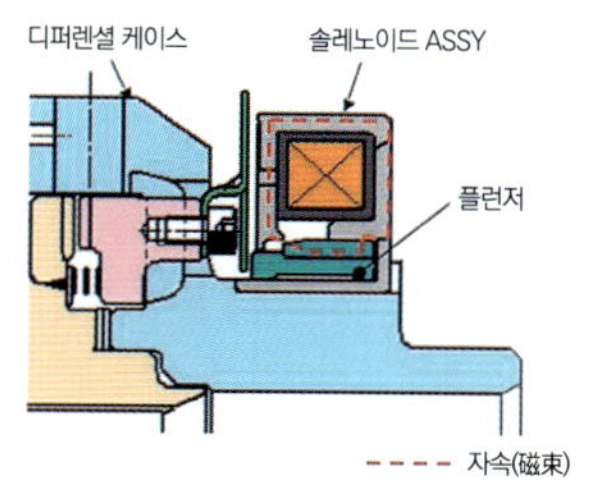

● 최신형과 기존형 액추에이터 비교

디퍼렌셜 케이스 일부를 자로(磁路)로 사용함으로써 폭을 좁혔다. 솔레노이드 ASSY에 내장되어 있던 플런저를 직접 디퍼렌셜 케이스에 고정되어 있는 것이 다르다. 소형화하기 위해 액추에이터의 위치가 좌우로 바뀌어 있다.

● 전자식 디퍼렌셜 록의 구조

액추에이터 독립형 전자식 디퍼렌셜 록의 구성부품. 디퍼렌셜의 중심선에서 좌측은 오픈 디퍼렌셜과 같은 구성이고 중심선에서 우측의 사이드 기어 옆에 디퍼렌셜 케이스와 같이 회전시키기 위한 기구가 추가된다. 솔레노이드 어셈블리가 눈에 띈다.

● 액추에이터 일체 전자식 디퍼렌셜 록의 특징

중심선에서 아래가 오픈 디퍼렌셜. 액추에이터와 디퍼렌셜 케이스를 일체화했음에도 불구하고 거의 대칭형인 것을 알 수 있다. 구조상 확실하게 록 상태를 얻을 수 있다는 것 외에 차량의 휠 속도 센서에서도 록 상태를 검출할 수 있기 때문에 위치 검출 기구가 제외 되었다.

북미에서 판매되는 닛산 프런티어나 타이탄의 리어 디퍼렌셜은 액추에이터 독립형인 전자식 디퍼렌셜 록을 사용하였다(2004년~). 프런트 디퍼렌셜은 포드 F-150과 마찬가지로 오픈 디퍼렌셜이다.

디퍼렌셜 록의 작동

엔진에서 전달된 동력은 디퍼렌셜 케이스~디퍼렌셜 피니언 샤프트~디퍼렌셜 피니언 기어~사이드 기어 순으로 전달된다. 보통은 이 경로로 토크가 좌우로 나눠진다. 디퍼렌셜을 록시키기 위해 설치되어 있는 것이 드라이브 캠으로 보통은 디퍼렌셜 케이스와 맞물리는 형태로 배치된다. 한 쪽(중앙에서)에 도그 클러치가 나 있으며, 그 반대쪽 사이드 기어 뒷면에도 도그 클러치가 있다. 드라이브 캠과 사이드 기어의 도그 클러치가 맞물림으로써 디퍼렌셜 케이스와 캠 링, 사이드 기어가 일체로 회전하면서 록이 이루어진다. 액추에이터가 드라이브 캠을 중앙에서 밀어냄으로써 도그 클러치가 맞물리는 구조이다.

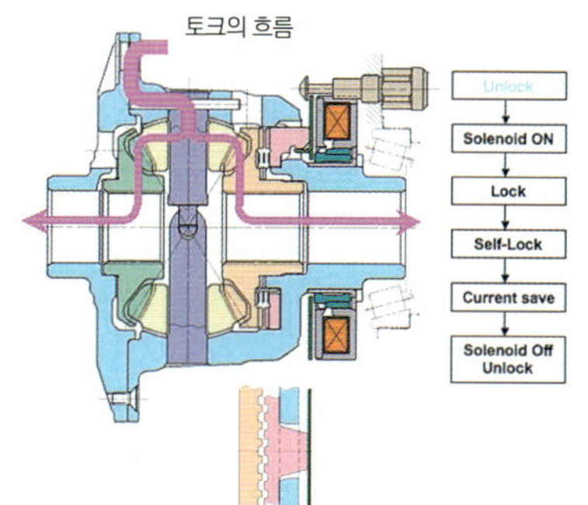

솔레노이드는 전기가 통하지 않음. 디퍼렌셜은 오픈 상태. 리턴 스프링에 의해 도그 클러치는 맞물리는 않는다.

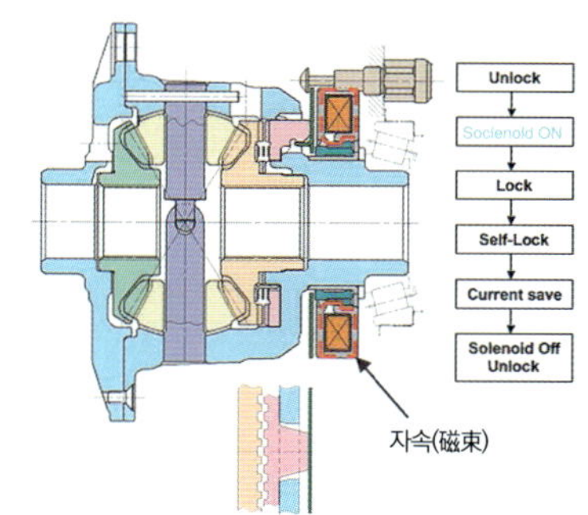

코일에 전류가 흐르기 시작하여 자속이 발생.

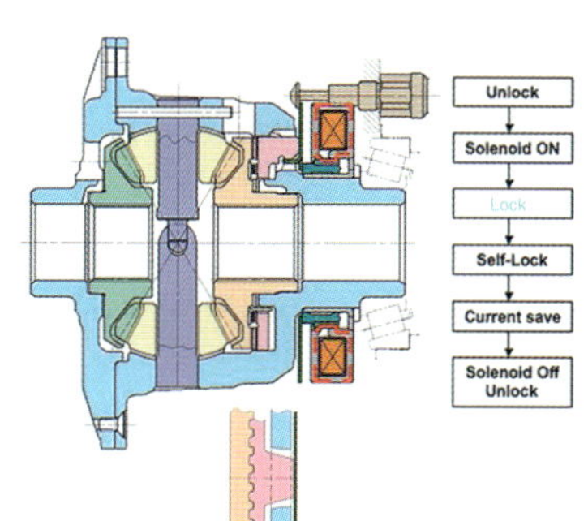

플런저가 캠 링을 밀어 내 도그 클러치가 맞물린다.

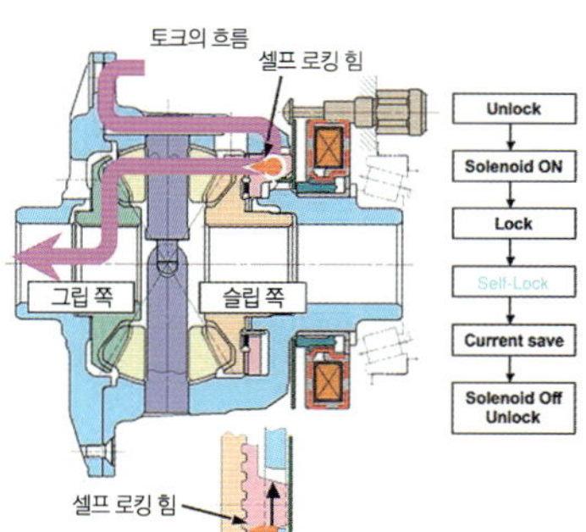

캠 링 부분에 가해지는 토크에 맞추어 셀프 로킹 힘이 발생

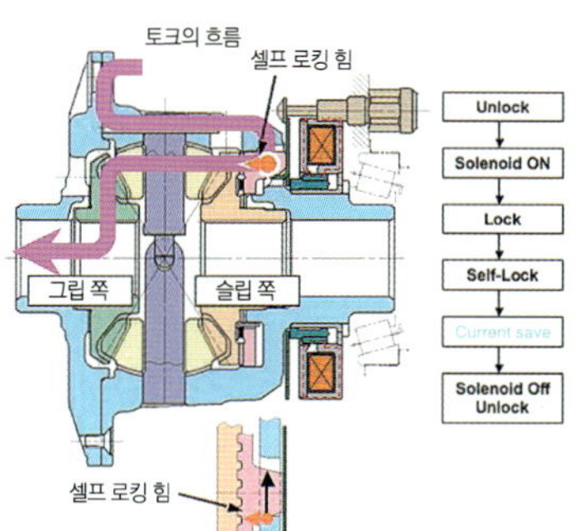

토크가 걸려있는 동안은 전류를 감소시켜도 록 상태를 유지.

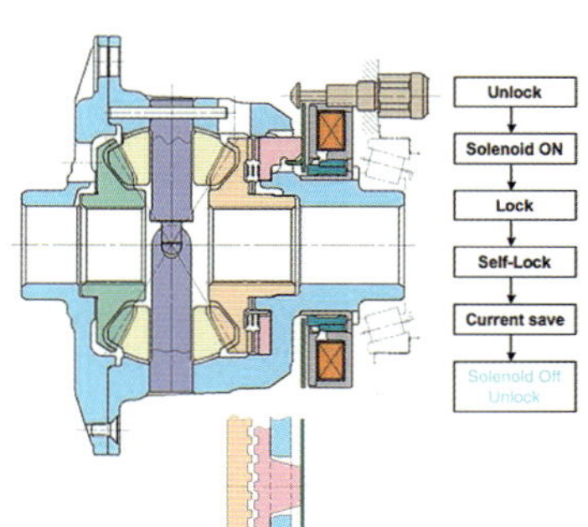

솔레노이드에 공급되는 전류가 차단되어 토크가 없어지면 리턴 스프링에 의해 오픈 상태로 복귀.

APPLICATION for BMW DYNAMIC PERFORMANCE DRIVE

GKN EVT(Electronic Torque Vectoring)

BMW X6의 토크 벡터링

GKN 드라이브 라인과 ZF가 개발한 뉴 토크 벡터링 시스템이 ETV이다. BMW X6에 탑재되어 있다.
구동력을 컨트롤 하여 선회능력을 높이고 마찰원의 최대치를 이용한다는 생각이다.

글 : 가와바타 유미 · 사진 & 그림 : BMW / GKN 드라이브 라인

GNK 드라이브 라인과 ZF가 공동으로 개발하여 「BMW X6
X드라이브」에 탑재한 4WD 시스템이다. 중앙에 일반적인
4WD 시스템용 디퍼렌셜이 있고 그 좌우에 클러치, 유성기
어, 전기모터가 결합된 「ETV」가 2세트 장착되어 있다.

　「토크 벡터링」은 귀에 익숙하지 않은 단어인데 요점은 액티브에 요(yaw)를 발생시킬 수 있는 기구로 그 점에서는 「AYC(액티브 요 컨트롤)」와 같지만 기존의 AYC는 무겁고 발열량이 크다는 문제가 있었다. 또한 디퍼렌셜 케이스 안에 토크 벡터링 기구를 내장하는 것이기 때문에 전용으로 설계해야만 했다. 그러나 2007년 프랑크푸르트 쇼에서 발표된 「BMW X6 X드라이브」에 탑재된 「ETV(일렉트릭 토크 벡터링)」는 이러한 단점이 해소되었다.

　그림에서 보듯이 보통 디퍼렌셜 케이스의 양 옆에 클러치 판, 전기 모터, 유성기어 구성의 토크 벡터링 기구를 장착한 아주 콤팩트하게 설계되어 있다.

　기구의 해설은 개별 항목에서 하겠지만, 구체적으로 속도와 조향 각을 감지하여 전체 흐름으로 엔진 매니지먼트와 브레이크를 독립적으로 컨트롤함으로써 능동적으로 요를 발생시키는 구조는 AYC와 같다.

　BMW X6은 기본적으로 앞 40:뒤 60의 토크 배분을 하지만 4WD 기구로 앞뒤에 0~100의 구동력 배분이 가능하며, 심지어 ETV의 사용으로 앞바퀴 좌우도 무단계로 구동력을 배분할 수 있게 되었다. 좀 더 구체적인 작용으로 설명하면 왼쪽 코너에서 오버 스티어의 경향을 띨 때는 후륜 우측 브레이크를 작동시킴으로써 바깥쪽 바퀴로 전달되는 구동력의 배분을 높여 역방향의 가로 모멘트를 발생시켜 준다. 언더 스티어일 때는 반대로 하면 된다. 간단하게 말하면 마찰원을 최대한으로 활용하여 DSC에 의한 개입을 마지막까지 늦추려고 하는

BMW다운 발상이다. 클러치 단속을 모터 구동으로 함으로써 80ms 이하라고 하는 응답 시간을 가능하게 하였다. 대체적으로 드라이브 샤프트에는 비틀림 강성이 발생하고 있기 때문에 타이어까지 전달되는데 150ms 정도의 타임 랙이 발생하고 있어 응답 시간이 100ms이하라면 문제가 되지 않는다. 모터로 공급되는 전류가 차단될 경우에 페일 세이프로써 기계적으로 클러치가 차단되지 않도록 스프링이 내장되어 있다.

　당연한 말이지만 요 모멘트를 만들어 내는 ETV를 반대 방향으로 사용하면 LSD 역할도 하게 된다. LSD를 브레이크 방향으로 작용시키면 백래시(backlash)를 없앨 수 있으며, 가로 방향 G를 조정함으로써 오버 스티어나 언더 스티어의 경향을 갖게 하는 것도 가능하다.

ETV 구성

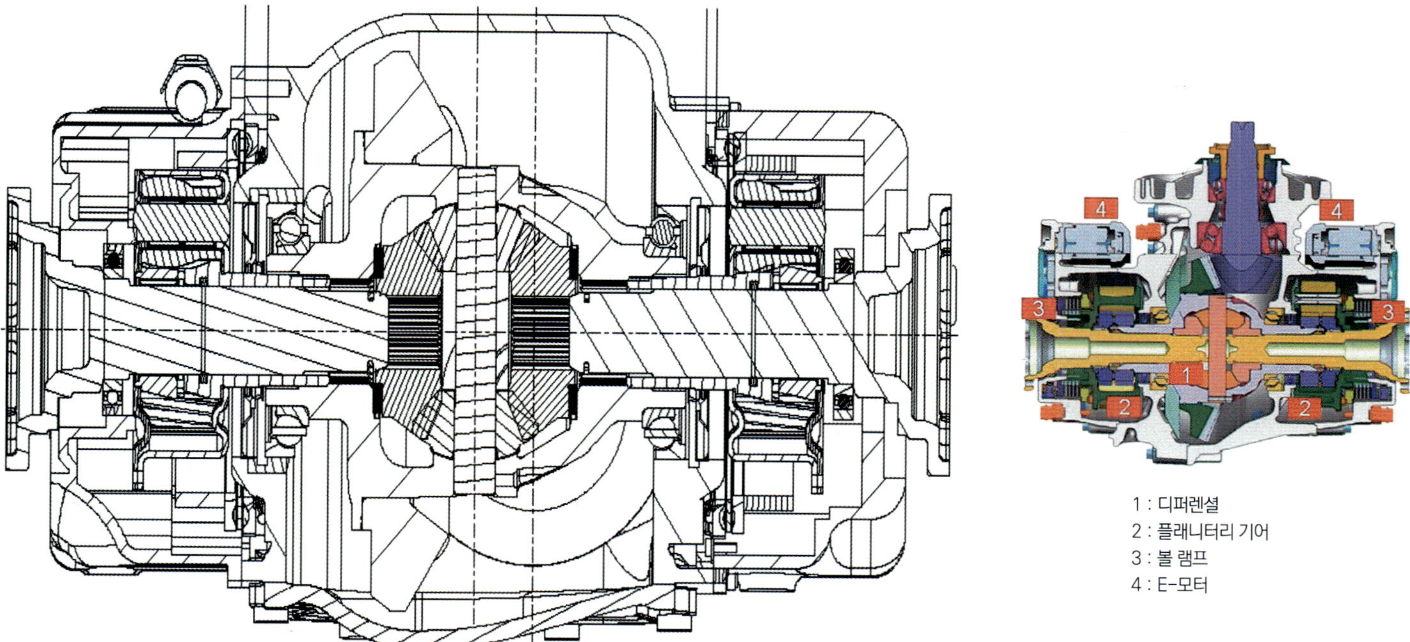

1 : 디퍼렌셜
2 : 플래니터리 기어
3 : 볼 램프
4 : E-모터

경량 시스템이면서 큰 토크에 대응

토크 벡터링 기구를 디퍼렌셜 케이스 밖에 장착하여 기존의 YAC와 비교하면 가볍고, 다른 디퍼렌셜 모델에도 응용할 수 있기 때문에 양산 효과를 얻을 수 있다는 것이 BMW X6 X드라이브에 탑재된 「ETV」의 최대 특징이다. 프런트에 탑재된 엔진에서 발생한 토크는 프로펠러 샤프트를 경유하여 디퍼렌셜로 전달된다. 일반적으로 직진시에는 그대로 좌우 바퀴로 토크가 배분되지만 조향의 경우와 같이 좌우 바퀴의 토크를 배분할 필요가 생겼을 때 (4)의 전기 모터가 작동되어 플래니터리 기어를 통해서 볼 램프를 움직여 필요에 알맞게 좌우 바퀴로 토크를 배분한다. 또한 좌우 ETV는 거의 대칭을 이룬다.

소형화를 위해 작은 전기 모터를 사용하기 때문에 전기 모터에서 직접 발생하는 토크는 작아 기어비가 다른 4개의 리덕션 기어를 매개로 축 토크를 증가시켜 전달하고 있다. 전체적으로 작고 간단한 시스템으로 이루어지고 있다.

● ETV의 작동원리

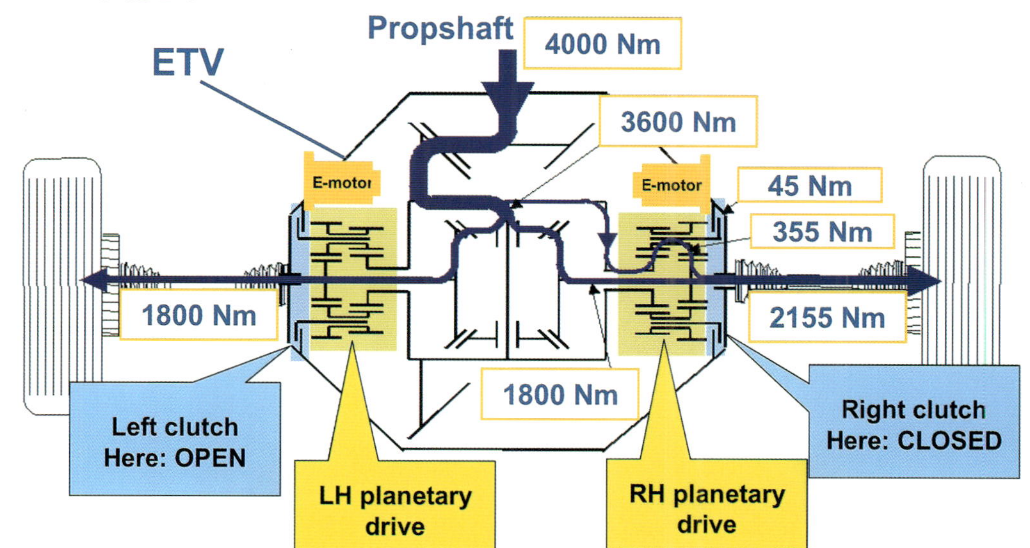

「BMW X6 X드라이브」의 경우 후륜 구동 베이스의 4WD 기구를 사용한다. 프런트에 세로로 배치되는 직렬6 또는 V8 엔진에서 프로펠러 샤프트를 경유하여 후륜으로 출력을 전달한다. 전륜에는 센터 디퍼렌셜을 통해 보통은 40%로 그리고 필요시에는 0→100%까지 연속 가변으로 토크가 전달된다.

「ETV」에 의해 토크가 배분되는 과정을 4000Nm의 입력이 있었을 경우로 예를 들어 해설한 그림이다. 이 그림에서는 프로펠러 샤프트에서 4000Nm이나 되는 거대한 토크가 입력된 가운데 좌우로 1800Nm의 토크가 배분되고 있다. 이 상황에서 ETV 안의 클러치는 개방된 상태 그대로 우측 ETV 안의 클러치가 닫힘으로써 355Nm의 토크가 우측 바퀴에만 걸리면서 합계 2155Nm이 우측바퀴로 전달된다.

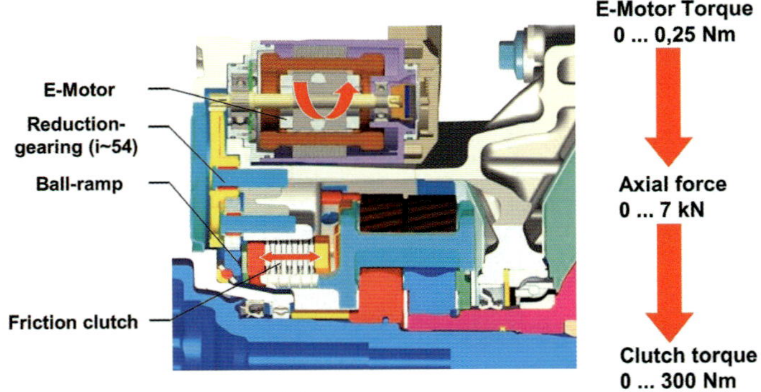

ETV의 컷 모델을 보면 디퍼렌셜 케이스, 드라이브 샤프트 각각에 연결되는 2개의 선 기어에 대해 원 피스로 만들어진 피니언 기어가 맞물린 모습을 볼 수 있다. 2개의 선 기어 외경이 다르기 때문에 각각의 피니언은 맞물리는 선 기어에 맞추어 가공되어 있다.

전기 모터에서 발생한 0.25Nm 정도의 작은 토크를 기어비가 다른 4개의 리덕션 기어를 선택적으로 사용 감속시켜서 볼 램프에 전달하면 축 토크를 최대 7kN까지 클러치 토크를 300Nm까지 변환할 수 있다.

ETV 1세트. 왼쪽이 클러치, 오른쪽이 유성기어이다. 프로펠러 샤프트와 디퍼렌셜 사이에 위치하며, 피니언은 헬리컬 기어가 사용되기 때문에 강성을 확보하기 위해 피니언 기어에 홈이 나 있다.

경량, 소형, 높은 효율, 높은 응답

「ETV」의 특징 가운데 하나로 두 개의 선기어가 하나의 피니언 기어를 공용하는 유성기어를 사용한다는 것으로 원 피스(one-piece)로 줄일 수가 있었다. 또한 전기 모터는 0.25Nm에 지나지 않는 토크를 4개의 리덕션 기어를 이용하여 축 토크에서 7kN, 클러치 토크에서 300Nm까지 높이면서 소형화에도 성공하였다. 나아가 전기 모터로 급속하게 토크를 발생함으로써 클러치 슬립에 따른 손실을 줄이는 등 높은 효율화로 인해 발생하는 발열 방지도 하고 있다. 직진시에는 좌우 구동 차이를 만들 필요가 없기 때문에 디퍼렌셜을 공회전시키게 되는데 이때 클러치가 끌리는 것(drag)을 방지하기 위해 2mm 정도의 공간을 두고 있다. ETV는 클러치를 작동시키는 볼 램프의 기울기를 2스텝으로 하며, 전기 모터로 급속하게 가속함으로써 0→1100Nm이나 되는 급속한 부하 변화를 80ms 이하로 할 수 있게 되었다.

● ETV Unit Engagement Response

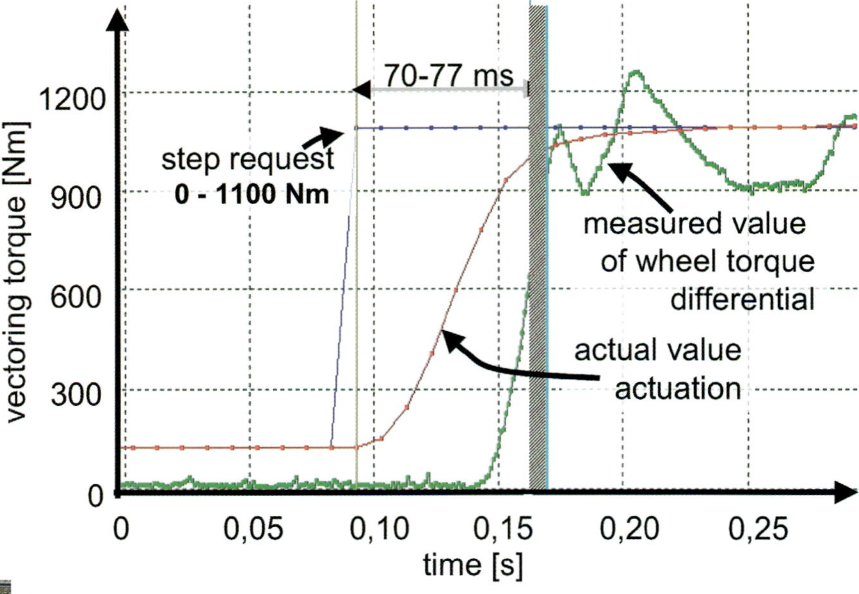

● 스티어링 조작에 따른 요 응답
(60°·90km/h일 때)

90km/h로 주행하는 상황에서 우측으로 선회할 때 스티어링을 오른쪽으로 60° 회전시켰다가 되돌아오는 경우의 사진. 이때 ETV는 언더스티어가 일어나는 것을 방지하기 위해 코너 바깥쪽에 해당하는 왼쪽 후륜의 브레이크와 유성기어를 작동시킴으로써 바깥쪽 후륜으로 전달되는 토크의 배분을 높여 가로방향의 모멘트를 발생되어 언더스티어가 해소된다. 마찬가지로 오버스티어가 일어날 때나 왼쪽으로 선회할 때에도 좌우 바퀴의 토크 배분을 적극적으로 함으로써 자세제어를 가능하게 한다.

「ETV」는 준비상태에서 응답 시간이 높은 것이 특징이다. 그림은 0→1100Nm까지 급속하게 토크 부하를 가할 때의 응답 시간을 나타낸 것으로 전기 모터로 클러치를 단속하여 토크를 전달하는 「ETV」는 80ms 이하의 반응이 가능하다. 본문에서도 설명한 바와 같이 프로펠러 샤프트에서 타이어까지 구동력이 전달되는데 있어서 150ms가 지연되고 있기 때문에 ETV가 80ms의 응답 시간을 보인다면 전혀 지연되지 않는다고 말해도 좋을 것이다.

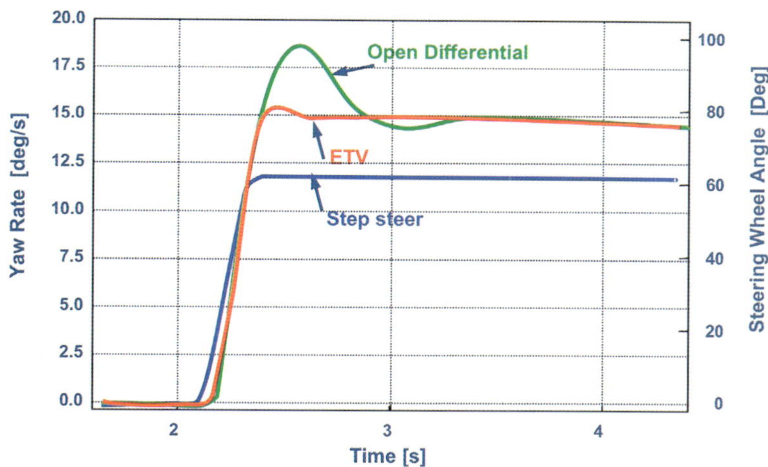

마찬가지로 90km/h로 주행하는 상황에서의 조향 각을 60˚도 주었을 때의 요 응답을 그래프로 나타냈다. LSD를 브레이크 방향으로 걸어줌으로써 오픈 때에 발생하는 「백래시(backlash)」를 크게 줄일 수 있다.

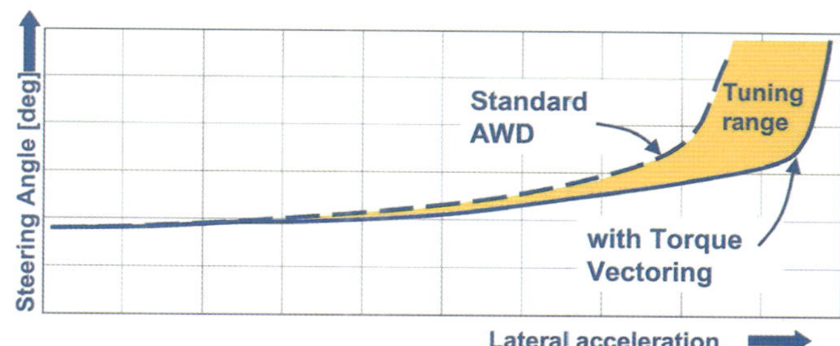

조향각에 대한 언더스티어/오버스티어 경향의 튜닝 폭을 나타낸 그래프이다. 표준의 4WD 시스템에 비하여 가로방향 가속도를 크게 하면 오버스티어 경향을, 그 반대는 언더스티어 경향을 나타내게 된다.

● Professional **Eyes** 國政久郎(Hisao Kunimasa)

물리적으로 틀린 것은 아니지만…

X6을 직접 본 사람들 대부분이 그렇게 생각하지는 않겠지만 그것을 본 필자는 볼륨에 압도되었다. 물론 절대적인 치수로만 보자면 더 큰 차량도 운전한 경험도 있는데 하일 랜더 쿠페 같은 느낌의 눈에 익숙하지 않은 실루엣과 조형 때문인가 어쨌든 거대한 몸집이 눈에 들어온다.

실제 주행하여 보아도 얼마 동안은 사이즈와 중량을 느끼게 되는 가운데 어느새 크기에 대해서는 그다지 신경을 쓰지 않게 된다. 「조작에 대한 반응이 거의 기대한 대로일 뿐만 아니라 손에 잘 적응된다.」는 표현은 차량을 작게 느끼는 오너의 감각 정도로 생각되는 가운데 작은 의문점이 하나 생겼다.

분명 운전조작에 대한 자동차의 반응은 적절하다고 느껴지고 거의 기대한 정도로 정확하게 움직여 준다. 그러나 냉정하게 생각해 보면 과연 이만한 크기와 큰 중량의 차가 이렇게 움직여도 될 것인가라는 생각을 갖게 하는 것이다.

타이어 능력이나 서스펜션의 구성이 X6의 거대한 사이즈를 지지하기에 충분한 용량을 확보하고 있다는 것은 분명하다. 그래도 과거의 경험에 비추어 생각해 보면 이 정도로 경쾌하게 움직이면서 안정감을 잃지 않고 있다는 사실에 대해 반대로 위화감을 갖게 된다. 이러한 심정이라면 솔직히 어떤 일이 일어나고 있는지 궁금증을 갖지 않을 수 없다. 물리적으로 잘못된 부분은 없을 테지만 이러한 민첩함을 신용하기에는 약간의 부담감이 느껴지는 것이 솔직한 심정이다.

전장×전폭×전고 4885×1985×1690mm, 중량 2330kg(50i)이나 되는 거대한 보디 사이즈를 갖고 있으면서도 BMW가 「다이내믹 퍼포먼스 컨트롤」이라고 부르는 토크 벡터링 X Drive를 장착한 효과로 경쾌한 움직임을 보인다.

라인업은 3ℓ 직렬6 트윈터보를 탑재하는 「35i」와 4.4ℓ V8 터보를 탑재하는 50i 2가지가 있다. 모두 X Drive(4WD)로 트랜스미션은 전자유압 제어방식인 6AT이다.

미쓰비시 갤랑 포르티스가 사용하고 있는 플랫폼은 아웃 랜더, 델리가 D:5 그리고 랜서 에볼루션X와 베이스를 같이 하고 있다. 이들 차종은 모두 라인업 가운데 4WD 사양을 갖고 있으며, 또한 차량의 타입에 따라 4WD의 시스템 구성도 달라진다.

우선 이 플랫폼을 이용하여 최초로 세상에 나온 차량인 아웃 랜더는 「AWC(All Wheel Control)」이라고 하는 4륜 통합제어 시스템을 탑재하고 있다.

기본의 축을 이루는 것은 현재 승용자동차 기준의 4WD에서 주류를 이루고 있는 전자제어식 커플링에 의한 액티브 토크 스플릿(또는 토크 온 디맨드) 4WD 시스템이다.

전륜 구동인 「2WD」 모드를 기본으로 노면의 상황이나 주행의 조건에 맞추어 전·후륜으로 구동력을 적절하게 배분하는 「4WD 오토」 모드 그리고 험한 도로나 눈길 주행 또는 스택(stack) 때에 주파성을 높이는 「4WD 록」의 3가지 모드를 실내의 드라이브 모드 셀렉터 스위치로 자유롭게 바꿀 수 있다.

4WD 록은 전후의 토크 배분을 50대 50으로 고정하는 것이 아니다. 기본은 4WD 오토 모드인데 전륜으로 가는 토크의 전달을 1.5배 정도 높인 상태에서 고정하는 모드이다.

이 시스템에 4륜 접지 하중 컨트롤, 4륜 제동력 배분 컨트롤, 4륜 슬립 컨트롤을 결합시켜 통합적으로 제어하는 것에서 「AWC」이라는 이름이 생겨나게 되었다.

델리카 D:5 그리고 갤랑 포르티스의 4WD 사양도 아웃 랜더와 동일한 시스템인 액티브 토크 스플릿 4WD를 사용하고 있다.

여담으로 예전에 이 4WD 시스템이 장착된 델리카 D:5로 취재를 갔다 돌아오는 길에 고속도로를 주행하다 게릴라성 호우를 만난 적이 있었다. 나중에 확인한 바로는 가장 많이 올 때가 1시간당 80mm 정도나 되는 호우 였었는데 4WD 록 모드로 전환하여 주행하면서 안정도가 확실히 향상된 것을 체험할 수 있었다.

구동력에 의한 운동성능의 제어를 추구하는 「란에보」 4WD의 역사

같은 플랫폼을 베이스로 삼고 있고 보다도 기본 형상을 갤랑 포르티스와 같이 하고 있으면서 세부적으로 철

미쓰비시 갤랑 포르티스 계열로 보는 구동 메커니즘과 주행 성능과의 관계

FF차를 베이스로 하이파워 엔진과 전제제어식 4WD 시스템을 결합시킨 스포티 세단.
오랜 시간에 걸쳐 진화를 거듭해 온 이 흐름이 도달한 "현재"의 모습은 과연 어떤 모습을 하고 있을까?

구성 : 마쓰다 유지 · 사진 & 그림 : MITSUBISHI

저하게 개량시킴으로써 주행성능을 높인 사양이 그 유명한 랜서 에볼루션 최신 모델인 「X」이다.

란에보 X에는 4WD 시스템과 복수의 제어 장치들을 통합하고 협조 제어함으로써 구성되는 차량운동 통합제어 시스템인 「S-AWC(Super All Wheel Control)」이 새롭게 탑재되어 있다.

미쓰비시는 상당히 이른 시기부터 4륜 구동력에 의한 차량의 운동제어에 관여해 왔다. 제품화 제1탄은 1992년 데뷔의 7세대 갤랑 VR-4의 AT전용 옵션으로 준비한 「전자제어 센터 디퍼렌셜 풀타임 4WD」였다.

이 시스템은 센터 디퍼렌셜에 플래니터리 기어를 사용하고 기본 토크 배분비를 앞 33대 뒤 67로 설정하였으며, 이러한 배분은 기본 특성으로 선회성능의 향상을 꾀한 것이라고 한다. 주행상황에 맞추어 유압 다판 클러치가 작동하여 프런트로 가는 배분비가 최대 70% 정도까지 연속적으로 변동하는 방식인 것이다.

이 시스템의 개발을 통하여 개발 스텝 사이에는 앞뒤로 전달되는 토크를 불균형하게 배분함으로써 차량의 운동 성능에 어떠한 영향을 끼치는가에 관한 노하우가 축적되었다. 이렇게 되면 자연스럽게 다음의 테마로 등장하는 것이 좌우 바퀴 사이에 토크를 불균등하게 배분하였을 경우 차량의 운동에 어떠한 영향을 미치게 되는가 하는 것이다.

시작(試作) 단계에서는 각각의 4륜에 클러치를 배치하고 그것을 제어함으로써 전후·좌우의 토크 배분을 자유롭게 변경하는 시험도 이루어졌다. 이렇게 실험을 거듭하는 가운데 단순하게 구동력의 자체를 불균형하게 배분하는 것은 가속상태 말고는 효능을 발휘하지 못한다는 것을 파악하게 되었다.

다양한 시행착오를 거듭하면서 도달한 것이 구동력의 "차이"를 제어하여 좌우 바퀴 사이에서 토크를 주고받는다는 발상으로 토크 벡터링이다.

이러한 발상을 구현하기 위한 기구로 만들어진 것이 베벨기어에 의한 디퍼렌셜에 피니언 기어와 선 기어에 의한 가·감속기구, 거기에 좌우 바퀴용 클러치로 구성되는 「AYC(Active Yaw Control) 디퍼렌셜」이다.

이 시스템은 1996년에 판매된 란에보 IV부터 사용하게 되었으며, 또한 8세대 갤랑/레그넘에는 ASC와 세트로 사용되었다.

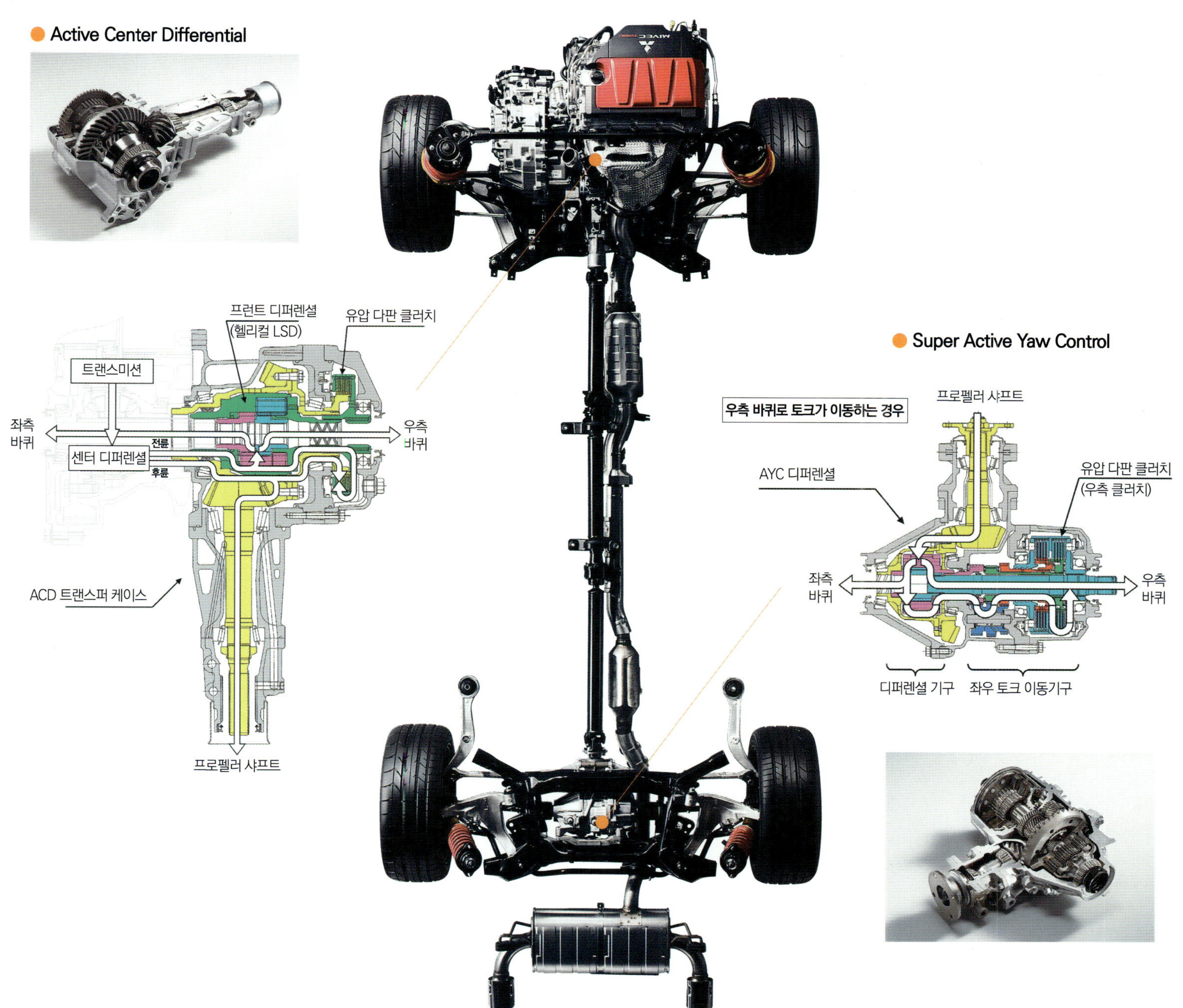

앞 · 뒤바퀴 사이의 차동을 능동적으로 제한
나아가 좌 · 우바퀴 사이의 토크를 이동시킨다.

　란에보 4WD 시스템의 다음 스텝은 「전자제어 센터 디퍼렌셜 풀 타임 4WD」를 진화시킨 「ACD(Active Center Differential)」의 채택이다. ACD는 센터 디퍼렌셜 안에 들어있는 전자제어 다판식 클러치에 의해 앞뒤 바퀴의 차동을 직접적으로 제한하는 장치이다.

　ACD＋AYC, 즉 앞뒤 바퀴의 차동제한과 좌우 바퀴 사이의 토크 이동을 조합시킴으로써 차량운동의 통합적인 제어를 목표로 한 이 시스템은 2001년에 데뷔한 랜서 에볼루션 VII부터 사용되었다.

　다음 스텝은 「슈퍼 AYC 디퍼렌셜」의 사용이다. 좌우 바퀴 사이의 토크 이동으로 요 모멘트를 직접 제어하는 AYC를 진화시켜 가 · 감속 기구에 플래니터리 기어

　구체적으로 말하자면 「스포츠 ABS」와 그 기구를 이용하여 제동력으로 차량의 자세를 컨트롤하는 「ASC(Active Stability Control)」를 사용함으로써 제동력으로 차량의 운동을 제어할 수 있게 된 것이다.

　또한 직접 요 모멘트 제어를 고도화하기 위해 「요 레이트 피드백 제어(yaw rate feedback control)」를 채택하였다. 요 레이트 피드백 제어란 조향각 등으로 연산한 목표의 요 레이트와 센서로 검출된 실제 요 레이트를 비교하여 그 차이를 작게 하기 위해 제어장치가 발생시켜야 하는 목표의 요 모멘트를 연산함으로써 제어 내용에 반영하는 시스템이다.

　목표의 요 레이트는 조향각, 차속, 스태빌리티 팩터, 휠 베이스 등을 파라미터로 하여 계산된다. S-AWC는 「제어 요 모멘트 설정부문」에서 목표의 요 레이트를 연

S-AWC가 실현하는
란에보 X의 주행성능이란?

　여기서 본지에서 연재한 「서스펜션 워칭」을 통해서도 친숙해진 히사마사 쿠니오로부터 란에보X에 관한 차량의 운동에 대해 한 마디 들어보자.

＊ ＊ ＊

　아주 간단히 말하면 브레이킹하고 나서 코너로 진입하려는데 있어서 차량의 운동성능을 최대한으로 높이려는 제어 시스템에 의해 잘 선회할 수 있도록 한다. 선회를 시작하고 나서는 나머지는 자세가 흐트러지지 않도록 요 레이트를 제어하면서 오로지 안정성(stability) 방향으로 제어하는 시스템이다.

　이 성능을 마음껏 발휘시키기 위해서 필요한 조작은 「여기서 코너로 진입한다!」라는 의지를 명확하게 자동차

S-AWC 시스템 구성도

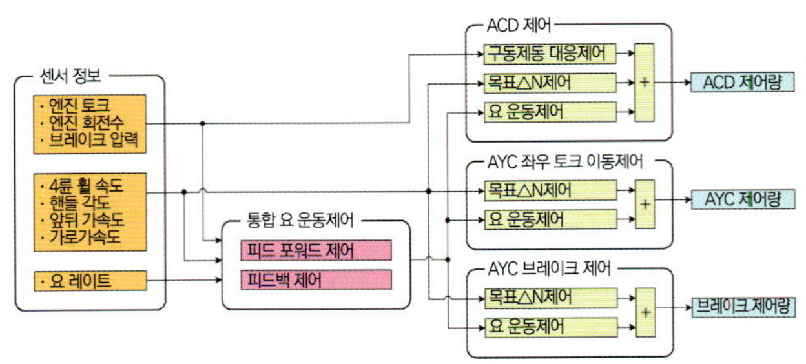

각종 센서로 얻어진 차량의 상태 정보는 제어 요 모멘트의 설정부문에서 목표의 요 레이트와 실제 요 레이트의 차이를 비교하여 그 차이를 작게 하기 위해서는 어느 디바이스를 어떻게 작동시켜야 하는지를 제어측 기준에 따라 산출한다. 결과는 요 모멘트 배분 설정부문(우측의 3블록)에 통보되어 각 디바이스의 제어량과 작동량을 산출한다.

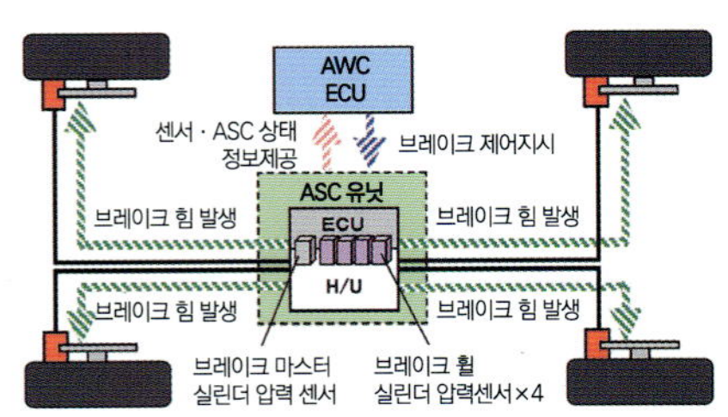

S-AWC에서 새로 사용된 「AYC 브레이크 제어」의 구성요소. 주로 한계의 주행 영역 부근에서 요 운동제어를 지원하도록 작동한다. 상황에 맞추어 각 바퀴에 브레이크 힘을 가해 줌으로써 요 앵글을 적정화시키는 방향으로 수정한다. 기구 자체는 ASC/ABS용 유닛을 이용하며, S-AWC용 ECU와의 사이에는 전용의 CAN 버스로 직접 접속하여 통신 속도를 높임으로써 확실한 응답을 구현하였다.

랜서 에볼루션 X의 S-AWC 제어모드는 포르티스 랠리아트와 마찬가지로 3모드를 갖추고 있다. 「타맥」은 주로 건조한 포장도로에서의 선회성능과 안정성을 양립시키기 위한 모드이며, ACD 제어를 약하게 하고 AYC 제어를 강하게 작동시켜서 더 높은 선회성능을 발휘하게 한다. 「그라벨」 모드는 주로 젖은 노면이나 흙(dirt)으로 된 노면에서의 선회성과 안정성을 양립시키기 위해 고려한 제어모드이며, ACD 제어를 약간 강하게 AYC 제어는 중간 정도로 작동시킨다. 「스노」 모드는 주로 눈길에서의 선회성과 안정성을 양립시키기 위한 모드이며, ACD 제어는 강하게 ACY 제어는 약하게 작동시킴으로써 가장 높은 안정성을 발휘한다.

　를 이용함으로써 후방 좌우 바퀴 사이의 「토크 이동」 제어량을 배로 증가시킨 것이다. 이것은 2004년에 데뷔한 랜서 에볼루션 VIII MR에 사용된다.

　더구나 이 시점에서 조향각, 전후 가속도, 가로(橫) 가속도, 4륜 휠 속도, 스로틀 밸브 개도를 파라미터(parameter)로 하는 피드백 제어를 주체로 한 차량의 운동제어를 시도하였다. 이 시스템은 2005년에 데뷔하는 란에보 IX에도 계승하게 되었다.

구동력 이외에 제동력도
차량 운동제어에 이용하는 S-AWC

　그럼 현재의 차량인 란에보 X에 채택된 「S-AWD」 시스템이란 어떠한 것인지 알아보자. 기존의 시스템에서 크게 달라진 것은 구동력 뿐만 아니라 제동력까지 포함한 4륜 제어라는 영역에 발을 들여놓았다는 점이다.

　산함으로써 각 제어장치가 전체적으로 발생해야 하는 제어 요 모멘트를 구한다.

　연산된 제어 요 모멘트는 「요 모멘트 배분부문」으로 전송되어 가 · 감속 상태 및 선회상태에 맞추어 앞뒤 차동제한 제어 요 모멘트(ACD의 작동), 좌우 토크 이동 제어 요 모멘트(AYC의 작동), 브레이크 제어 요 모멘트(ABS 및 ASC의 작동)로 배분된다.

　그리고 한 가지 더 S-AWC의 최대 특징이라고 할 수 있는 것이 이들 디바이스를 전용으로 컨트롤하는 유닛에 의해 통합적으로 제어한다는 점이다. 예를 들어 선회를 촉진시키는 경우 브레이크 제어의 배분을 더 강하게 한 가운데 앞뒤 차동제한 제어로 배분한다. 이러한 시스템의 구성으로 가속, 정상, 선회 등 모든 주행상태에 있어서 부드러울 뿐만 아니라 확실한 요 레이트 피드백 제어의 효과를 발휘시키고 있는 것이다.

　에 전달해 주는 것뿐이다. 구체적으로 말하자면 조향의 양과 속도, 스로틀 밸브의 개도로 운전자의 의지를 전달하게 된다.

　코너에 진입할 때 속도관리를 크게 잘못하지 않고 전륜의 그립에 여력을 남긴 상태에서 코너에 진입하게 되면 나머지는 S-AWC가 상황에 맞도록 구동, 제동, 차동을 조합시켜 제어함으로써 운동성과 안정성의 밸런스를 유지시켜 준다.

　진입 시점에서 차량의 속도, 요, 조향량과 조향각도의 밸런스가 적절하다면 선회를 위해 제어 계통이 관여하는 여지가 거의 느껴지지 않는 수준에 머무른다. 신속하게 선회자세를 잡을 필요가 있다고 판단했을 경우에는 제동력과 구동력의 밸런스를 유지한 다음 정확히 안정성 컨트롤의 역효과를 만들어 냄으로써 차량을 선회자세로 바꾸어준다.

일단 선회 자세를 갖추게 되면 앞으로의 자동차가 요 관리를 자동적으로 바로 실행함으로써 자세가 흐트러지지 않는 방향으로 억제시켜 준다. 이 대목은 새롭게 투입된 요 레이트 피드백 제어의 효과를 실감할 수 있는 부분이다.

후륜의 궤적이 전륜보다 바깥쪽으로 치우치는 정도까지 도달하면서 일단 요 앵글이 결정되는 선회 레벨이라면 결코 자세가 흐트러지는 방향으로는 향하지 않는다.

예를 들어 선회하는 가운데 그립이 일어나기 전에 과감히 액셀러레이터 페달을 밟아도 트랙션 컨트롤이 작동하여 필요 이상의 구동력이 없어지는 것이다. 이렇게 철저한 성능을 추구하는 것을 높이 평가할 수 있다.

제어가 안정된 방향으로 가는데 있어서 동반되는 위화감도 크지 않다. 만약 란에보X 장치의 개입을 답답하게

S-AWC가 「시스템」으로써 성립되어 있는 것이다.

* * *

다만 S-AWC와 같이 고도의 제어가 왜 필요한지에 대해 말하자면 엔진과 트랜스미션을 프런트에 가로로 배치하는 FF 세단을 베이스로 하고 있기 때문이라고도 생각할 수 있다.

기본적인 중량의 배분이 앞쪽이 무거움으로써 특히나 고속영역에서는 브레이킹 후 코너에 진입하는데 있어서 프런트 타이어의 구동력을 모두 이용하기 십상이다. 즉 언더스티어의 경향이 나오기 쉬운 것이다.

운전자의 숙련도에 따라서는 이 단계에서 패닉을 일으켜 전륜의 그립을 회복하기 위한 조작을 못함으로써 충돌로 이어지는 경우도 있을 것이다.

S-AWC는 우선 그 상황에서 구동력/제동력으로 커

프리상태에서 직결 4WD 상태까지 유연하게 컨트롤한다. 또한 노면의 상황에 맞추어 「타맥(tarmac)」, 「그라벨(gravel)」, 「스노(snow)」의 3가지 제어 모드를 선택할 수 있다.

프런트에 헬리컬 LSD, 리어에는 기계식 LSD를 사용하며, 이들 장치의 상승효과로 높은 트랙션의 성능을 발휘하면서 정확한 조종 안정성의 확보를 목표로 한 4WD 시스템이라는 위상을 갖는다.

실제로 시승해 보면 이것이 뜻밖으로 쾌적한 주행을 느끼게 한다. 물기가 없는 상태의 좋은 노면을 주행하는 동안에는 4WD 모드에 의한 차이를 거의 느낄 수 없으며, 또한 S-AWC 만큼 차량의 운동에 적극적으로 개입하는 감촉은 없었지만 약간 강하게 가속이나 감속을 할 때 또는 약간 고속에서의 코너링과 같이 일상주행에서도

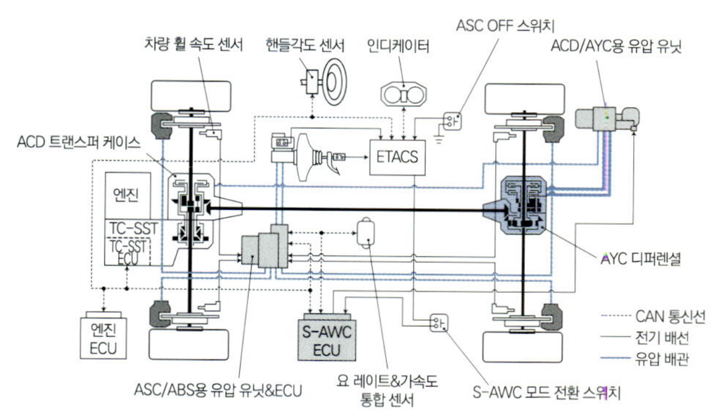

란에보 X의 4WD 시스템 구성도. 스티어링 기어비, 휠 베이스 등을 파라미터로 삼아 목표의 요 레이트를 산출한 다음 실제 요 레이트와 비교한다. S-AWC 컨트롤러는 ACD/AYC 제어 유닛 및 ASC/ABS 제어 유닛과의 사이에서 통신을 한다. 특히 후자와는 전용의 CAN 버스를 사용하고 있다.

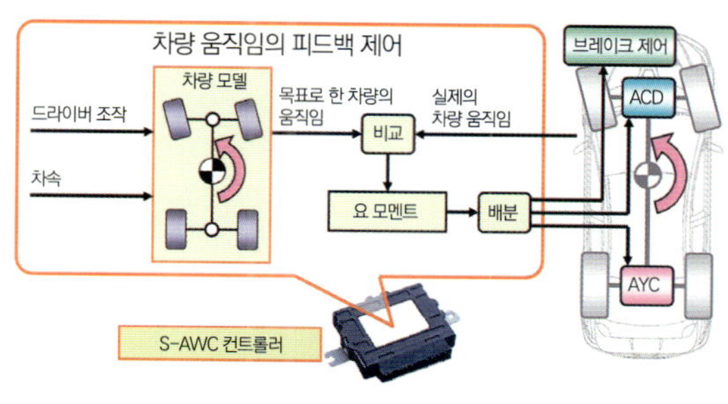

요 레이트 피드백 제어의 구조를 실차에 가까운 형태로 나타낸 그림. S-AWC 컨트롤러는 조향량과 조향각도, 액셀러레이터 페달의 조작과 같은 드라이버 조작과 차속 등으로 목표로 하는 요 레이트(차량 자세)를 산출하며, 그것을 실제의 요 레이트와 비교하여 그 차이를 작게 하기 위해 필요한 「목표의 요 모멘트」를 산출한다.

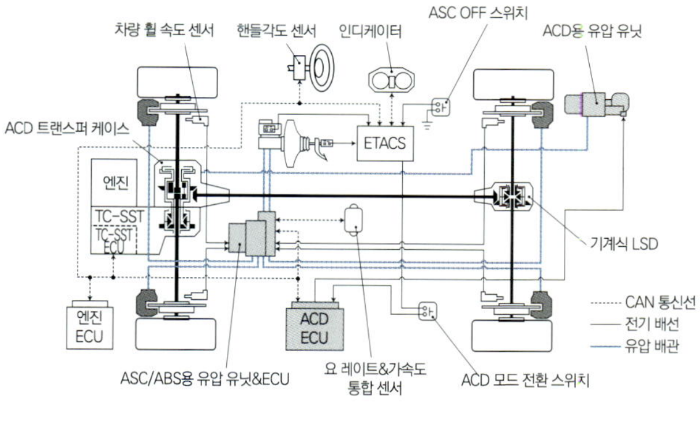

갤랑 포르티스 랠리아트의 4WD 시스템 구성도. 리어 디퍼렌셜은 AYC가 아니라 기계식(다판식) LSD를 사용하며, 프런트에는 성능이 좋고 부드러운 헬리컬 LSD를 조합시킨 풀 타임 4WD의 이론이라 할 수 있는 구성이다.

느낀다면 그것은 드라이버의 조작으로 인해 차량의 자세가 흐트러지려는 상황을 방지하고 있다는 반증이라 할 수 있다.

이러한 성능은 자동차로서의 종합적인 성능이 상당한 수준에 있기 때문에 실현할 수 있는 것이다. S-AWC에 의한 통합제어를 실현한 데에는 필요한 토크를 바로 공급할 수 있는 엔진의 응답과 토크의 특성을 빼 놓을 수 없다. 또한 토크의 차단이 일어나지 않는 트윈 클러치 SST(Sport Shift Transmission)의 존재도 큰 포인트이다.

심지어 서스펜션이 안정적으로 접지되지 않으면 구동력과 제동력을 즉시 그리고 확실하게 반영하지 못한다. 이처럼 4륜 통합제어 시스템 뿐만 아니라 자동차를 구성하는 모든 요소가 협조 체제를 이루고 있기 때문에

버하게 되는데 원래의 중량 배분이 적절하고 기본적인 운동성능이 높은 레이아웃이라면 동일한 스타일로 코너를 진입하여도 그다지 언더의 경향을 띠지 않고 선회로 들어갈 수 있을지도 모른다. 그렇게 생각하면 S-AWC는 여러 의미에서 「란에보」를 위해 연마된 시스템이라고 판단할 수도 있다.

굳이 ACD로만 설정한 랠리아트 사양의 주행성능은?

일전에 갤랑 포르티스에 「랠리아트」 버전이 추가로 라인업 되었다. 아웃 랜더 방식이나 S-AWC 방식과도 다른 ACD에 의한 풀타임 4WD 시스템을 사용하고 있다.

기본적으로 앞뒤 구동력의 배분을 50 : 50으로 설정하면서 전자제어 클러치로 앞뒤 바퀴 사이의 차동제한을

빈번하게 마주치는 영역에서는 전륜구동과는 또 다른 맛의 높은 안정성을 실감시켜 주는 것이다.

예를 들어 브레이크가 앞뒤 어느 쪽이든 2륜 밖에 설치되지 않는다고 하면 자동차의 주행 안정성은 크게 손상될 것이다. 제동을 마이너스 방향의 트랙션으로 생각하면 구동도 원래는 4륜 모두가 담당하는 것보다 더 좋은 것은 없다.

갤랑 포르티스 랠리아트의 부드럽고 적절한 성능을 실감할 수 있는 4WD 시스템을 통해 그런 것을 생각하게 되었다. 새삼스럽게 스포티한 주행을 위해서 만이 아니라 4WD에 의한 안정된 구동과 제동이 자동차에서 느껴지는 "안심"이라는 가치를 다시 한 번 재인식할 수 있게 해주었다.

우측 아래에 있는 것이 철로 만들어진 파일럿 클러치. 바깥 둘레에 톱날이 있는 클러치는 캠과 맞물린다. 그 위의 메인 클러치는 스텝 AT에서 이용하는 것과 같은 종이 섬유를 붙인 것.

전자 클러치 + 마찰 클러치로 토크를 전달

EMCD(Electro-Magnetic Control Device)는 전자 클러치와 볼 기구, 마찰 클러치를 이용하여 전류에 대응한 토크를 전달하는 온디맨드 4WD용 커플링 유닛이다. 전용의 오일을 봉입한 밀폐형이기 때문에 적용하기 쉽고 FF베이스의 경우는 리어 디퍼렌셜 앞에 설치함으로써 온디맨드 4WD가 완성되었으며, FR인 경우는 프런트 트랜스퍼 케이스와 연계시킨다. FF, FR의 LSD, 4WD 센터 LSD에도 적용이 가능하다.

닛산 스카이라인 계열을 예로 역사를 뒤돌아보면 1989년에 발표되고 판매된 R32형 GT-R에서 유압 다판 클러치를 이용한 유닛을 사용하였으며, 3세대 후인 V35형 스카이라인(2001년)부터 EMCD로 바뀌고 있다. 유압이나 모터를 사용한 유닛과 비교하여 작고 가벼운 점이 장점이며, 아주 적은 전류로 작동하면서도 전달용량이 크다. 응답성이 아주 높기 때문에 ABS나 ESP 등 차량의 운동성이나 안정성을 향상시키는 시스템과 잘 어울리는 것도 특징이다.

APPLICATION for BMW DYNAMIC PERFORMANCE DRIVE

GKN EMCD(Electro-Magnetic Control Device)

적용의 범위를 넓히는 커플링 유닛

클러치의 작동 방식을 유압이나 모터에서 마찰을 병용한 전자식으로 교체.
그래서 작고 가벼워졌을 뿐만 아니라 여러 가지 장점이 많아 적용 범위가 확대되었다.

글 : 세라 코타 · 취재협력 & 자료제공 : GKN 드라이브 라인 테크놀로지 · 사진 : Nissan / 스미요시 미치히토

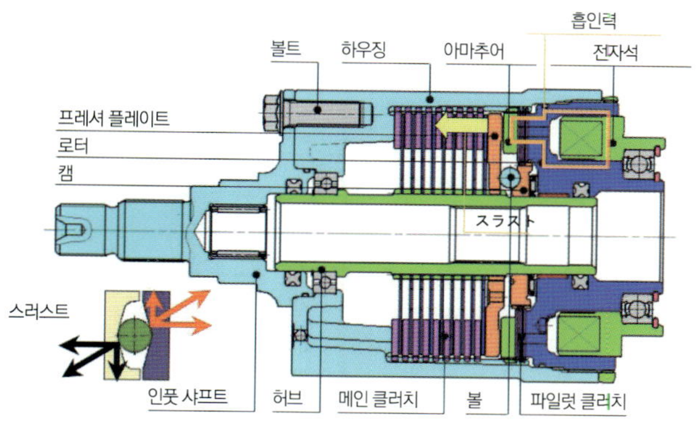

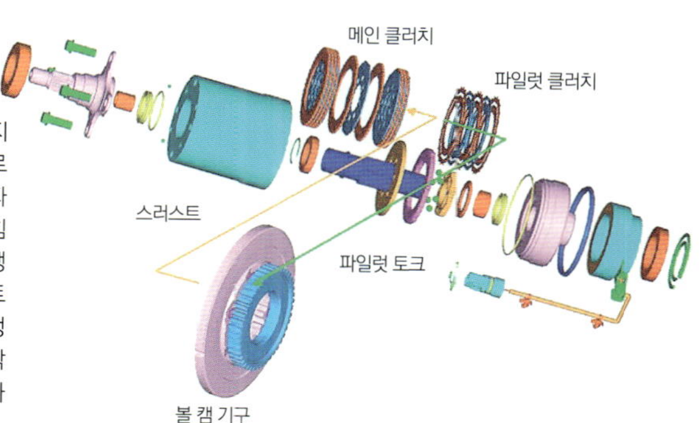

● EMCD 구조와 작동

전자석/볼 캠 기구/마찰 클러치의 3가지 부분으로 구성되어 있으며, 전류가 흐르면 전자석 주변에 자속이 발생하여 전기자(armature)가 자석 쪽으로 빨려간다. 그 힘을 파일럿 클러치가 받아 마찰 토크를 발생하기 때문에 캠이 움직여 프레셔 플레이트의 위치가 바뀜으로써 스러스트 힘이 발생된다. 이것이 메인 클러치에 스트로크로 작용하게 되어 허브 쪽에서 들어온 토크를 하우징 쪽으로 전달하는 구조이다.

R35형 GT-R은 전용으로 개발된 트랜스액슬 내에 EMCD를 내장하며, 상하 치수를 줄이기 위해 인풋 축 바로 아래에 카운터 축을 배치하지 않고 비스듬히 배치하였다. 카운터 축을 사이에 둔 낮은 위치에 커플링이 있다. 조향각 센서와 요 레이트 센서의 신호를 바탕으로 선회할 때 전륜에 적극적으로 토크를 배분함으로써 선회성을 높이는 제어를 하고 있다. 후륜 구동용 드라이브 샤프트는 CFRP제이지만 전륜 구동용은 전달 토크가 작기 때문에 스틸제를 사용한다.

닛산 GT-R의 트랜스액슬 「GR6」을 앞쪽에서 본 모습이다. 오른쪽이 인풋 샤프트. 왼쪽이 EMCD의 아웃풋 샤프트.

GR6의 프런트 케이스 내부의 모습. 우측으로 EMCD가 장착되어 있는 것을 알 수 있다. 왼쪽은 보그워너 제품의 듀얼 클러치. 그 옆은 유압 기구.

EMCD를 리어 디퍼렌셜 앞에 장착한 FF 베이스의 예. 일반 주행 때는 2WD에 가깝게 토크를 배분하며, 출발할 때나 급가속할 때 외에도 노면의 상황에 맞추어 앞뒤의 토크 배분을 변화시키는 사용법이 기본이다. 2007년에 등장한 2세대 엑스트레일은 요 모멘트 피드 포워드/피드백 제어를 채택하여 선회상태에 맞추어 앞뒤의 토크 배분을 능동적으로 실행한다. 작고 가벼운 시스템으로 4WD 시스템을 구축(저연비에도 공헌)하였으며, 발전된 제어 성능을 충분히 살리고 있다.

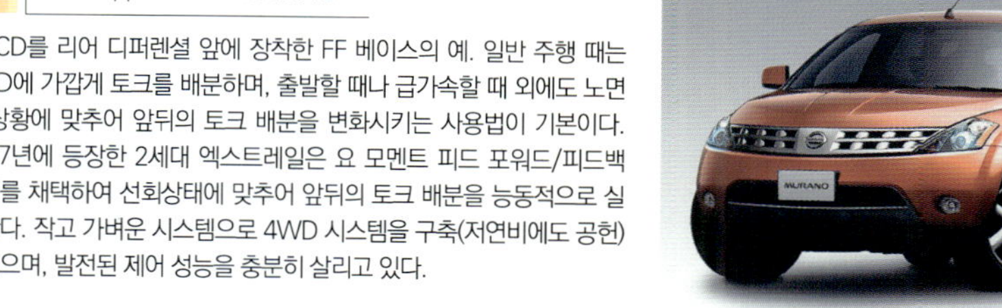

FR베이스의 4WD지만 기존의 방식처럼 밀폐식 커플링을 트랜스퍼 케이스 안에 내장하지 않고 주요 구조의 부분을 오픈된 상태로 케이스 안에 내장하고 있는 것이 새롭다(2003년 3월부터 생산개시). 트랜스퍼 케이스의 오일을 커플링과 함께 사용하며, 엔진의 시동이 걸려 있지 않아도 펌프에 의해 오일이 공급되는 구조로 열용량이 높다. 토잉(towing)시 회전차이에 의해 드래그 토크(drag torque)가 발생함으로써 압력이 높아져 파열로 이어지는(북미의 젊은 층이기 때문에 발생한다) 밀폐식 약점을 극복하고 있다.

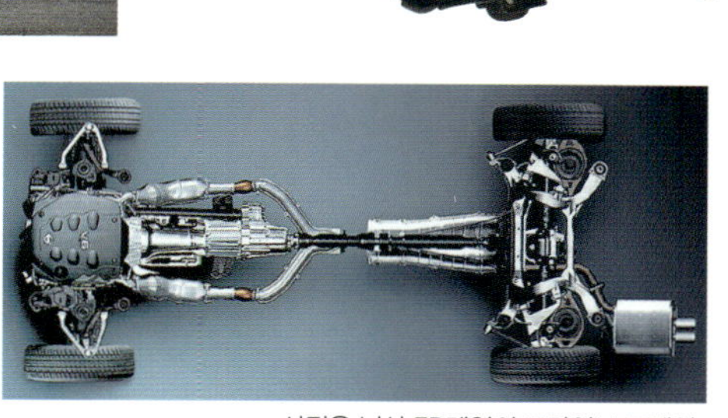

사진은 닛산 FR계열의 드라이브 트레인.

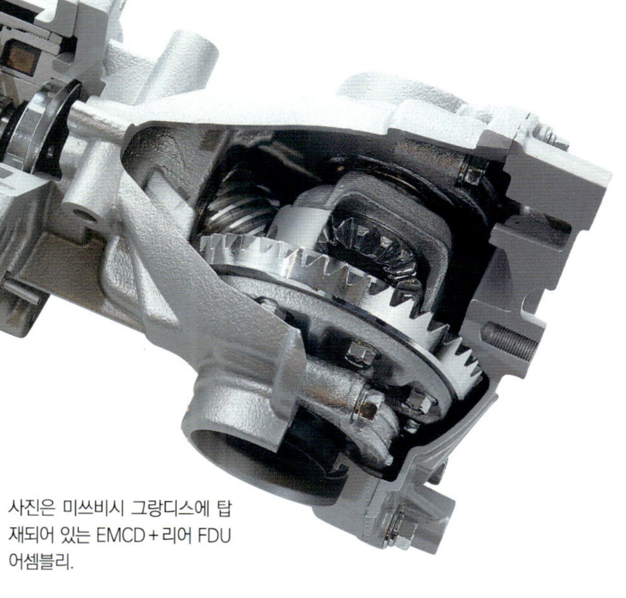

사진은 미쓰비시 그랑디스에 탑재되어 있는 EMCD + 리어 FDU 어셈블리.

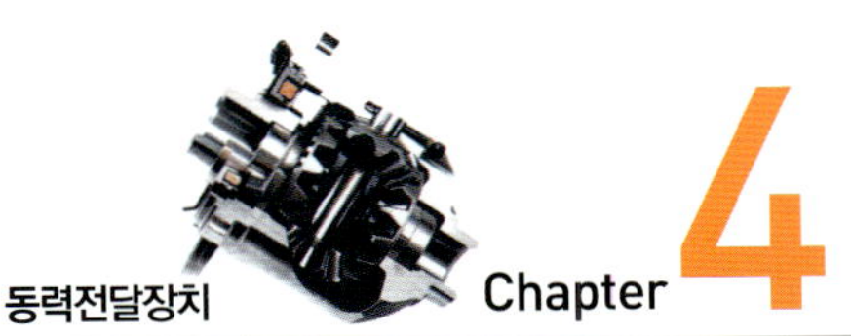

Final Drive Unit & Differential Gear

최종감속과 "선회"를 담당하는, 전체적인 구동을 끝맺는 부분

사진 & 그림 : GKN 드라이브 라인 토크 테크놀로지 / 하야토 노베

● Final Drive Unit – 디퍼렌셜 오픈

후륜 구동 차량용의 파이널 드라이브를 예로 들어 동력이 전달되는 과정(그림 가운데의 빨강색 화살표)을 살펴본다. 파워 패키지의 동력은 프로펠러 샤프트의 회전으로 전달된다. 축 끝에 고정된 구동 피니언 기어의 회전은 조합되는 링 기어에 의해 방향이 90°로 변환된다. 여기서 이루어지는 감속이 최종감속비가 된다. 트랜스미션의 감속비와 최종감속비를 곱한 것을 총감속비(오버올 레시오)라고 부르며, 드라이브 샤프트 1회전 당 엔진 회전수를 나타낸다. 링 기어에 전달된 동력은 고정되어 있는 디퍼렌셜 케이스 전체를 회전시키며, 디퍼렌셜 피니언 샤프트를 통해 디퍼렌셜 피니언 기어→사이드 기어→드라이브 샤프트로 전달되어 허브와 휠을 회전시킨다.

「디퍼렌셜」은 자동차가 자유롭게 선회하는데 있어서 필수적인 장치

　「파이널 드라이브(유닛)」는 「파이널 기어」와 「디퍼렌셜 기어」로 구성되는 기구이다. 파이널 기어와 디퍼렌셜은 하나의 케이스 안에 장착되는 경우가 많기 때문에 하나의 유닛화된 상태를 「파이널 드라이브」라고 부르는 경우도 많다.

　파이널 드라이브가 자동차의 안정성, 운동성에 미치는 영향은 상당히 크다. 둘 모두 많은 페이지를 할당하여 특집 기사를 쓸 만한 가치가 있지만 이번에는 동력전달 기구의 일부로써 아주 기본적인 사항만 해설하도록 하겠다.

　트랜스미션에서 감속된 출력의 회전을 노면에 전달하는 역할을 한다. 후륜 구동 차량인 경우에는 여기서 동력의 전달방향을 90°로 변경할 필요가 있기 때문에 기구로 이용하는 것이 베벨 기어나 하이포이드(hypoid) 기어를 이용한 파이널 기어(최종감속비)이다.

　파이널 기어는 트랜스미션의 출력축 끝에 장착되는 드라이브 피니언 기어와 디퍼렌셜 케이스에 장착되는 링 기어로 구성된다. 양쪽의 기어 잇수 비율에 따라 출력 회전의 최종적인 감속비가 정해지기 때문에 파이널 기어로 불리는 것이다.

　파이널 기어에서 휠까지의 사이에는 디퍼렌셜이 배치된다. 예를 들면 저속에서 타이트하게 선회를 할 때 안쪽

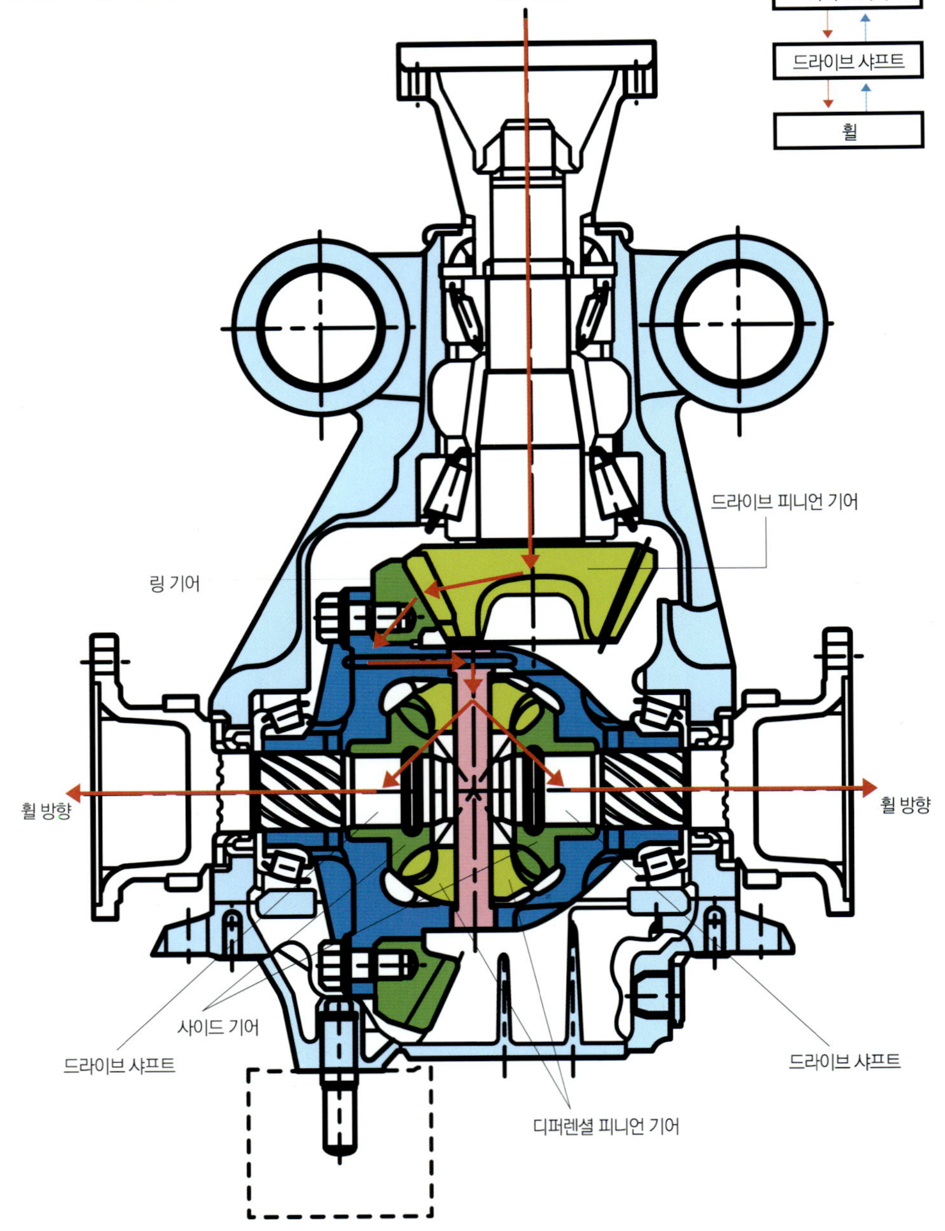

바퀴와 바깥쪽 바퀴의 이동거리 = 회전수에는 큰 차이가 생긴다. 가령 좌우 차축이 일체화되어 있다고 한다면 회전수의 차이를 흡수할 수 있는 요소는 타이어의 슬립 밖에 없기 때문에 원활한 회전이 불가능하다. 그래서 차축을 좌우로 나누고 직진할 때 등 좌우 바퀴의 회전차가 없는 상태와 회전수에 차이가 있는 상태의 양쪽에서 각각의 바퀴가 적절한 회전수를 유지할 수 있도록 연구된 기구가 디퍼렌셜이다.

　디퍼렌셜의 등장으로 자동차는 비로써 자유로운 선회

가 가능해졌다고 해도 좋을 것이다. 디퍼렌셜에는 다양한 종류가 있는데 가장 일반적인 것이 「오픈 디퍼렌셜」이라고 불리는 타입이다. 이것도 일반적인 베벨 기어로 구성되며, 디퍼렌셜 피니언 기어의 수는 보통 2개 또는 4개이다. 4개의 디퍼렌셜 피니언 방식을 이용하는 것은 전달하는 힘이 커서 강도를 확보할 필요가 있을 경우 등이다. 베벨 기어 이외의 기구를 이용한 오픈 디퍼렌셜도 존재하는데 전달효율 등과 같은 문제 때문에 현재는 거의 찾아 볼 수가 없다.

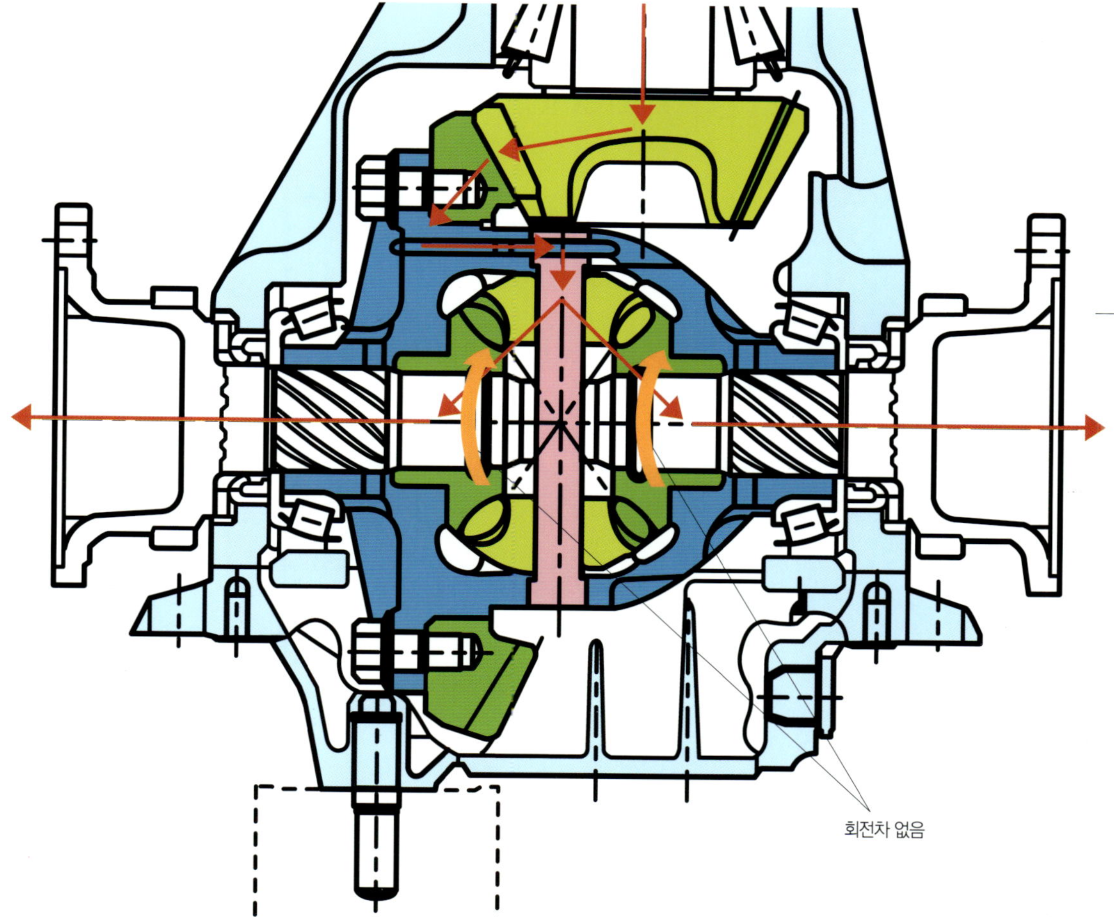

● 좌우 바퀴에서 회전차가 없는 상태

부드러운 노면 위를 직진하고 있는 상태에서는 좌우 바퀴와 노면 사이의 저항이 거의 똑같이 유지된다. 바꿔 말하자면 양쪽 바퀴 사이의 회전수가 동일한 상태가 이어진다는 것이다. 이 상태에서는 디퍼렌셜 케이스→디퍼렌셜 피니언 샤프트로 전달되는 회전에 의해 디퍼렌셜 피니언 기어가 스스로 축 방향으로 회전(자전)하는 경우가 없이 정지된 상태 그대로 디퍼렌셜 케이스 및 디퍼렌셜 피니언 샤프트의 회전에 맞춘 공전만 하게 된다. 디퍼렌셜 피니언 기어는 사이드 기어와 맞물려 있기 때문에 디퍼렌셜 피니언 기어의 공전운동은 사이드 기어를 차량의 진행방향으로 회전시키는 힘이 된다. 사이드 기어는 스플라인에 의해 드라이브 샤프트와 결합되어 있기 때문에 최종적으로 드라이브 샤프트가 좌우 등속으로 계속 회전을 하게 된다.

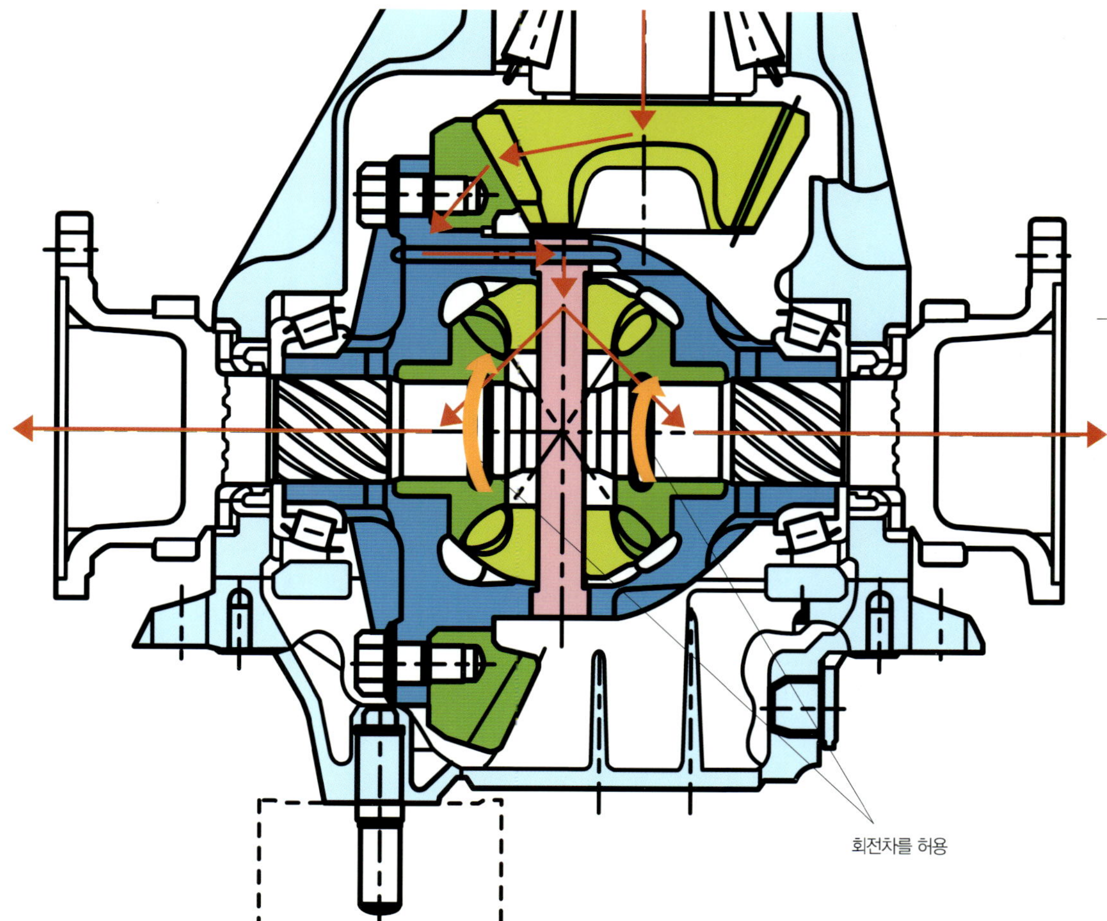

● 좌우 바퀴에 회전차가 있는 상태

작은 반경을 선회하면 안쪽의 구동바퀴는 바깥쪽 구동바퀴보다 작은 궤적을 그리게 되고 빨리 회전하려고 해도 노면의 저항을 받기 때문에 좌우 바퀴의 회전수가 다른 상태를 「차동(差動)」이라고 말한다. 이 상태에서는 당연히 안쪽 바퀴의 사이드 기어가 회전하기 어려워지기 때문에 발생하는 저항과 안쪽의 사이드 기어와 디퍼렌셜 피니언 샤프트와의 회전차에 의해서 디퍼렌셜 피니언 기어는 스스로 축 방향으로 회전하는 자전을 시작한다. 이 자전에 의해서 안쪽 사이드 기어에 가해져 있는 부하만큼 바깥쪽 사이드 기어가 빠르게 회전한다. 디퍼렌셜 케이스 및 디퍼렌셜 피니언 샤프트는 회전을 계속하고 있기 때문에 전체로 전달되는 힘은 끊이지 않은 상태로 좌우 바퀴의 회전차가 허용된다.

리미티드 슬립 디퍼렌셜 – 좌우바퀴 사이의 「차동」을 제한하는 기구

● 멀티 플레이트 LSD(Limited Slip Differential)

패시브(passive)형 LSD 가운데 가장 오랜 역사를 가진 것이 기계식 또는 다판 클러치식으로 불리는 타입으로 분류는 토크 감응식이다. 파워 패키지 또는 노면에서 디퍼렌셜로 입력된 토크는 프레셔 링을 경유하여 디퍼렌셜 피니언 샤프트로 전달된다. 프레셔 링과 디퍼렌셜 피니언 샤프트의 접촉점에는 캠이 장착되어 있어서 입력 토크에 맞추어 스러스트 압력을 발생한다. 이 스러스트 압력에 의해 프레셔 링이 넓어지는 방향으로 이동하여 이너 클러치 플레이트를 아우터 클러치 플레이트로 밀어붙임으로써 차동이 제한된다.

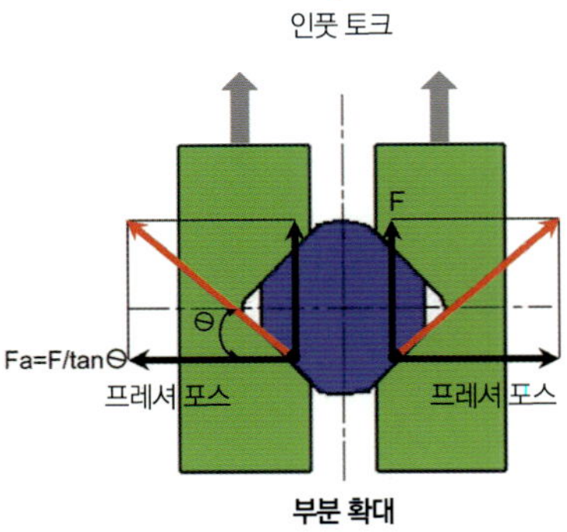

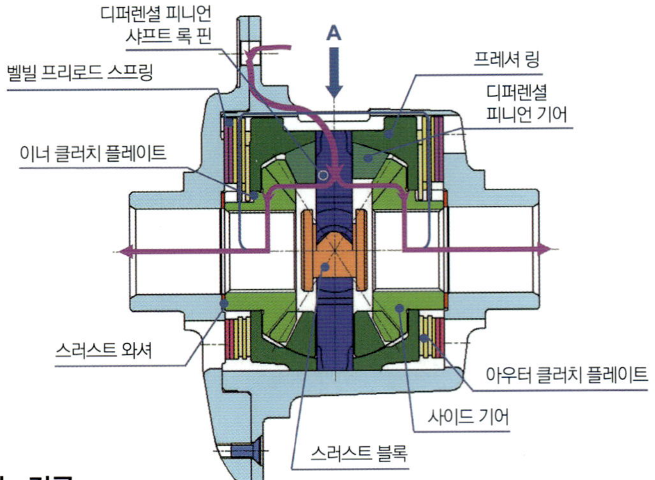

4피니언 타입 멀티 플레이트 LSD의 단면도. 디퍼렌셜 피니언 샤프트는 케이스 안쪽에 설치된 프레셔 링의 캠에 삽입되어 차동제한용 다판 클러치를 밀어붙임으로써 차동제한 토크를 발생하며, 클러치 판의 배열에 따라 큰 차동제한 토크를 실현할 수 있다. 또한 클러치 판의 마찰반경과 면(面)의 수, 마찰계수에 의해서도 조정이 가능하다. 이니셜 토크는 프리로드용 스프링의 레이트에 의해 변경이 가능하며, 캠의 각도에 의해서도 특성이 크게 달라진다. 토크 바이어스 레시오(차동제한시의 토크 배분율)까지 포함하여 작동의 특성을 자유롭게 조정할 수 있다는 점에서 다른 제품과 비교하여 월등하다.

프레셔 링과 디퍼렌셜 피니언 샤프트가 접촉되는 캠 부분의 상세도. 캠의 위쪽 각도가 코스트(coast ; 타이어 쪽 토크로 회전되고 있는 상태), 아래쪽 각도가 드라이브(파워 패키지의 토크로 회전되고 있는 상태)에서의 차동특성을 결정한다. 이 그림은 캠 부분의 각도가 상하 모두 같다(토크와 스러스트의 합력(合力)이 45°). 이러한 구성을 갖는 타입을 2웨이라고 부르며 드라이브, 코스트 양쪽의 상태에서 차동제한 효과를 발휘한다.

노면의 상황과 상관없이 구동력을 유효하게 노면으로 전달하는 기구

오픈 디퍼렌셜은 「저항이 적은 쪽의 바퀴를 많이 회전시키는」 구조로 인해 생기는 약점을 안고 있다. 바퀴로 전달되는 노면의 저항이 좌우 바퀴에서 크게 차이가 나는 상태에서는 저항이 적은 바퀴의 회전수가 점점 높아지고 반대로 저항이 높은 쪽의 바퀴에는 유효한 구동력이 잘 전달되지 않게 되는 것이다.

극단적인 예로 말하자면 바퀴의 1개가 구덩이 등에 빠졌을 경우 빠진 바퀴는 공전만 계속하고 반대쪽 바퀴에는 구동력이 전달되지 않기 때문에 자력에 의해서 빠져나오기가 힘들다. 이렇게 극단적인 상황이 아니더라도 예를 들면 G가 높은 선회를 할 때 어떠한 경우가 발생되는지 생각해 보자. 하중의 변화로 인해 바깥쪽 타이어와 노면 사이에는 큰 마찰이 발생되고 반대로 안쪽 바퀴의 하중이 감소하면서 타이어와 노면 마찰도 적어진다. 그러면 구동력은 큰 하중이 걸리고 있는 바깥쪽 바퀴로 전달되지 않고 안쪽 바퀴를 공전시키려고 하는 힘으로 소비된다. 다시 말하면 자동차가 선회하려는 힘이 작동하기 어려운 상황에 직면하게 되는 것이다.

이것을 해소하기 위한 장치가 「차동제한장치」로 소위 말하는 리미티드 슬립 디퍼렌셜(LSD)이다. 좌우 바퀴 사이의 회전차를 속도차 또는 디퍼렌셜 입력 토크에 알맞게 제한하는 장치이다.

LSD는 차동을 제한하는 구조로 많은 종류가 존재하며, 여기에서 서술하고 있는 것 외에도 토르센 디퍼렌셜, 슈어 트랙(sure track) LSD 등이 양산 자동차에 순정품으로 사용되고 있다. 또한 차동을 제한하는 계기에 따라 크게 「속도차(회전차) 감응식」과 「토크 감응식」으로도 분류된다. 각각 단어가 나타내는 것과 같이 좌우 바퀴 사이의 회전차를 계기로 차동을 제한하는 것과 토크(노면의 반력) 차를 계기로 차동을 제한하는 것이다. 둘 모두 노면상황에 맞추어 수동적인 상태로 작동하게 되는 것에 비해 「액티브 제어식」이라 불리는 타입도 있다. 각종 센서로 바퀴나 차체의 상태를 감지하여 필요에 따라 유압 클러치 등으로 차동을 제한하는 전자제어식 장치이다.

디퍼렌셜을 포함한 파이널 드라이브 구조에 대해서는 이미 다 설명한 느낌이다. 앞으로의 과제는 기어의 제작이나 연마에 관한 기술의 향상이다. 그에 따라 얼마나 경량화 및 소형화를 이루고 작동의 저항을 줄이면서 전달효율을 향상시킬지가 영원한 테마이다.

토크 감응식 LSD

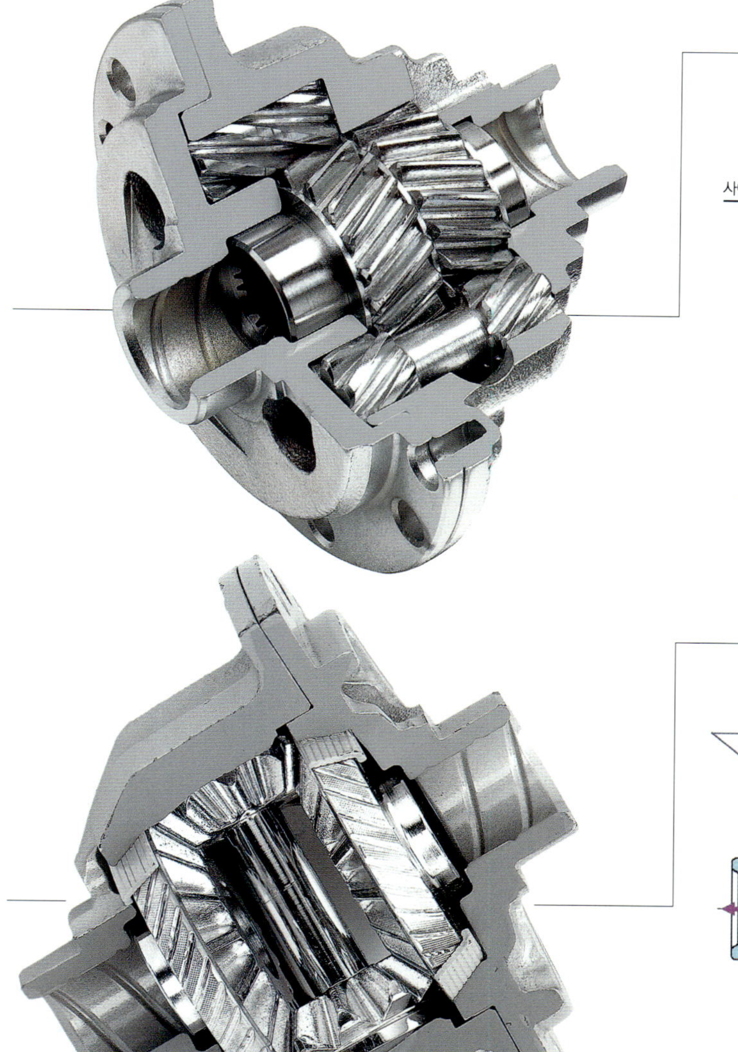

헬리컬 기어 LSD

베벨기어가 아니라 헬리컬 기어(기어 이가 경사진)를 사용하여 차동 제한의 효과를 실현하는 것이 헬리컬 기어 LSD이다. 차동제한을 위해 이용하는 힘은 기어의 맞물림 저항으로 작동에 의해 케이스 쪽으로 밀려나는 디퍼렌셜 피니언 기어 이 끝 부분의 마찰 저항 그리고 각 기어가 스러스트 방향으로 이동하는데 따른 사이드 기어 끝 면과 스러스트 와셔, 케이스 안 벽면과의 마찰저항이다. 마찰을 발생시키기 위해서 사용하는 면적이 적기 때문에 절대적인 차동 제한의 효과는 크지 않다. 반면에 작동이 부드러워 소음이 적고, 드래그 저항이 작다는 특징 때문에 적은 배기량의 차량이나 FF 차량용으로 메이커에서 순정품으로 사용하는 경우가 아주 많다.

슈퍼 LSD

「슈퍼」는 「굉장하다」는 의미가 아니라 「슈퍼마켓」에서 따온 명칭. 간결한 구조 다시 말하면 저가이면서 적절한 차동제한의 효과를 실현할 목적으로 개발된 제품이다. 작동상의 특징은 사이드 기어가 맞물리는 반력에 의해 테이퍼 링 쪽으로 밀려남으로써 발생되는 마찰을 차동제한에 이용한다는 점이다. 오픈 디퍼렌셜과 비교하였을 경우 사이드 기어 이 끝부분의 형상 등 아주 사소한 부품의 변경과 추가르 구성할 수 있으며, 또한 차량 쪽의 부품을 변경할 필요가 없어서 탑재성이 뛰어난 것도 특징이다. 메이커의 순정 혹은 옵션으로 미니 쿠퍼S, 마쓰다 로드스터, 다이하쓰 코펜 등에 사용되고 있다.

회전차 감응식 LSD

비스커스 록 LSD

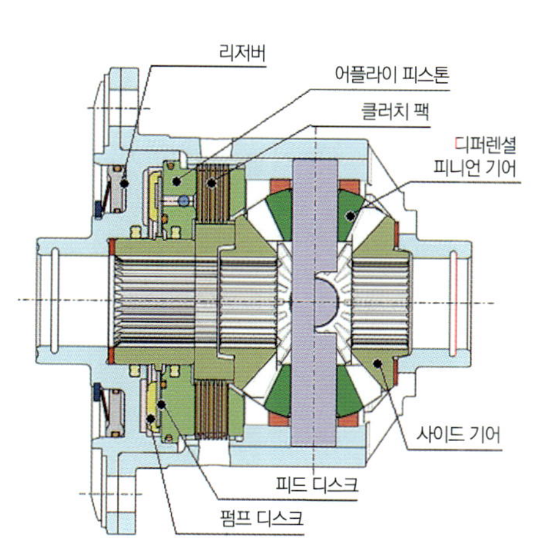

베벨기어로 구성하는 디퍼렌셜에 차동제한용 기구르 점성 유체의 펌프와 습식 다판 클러치를 조합시켜 하나의 케이스 안에 장착한 속도차 감응식 LSD이다. 좌우 바퀴에 회전차가 발생되면 펌프 디스크와 피드 디스크가 상대적으로 회전함으로써 유압을 발생한다. 이 유압을 받아 플라이 피스톤이 습식 다판 클러치(그림 중앙에서 클러치 팩으로 되어 있는 부분)를 밀어붙임으로써 차동제한의 토크를 발생한다. 습식 다판 클러치를 이용하고 있기 때문에 통상적인 비스커스 커플링과 비교하야 높은 차동제한의 토크를 얻을 수 있다. 또한 차동제한의 토크가 2차 곡선적으로 움직여 가는 것이 특징이다. 순정에 사용한 예는 BMW M3 등이 있다.

4WD
최신 테크놀로지

어느덧 시대는 "차량의 움직임을 위한 최적의 4륜 구동"으로

「강력한 엔진의 토크를 남김없이 이용하기」 위한 목적으로 네덜란드의 스파이커 형제가 제작한
최초의 가솔린 엔진용 4WD(AWD) 자동차 『스파이커』는 현대의 풀 타임방식 "스포츠 4WD"와 통하는 기구를 갖고 있었다.
그러나 4WD라는 개념에 관한 해석은 당연히 「구동을 위한」 영역에 한정지으면서 대량 생산된 『Jeep』의 명성에 얹혀가는 형태로
이후 오랫동안 4WD라는 시스템에 대한 일종의 주문과도 같았다.
그리고 현재...
4WD는 이제 「구동만을 위한」 시스템이 아니라,
「차량 움직임을 위한」 시스템으로서도 인식되면서 다양한 가능성이 연구되고 있다.
이번 도해 특집에서는 "최신" 4WD 테크놀로지를 파헤쳐본다.

사진 : 사쿠라이 아츠오
취재협력 & 자료제공 : 닛산자동차 / 유니반스 / 후지중공업 / 혼다기연공업 / GKN 드라이브라인테크놀로지 / 비스코 드라이브 재팬 / JTEKT / 도요타공업기계토르센
/ 아우디 재팬 / 미쓰비시자동차공업

Keynote
Illustration feature
4 Wheel Drive Technology

「구동하기 위한 4WD」에서 「차량의 운동을 위한 4륜 최적의 결합 구동」으로 변화

사진 : AUDI · 글 : 모로즈미 타케히코

구동기구로 4륜을 연결한다는 의미

「바퀴 4개로 움직인다.」 그 역사를 파고 들어가면 물론 「내연기관을 동력원으로 삼아 주행하는 "자동차"」의 역사가 시작되고 얼마 지나지 않은 20세기 초기 무렵까지 거슬러 올라가야 한다. 그 시점에서는 이미 「선회할 때 4륜이 제각각 지나가는 궤적원이 다르고 회전속도의 차이가 다른 것을 허용하기 위해 센터 디퍼렌셜이 도입」되어 있다. 그렇지만 실용화와 보급이 이루어지기 시작한 것은 그로부터 반세기 가까이 세월이 흐른 다음으로 우선은 「길이라고는 여겨지지 않는 험한 도로를 주파하기」 위한 것이었다. 그리고 「미끄러지기 쉬운 노면에서도 구동력을 분산시켜 출발, 속도를 높이고 유지하는 것이 가능」하다고 여기게 되기까지는 폭넓은 인식을 바탕으로 하고 있다.

이러한 배경 하에 4륜의 구동 시스템과 그것을 장착한 차량을 이야기할 때는 먼저 구동기구의 분류부터 시작하여 구동 토크는 어떤 경로로 전달되어 가는지 등을 기술하는 것이 대부분이었다. 필자 자신도 그러한 종류의 4륜구동 기술의 해설 기사를 쓴 적이 적지 않다.

그러나 한 발 더 나아가 현재 도로를 주행하는 자동차의 움직임, 다양한 노면에서 다양한 움직임을 만들어 내는 가운데 일어나고 있는 것을 체감하고 기록하며(그렇다고 해도 기존 계측기는 인간이 감지하는 섬세한 움직임을 검출하는 것이 매우 어렵기 때문에 일단은 일어나는 현상을 체감으로 파악하고, 시간 순서대로 정리하는 것부터 진행할 수밖에 없다), 분석해 가면 4WD가 자동차의 주행 성능에 기여하는 것이 결코 「구동 성능」뿐이 아니라는 것을 실감할 수 있게 된다. 「4륜으로 구동력을 나눈다.」 즉, 「구동기구로 4륜을 기계적으로 결합하는」 것이 앞뒤 어느 쪽이든 1축과 2바퀴만 구동하고 다른 쪽의 축과 바퀴는 자유롭게 돌게 하는 상태와 비교하여 차량의 운동에 미치는 영향이 크고 그 영향 또한 폭넓은 상황에서 다양하게 나타난다는 사실을 알게 되는 것이다.

다시 말하면 4WD가 「구동 능력을 높이는」 장치인 것은 당연한 것으로 거기에만 초점을 맞춰서는 자동차(특히나 승용차)에게 있어서 4륜구동 시스템의 의미나 가치를 이해했다고 할 수 없는 것이다. 바야흐로 4WD의 엔지니어링과 실제 도로 위에서 발휘되는 기능을 거기까지 감안하여 생각하고, 만들어 내고, 체험하는 수준까지 도달해 있다.

지금까지의 「4WD 이론」에서 걸어 나올 때

그 전제로써 우선 4WD 시스템을 거론할 때 종종 등장하는 「구동 토크의 배분」 같은 숫자 자체가 4WD 시스템의 기구에 따라서 의미를 갖는 경우도 적지 않다. 오히려 「자동차의 운동을 만들어 내는 것은 4개의 접지 면에서 발생하는 힘의 크기와 그 밸런스이다」라는 시점에서 생각하면 구동 토크의 배분이 어떤 수치를 보이더라도 「의미는 없다」라고 해도 좋을지 모르겠다. 심지어 실제로 자동차를 주행하는 가운데에서는 타이어와 노면의 접촉면(접지면)에서 발생하는 「구동력(앞뒤 혹은 좌우 밸런스)」에 주목할 필요가 있다고 지적하고 싶다.

각각의 4륜에서 발생하는 구동력의 밸런스가 타이어의 마찰력(그립) 속에 어떻게 나타나는지 여부는 차량이 곧 바로 주행하거나 혹은 미묘한 라인을 그리거나 심지어 선회하는 운동에 직접적인 영향을 가져온다. 그것뿐만 아니라 앞뒤의 차축 사이를 연결하는 구동 메커니즘이 4륜의 회전을 구속하는 즉, 회전 속도차를 줄이는 방향으로 작용함으로써 차량의 움직임이 기본적으로 안정된 방향으로 흘러간다.

물론 그것이 과도해지면 4륜이 제각각 선회하면서 그리는 원의 크기가 다른 상황이고, 구동기구가 회전 속도차를 허용할 수 없게 되면 「선회를 잘하지 못하게 되는 상황」이 발생한다. 예전 4WD의 메커니즘 그리고 조작 방법은 이러한 현상 중에서도 아주 저속에서 최소 또는 그에 가까운 선회 원을 그리는 상황에서의 「타이트 턴 브레이킹」을 얼마나 없애는가에 초점이 모아졌었다.

그러나 오늘날의 4륜구동 시스템에서는 4륜을 결합하여 구동하면서 발생되는 약점을 없애는 것도 이미 「당연한」 상황으로 오히려 앞뒤의 차축 사이를 「적절하게」 통제하는 것이 차량의 운동 전반에 나타나는 좋은 기능을 어떻게 인식하고 반영할지 그러한 부분에 눈을 돌리는 시대로 접어들고 있다. 심지어는 각각의 4륜이 노면을 박차는 구동력을 능동적으로 증감시켜 요 모멘트를 만들어 내고 선회운동을 직접 컨트롤하는 「다이렉트 요 컨트롤」(토크 벡터링)까지 실제로 도로 위를 주행하는 양산 자동차에 탑재되기에 이르렀다. 여기까지 오면 그러한 기능을 얼마나 충실하게 주행의 모든 영역에 걸쳐 반영시키고 활용할지도 사람과 자동차 모두 어려운 상황에 직면해 있다고도 할 수 있다.

그런데 실제로 4륜구동 시스템을 얘기하고, 생각하고 심지어는 개발하여 실차에 장착하는 과정에서는 「4WD는 험한 도로나 미끄러지기 쉬운 노면을 위한 장치」라는 예전의 이미지에서 벗어나지 못하는 상황이 지금껏 계속되고 있다.

그 결과 유닛이나 차량의 개발 과정에서도 「출발하고 가속하는」 것에만 눈길이 가있는 것처럼 받아들여지는 경우도 적지 않다. 물론 이미 차량 운동의 전반에 걸친 영향이나 운동영역의 확대로 눈을 돌려 파고드는 기술자들도 적지 않다. 그런 저변의 이해 차이가 실은 다양한 4WD 차량 각각의 특징에서 나타나고 있어서 주행 중에 전해져 오는 것도 또한 최신의 4WD 차량이 보이는 특색이다.

이제부터 앞으로의 「4륜을 구동한다는 것. 그 기구와 특징에 관련된 실질적인 사례」에서는 기존의 4륜구동 시스템의 이론에서 한 발 더 나아가면서 메커니즘 그 자체의 이해를 살펴보고, 그것이 「사람이 모는 자동차」에 있어서 어떤 의미를 갖는지 살펴보고 생각해 보도록 하겠다.

어느 쪽이든 한정된 지면 속에서 4륜을 구동기구로 「적절하게」 결합시켜 주행하였을 때 일어나는 운동(구동, 제동 그리고 직진과 선회 모두 혹은 조합)에 대해 구동기구 속에서 어떤 일이 일어나고 그것이 차량의 운동에 어떻게 나타나는지 구체적으로 각각의 차량 특성 등을 해설하는 것이 쉽지는 않지만 그러나 지금까지의 「구동」에 치우친 4WD의 이해에서 한 발 더 나아갔다고 여겨주면 다행이겠다.

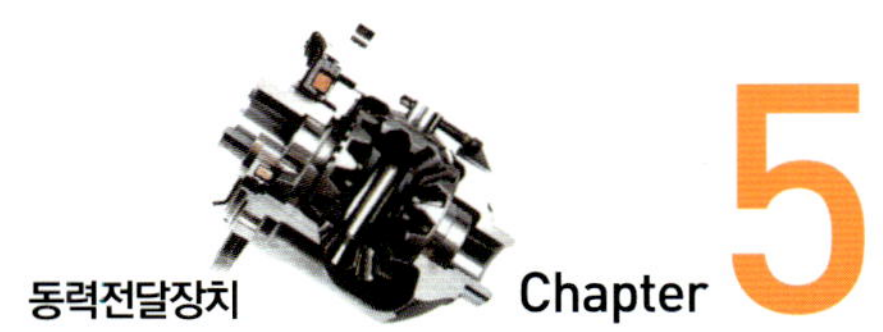

4WD 메커니즘의 기본 분류

다양한 구동전달의 메커니즘 등장으로 「분류」도 바뀐다.

Jeep
Willys Quad prototype
selective 4WD

Range Rover
center diff

Lancia Delta S4 (Gr.B)
center diff

Audi Quattro
center diff

VW Golf Syncro
passive torque-split(VCU)

Porsche 959
active torque-split

Audi Sport Quattro
(Gr.B)
center diff

Mistubishi Galant VR-4 (Gr.A)
center diff

4WD를 이해하는 기본은 먼저 메커니즘의 분류부터

　먼저 「4륜에 구동력을 전달하는」 메커니즘 실태의 기본적인 분류부터 시작해 보자. 4WD를 위한 메커니즘을 다양화함으로써 이제까지 통설처럼 여겨져 왔던 「파트타임」, 「풀타임」 같은 단순한 분류로는 잘 들어맞지 않는 상황이 발생하고 있다. 따라서 「4륜으로 동력을 전달하는 것이 어떻게 이루어지고 있는가?」라는 기본적인 시점에서 새로운(이라고는 하지만 구동계통 전문가에게는 상당히 오래전부터 당연한 관점이다) 분류를 여기서 소개하도록 하겠다.

　우선은 4WD의 원점이라고도 할 수 있는 전륜의 차축과 후륜의 차축 사이를 기계적으로 차단(2륜구동)하거나 직결(4륜구동)을 전환하여 주는 기구를 「실렉티브(선택

식) 4WD」라고 부르기로 한다.

　이 「앞뒤 차축의 차단」 방식은 4WD를 실용화하던 여명기에 앞뒤 차축을 직결하여 4륜을 구동할 때 다루기 힘들었던 상황을 간단하게 회피하기 위한 바꿔 말하면 원시적인 수단으로 좌우바퀴 사이와 마찬가지로 앞뒤 차축 사이에도 회전속도차를 허용하는 디퍼렌셜 기구를 추가하는 경우는 20세기 초기부터 연구되고 있었다. 이 「센터 디퍼렌셜 4WD」는 단순히 회전차를 허용하는 것뿐만 아니라 구동계통 가운데 역학적인 「구동 토크 배분」이 존재하는 유일한 기구이기도 하다. 디퍼렌셜의 차동제한을 어떤 기구와 방식으로 할 것인지에 따라 추가로 분류가 가능하다.

　그리고 한 가지 더 엔진＋트랜스미션의 출력을 앞뒤 어느 한쪽의 차축에 직결하고 그 전달경로에서 다른 한쪽의 차축으로 어떤 식이든 토크의 전달 메커니즘을 배열하여 구동력을 전달하는 방식이 증가되고 있다. 이것을 통칭하여 「토크 스플릿(토크 분할) 4WD」라고 부른다. 회전차 등에서 메커니즘 적으로 토크를 발생시켜 전달하는 방식을 「패시브 토크 스플릿」, 클러치 기구의 전달 토크의 용량을 전자제어 하는 방식을 「액티브 토크 스플릿」이라고 부르기로 한다. 이러한 기구로는 양 차축에 전달되는 구동 토크가 일정하지 않게 된다. 이러한 구동력의 전달 역학에 관해서는 다음 페이지에서 살펴보자.

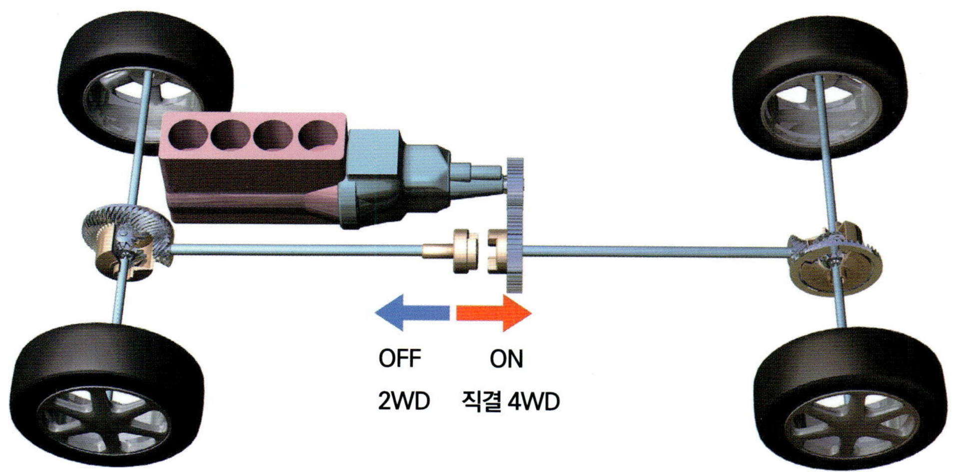

파워 패키지의 출력은 어느 한쪽의 2륜(차축)에 직결되고 다른 한쪽의 차축으로 구동력을 기계적으로 결합하거나 차단시키는 「2WD-4WD선택 전환방식」으로 2륜구동이나 직결 4WD를 선택하게 된다. 「일상적일 때 특히 고속 주행은 2WD」라는 이론이 정착되어 있는데 직진이나 라인 트레이스는 후방 2륜구동보다 4WD 쪽이 현격하게 좋다. 사실 연비의 차이도 작고 빗길이나 눈길에서는 반대로 4WD 쪽이 좋아지는 경향을 나타낸다. 직결 4WD의 약점도 있다.

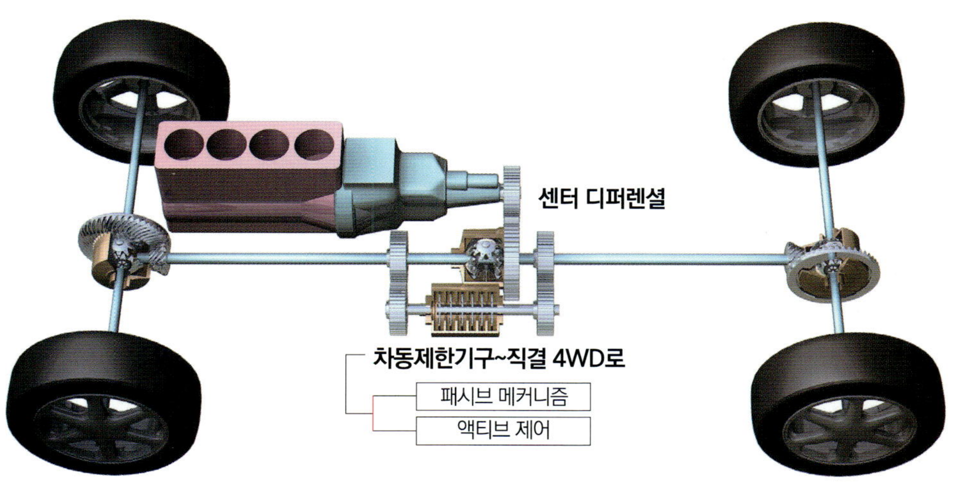

앞뒤 디퍼렌셜을 연결하는 축 중간에도 회전 속도차를 허용하고 흡수하는 디퍼렌셜 기구를 장착한다. 디퍼렌셜 기어는 한쪽의 접지가 없어지면 그쪽만 회전시키고 그립이 있는 쪽에 구동력을 전달하지 않기 때문에 4WD의 돌파 능력을 살리기 위해서는 차동제한(리미티드 슬립)기구가 필요하다. 단순한 록의 OFF/ON이나 비스커스 커플링, 기계식 작동 클러치, 클러치+전자제어, 토크 감응 차동제한 기구 등 다양한 차동제한 장치들에 주목하고 싶다. 차동을 제한하면 고정 토크비를 갖는 앞뒤 분리 구동에서 직결 4WD에 가까워지면 디퍼렌셜을 록시켜 직결 4WD가 된다.

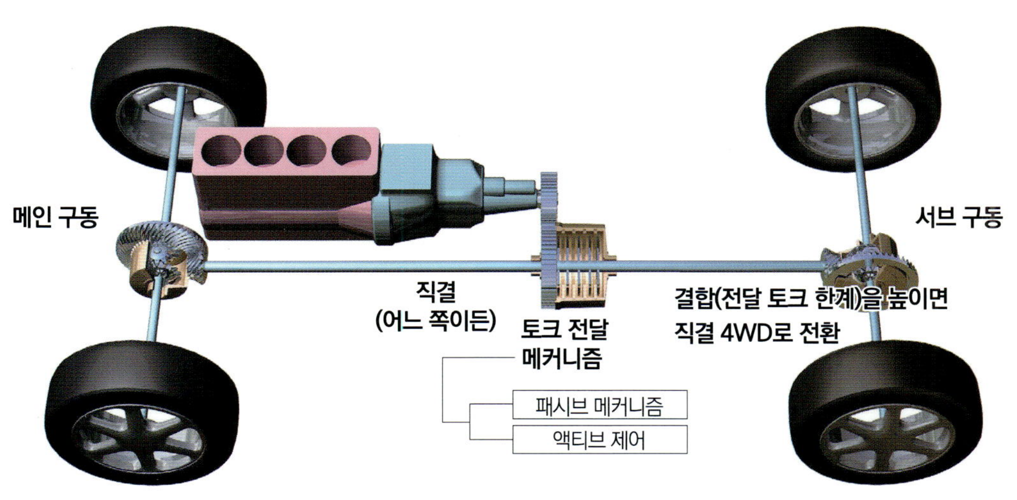

파워 패키지의 출력은 어느 한쪽의 2륜(차축)에 직결되고 다른 한쪽의 차축으로는 다른 토크 전달의 메커니즘으로 구동력을 분할하는(split) 방식이다. 토크 전달의 메커니즘이 구동력을 전달하지 않으면 2륜구동이 되며, 토크의 전달량(그 순간의 구동토크 총량에 대한)을 증가시킴에 따라 직결 4WD에 가까워진다. 이때 구동 토크가 어느 수치에서 「배분」되는 것은 아니다. 회전차 등에 맞추어 토크의 전달이 이루어지는 메커니즘을 사용할 경우는 「패시브 토크 스플릿」이라고 하며, 클러치 기구 등으로 전달 토크의 용량을 전자제어 하는 경우는 「액티브 토크 스플릿」으로 분류한다.

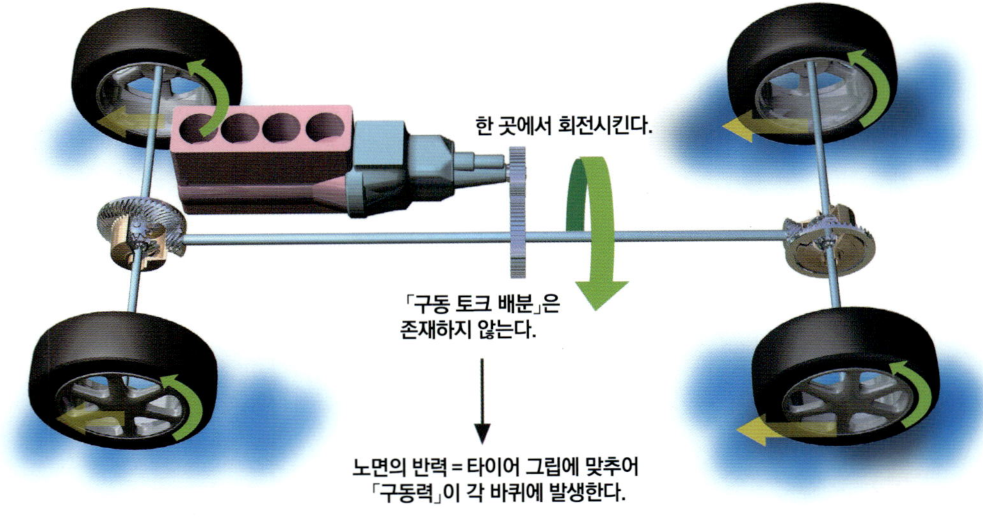

● 직결(rigid) 4WD의 역학

앞뒤의 차축(디퍼렌셜) 사이를 1개축으로 직결한 상태. 이 축을 한 곳에서 회전시켜 구동시킨다. 이것이 「직결 4WD」이다. 이 경우는 4개의 타이어 접지면에 발생하는 구동력이 각각 타이어의 마찰력(그립)에 의해 정해진다. 더 정확하게 말하면 앞뒤 각각 2바퀴씩에서 발생하는 구동력의 합계가 「구동력의 앞뒤 배분」이 된다. 그럼에도 불구하고 타이어 각각이 접지되고 있는 노면에 의해 구동력이 변동하기 때문에 이 배분은 일정하지 않다. 반대로 노면의 반력도 직결 축을 매개로 앞뒤에서 주고받는다.

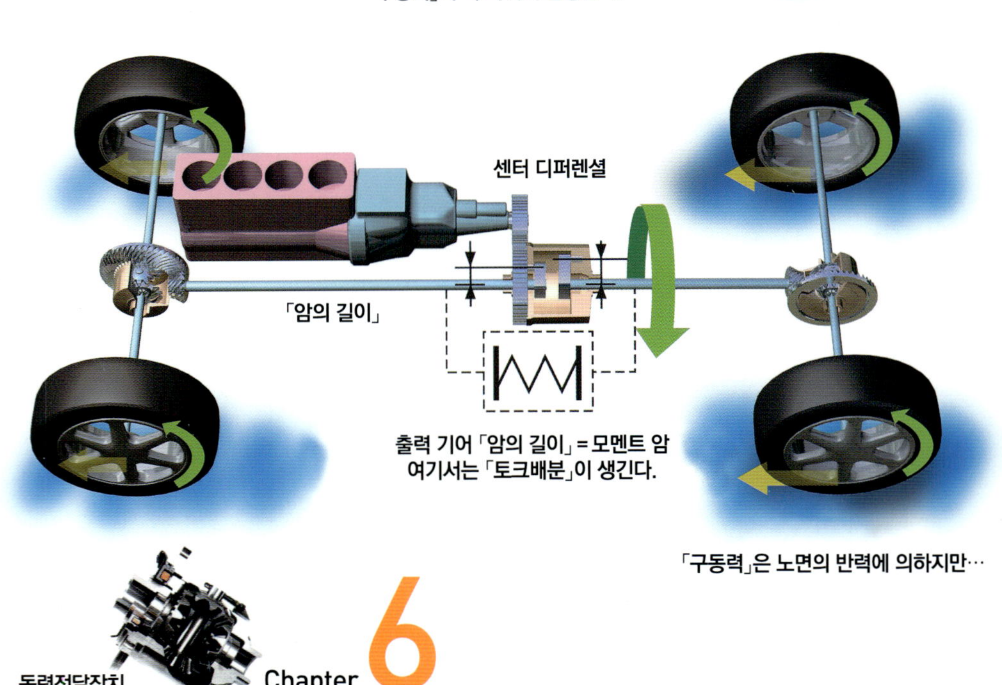

● 센터 디퍼렌셜 4WD의 역학

파워 패키지의 토크가 센터 디퍼렌셜 전체를 회전시킨다. 이때 앞뒤 차축(디퍼렌셜)에 연결되는 디퍼렌셜 기어가 맞물리는 반경이 각각에 토크를 전달하는 「암의 길이」이며, 그 비율이 구동 토크의 배분이 된다. 이 「고정 배분비를 갖으면서 차동을 가능하게 하는 것」이 차량의 운동 성능에 기여하는 바가 크며, 액티브 토크 스플릿의 「정해지지 않은 구동력」, 「변화하는 앞뒤 결합」보다도 바람직한 자동차로 만들어주는 경우가 많다. 차동제한 메커니즘이 작동하면 직결 4WD로서의 구동의 전달 경로가 생긴다.

동력전달장치 　 Chapter **6**

4WD의 「구동 역학」

「구동 토크의 배분」보다도 「구동력」에 주목한다

「구동 토크의 배분」이 「존재하지 않는」 메커니즘이 많다.

4WD를 구동시키는데 있어서 그 움직임이나 특징을 감안하는 기본은 「직결 4WD」에 있다. 그것은 앞뒤 차축을 1개의 축으로 직결하고 그 축에 회전력(토크)을 가해주는 방식이다. 따라서 이 상태에서는 「구동 토크 배분」은 없으며, 각각의 타이어가 접지된 노면을 「차고 나갈」 때 노면의 반력에 맞추어 「구동력」이 발생한다.

여기서 접지면 내에 생기는 구동력에 주목하면 순간적으로 어느 비율을 갖게 되기는 하지만 그것은 타이어의 마찰력(그립) 나름이다. 그것은 하중에 의해 증감하기 때문에 구동력도 거기에 맞추어 바뀐다. 그립을 가로 방향으로도 사용하면 그 타이어가 받아들일 수 있는 구동력이 감소되기 때문에 구동력의 밸런스도 바뀐다.

여기서 하나 더 구동 토크를 가하는 것과는 반대로 앞뒤의 바퀴 사이에서 노면에서 발생되는 반력의 밸런스가 변화되었을 경우에도 구동 메커니즘 안에 토크가 발생하여 앞뒤의 차축 사이에서 「주고받기」를 한다. 이것을 이해하는 것이 4WD 차량의 운동 특성을 생각하는 첫걸음이다.

토크 스플릿 4WD의 경우는 어느 순간에 전달되는 구동 토크의 총량에 대해 토크 분할 메커니즘이(노면의 반력이 존재함으로써) 전달하고 있는 토크를 뺀 부분만큼 직결되는 차축으로 전달된다. 이 형태에서도 어느 정해진 값으로서의 「구동 토크의 배분」은 존재하지 않는다. 심지어 구동 분할 메커니즘의 토크 전달용량 이하의 구동 토크나 노면의 반력으로 주행하는 상태에서는 앞뒤 차축이 하나로 연결된 상태, 즉 「직결 4WD」인 것이다.

유일하게 구동 메커니즘 가운데 고정 값으로서의 「구동 토크 배분」이 존재할 수 있는 것은 센터 디퍼렌셜 4WD이다. 디퍼렌셜 기어가 맞물리는 지점까지의 반경이 「암의 길이」가 되고 앞뒤 차축의 각각에 연결되어 있는 기어의 「암의 길이 비율」이 토크 배분이 된다. 베벨기어라면 50대 50, 플래니터리 기어는 입력과 출력을 어느 요소로 선택할지와 그 기어 수(반경)에 따라 토크비가 정해진다. 물론 차동을 제한하면 직결하는 축으로 전달하는 토크가 발생하여 직결 4WD에 가까워짐에 따라 구동 토크의 배분은 없어지게 되는 것이다.

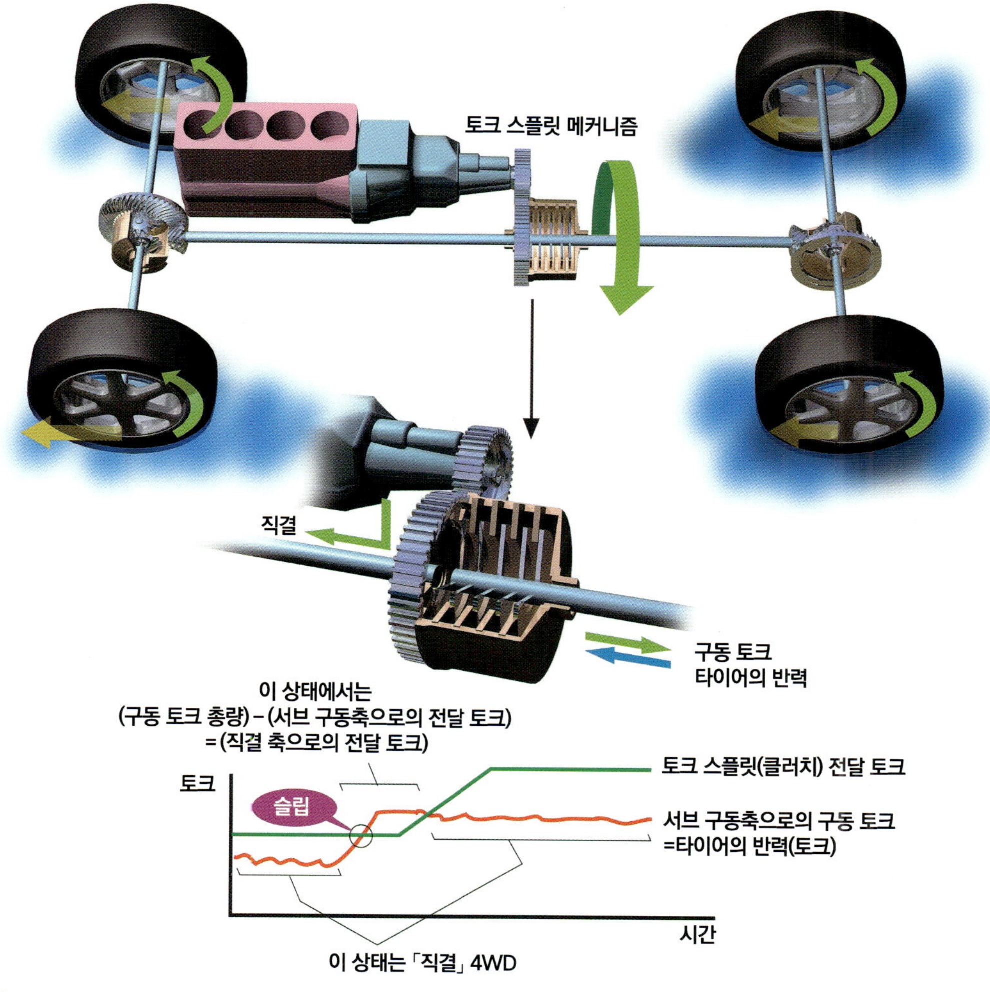

● 토크 스플릿 4WD의 역학

한쪽의 차축을 직결 구동하고 다른 한쪽의 차축에 토크 전달 메커니즘을 반영한 시스템에서는 우선 파워 패키지에서 전달되는 토크의 총량 가운데 구동 분할 부분의 메커니즘이 전달하는 토크를 뺀 부분이 직결 쪽의 차축으로 전달된다.

이 상태가 안정적으로 계속되면 구동토크의 배분을 어느 수치로 나타낼 수 있다. 그러나 각 바퀴의 그립이나 노면의 반력이 변동하면 이 밸런스가 바뀌기 때문에「구동력의 밸런스」도 생각해야 한다. 나아가 구동력을 나누는 전달 메커니즘이 결정되는 것은「전달할 수 있는 토크의 크기(상한)」즉,「전달 토크의 용량」이다. 전달하는 구동 토크, 노면의 반력에 의한 토크가 이 상한 값에 도달하면 클러치에서는「슬립」이 발생되어 전달하는 토크가 일정해진다.

이 상태에서는 앞에서 말한 토크비가 존재할 수 있다. 그러나 전달 용량보다도 작은 토크를 주고받는 상태에서는 슬립이 일어나지 않기 때문에 직결상태가 된다. 즉 아무렇지 않게 주행하는 중에는 토크를 분할하는 것이 아니라 사실은 직결 4WD 상태인 경우도 적지 않을 것이다. 센터 디퍼렌셜 4WD에서도 디퍼렌셜이 차동하는 만큼의 반력이 가해지지 않고 일체로 회전하고 있는 상태는 직결 4WD이다.

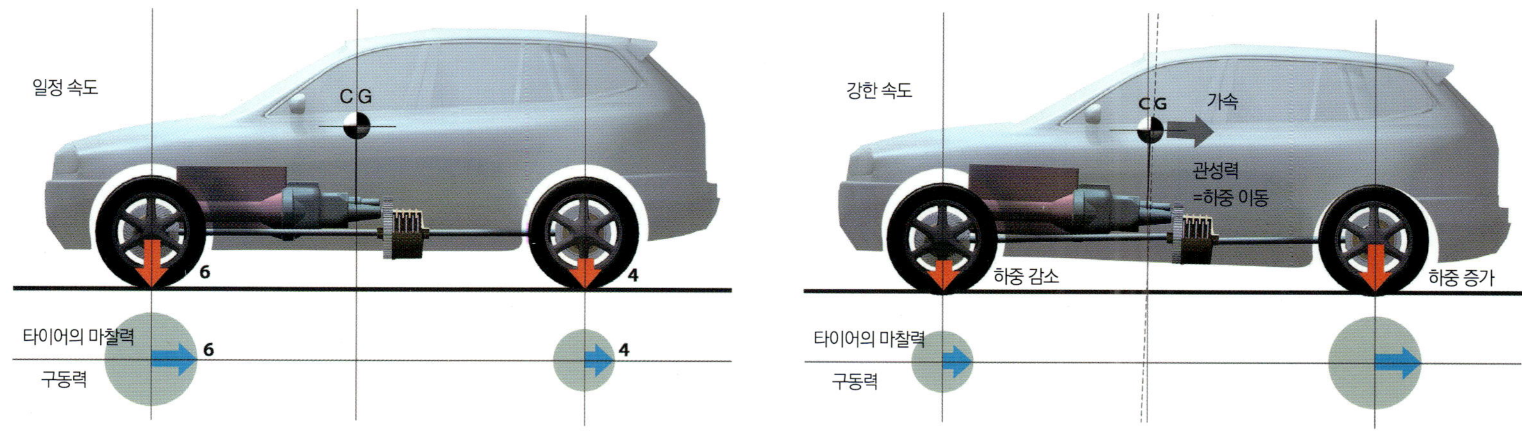

● 하중의 이동에 따른「구동력 배분」의 변화

먼저 일정속도로 주행하고 있는(속도를 유지하기 위한 구동력은 전달되고 있다) 또는 완만한 가속을 하는 중에는 앞쪽 타이어에 가해지는 하중이 정적인 중량의 배분과 거의 비슷하다. 여기서는 앞 60%, 뒤 40%의 약간 앞쪽으로 무거운 자동차를 예로 들었다. 타이어도 슬립이 없고 접지되어 있는 하중과 마찰력이 비례관계에 있다고 하면 이 정적 하중 = 타이어 마찰력 = 앞뒤 각각에 발생하는 구동력의 관계가 된다.

다음으로 차량이 급가속하고 있는 경우로 가속이 일어나면 차체에 관성력이 작동하고 후방으로 하중의 이동이 일어난다. 즉 후륜의 하중이 증가하고 전륜의 하중이 감소하는 밸런스를 이룬다. 이 하중의 이동 = 타이어 마찰력 변화 = 앞뒤에 발생하는 구동력의 관계가 되어 하중의 이동량을 더하거나 뺀 구동력의 밸런스가 된다. 앞이 무거운 차량에서도 50대 50이거나 심지어 약간 뒤로 치우친 구동력의 밸런스로 변화한다. 센터 디퍼렌셜 4WD의 고정 토크 배분도 이 최대 가속시의 하중이동 = 앞뒤 그립 밸런스에 맞추어 설정하는 것이 기본이다. 그보다 뒤쪽을 강하게 하는 경우는 선회할 때 요잉을 유지하여 선회를 원활하게 할 수 있도록 하기 위해서라고 이해하면 된다.

4WD의 「운동역학」

4WD에는 움직임을 안정시키는 자질이 있다

앞뒤 차축 사이의 회전제어가
요 덤핑(Yaw Dumping)을 가져온다.

앞뒤의 차축 사이를 결합한다. 단순하게 직결 4WD로 생각하면 「선회가 원활하지 않은 자동차」가 된다. 이것이 「4WD의 상식」이었다. 물론 그것이 부정적인 현상으로 나타나는 상황도 있는데 특히 타이트 턴 브레이킹은 일상적으로 자동차를 주행하는 가운데 두드러지게 「다루기 어려운」 현상이다.

속도가 빨라지고 타이어가 가로로 슬립을 하면서 횡력을 발생하는 상황이 되면 선회 그 자체는 직결 4WD도 무리 없이 이루어진다. 그러나 직진하다가 조향 핸들을 돌려 방향을 바꾸는 순간은 선회 바깥쪽의 앞바퀴가 먼저 방향을 바꿔 궤적의 원을 그리기 시작한다. 이러한 사실은 회전속도가 뒤의 2바퀴보다 빨라진다는 것을 의미한다. 그러나 앞뒤축이 직결되어 있으면 바깥쪽 앞바퀴가 빠르게 선회하려는 것을 방지하는 토크가 구동 메커니즘 속에서 발생한다. 4륜(앞뒤)의 회전차는 생기기 어렵다. 여기서도 방향을 바꾸는 움직임, 즉 요잉의 발생이 둔해져 조향의 각도를 더 많이 할 수 밖에 없게 된다.

다시 말하면 이러한 상황에서 원활한 선회운동을 만들기 위해서는 앞뒤축 사이의 결합을 끊는 또는 약하게 할 필요가 있다. 여기까지가 4WD의 선회에 대한 기존의 상식이었다.

그러나 이 특성은 「앞뒤 차축 사이의 회전제어로 요잉을 집중시키는 움직임이 나온다.」는 것이기도 하다. 이 「요 덤핑」은 4WD를 일상적으로 주행하면서 나타나는 움직임의 흔들림 등 「불규칙성」이 작다는 것을 뜻하며, 특히 마찰계수가 작은 노면에서 코너링할 때 방향을 바꾸고 나서 선회, 심지어 가속선회와 같은 일련의 움직임이 안정적일 뿐만 아니라 컨트롤이 가능한 것으로 나타난다. 나아가 선회할 때의 가속(구동)은 앞뒤 타이어의 마찰력을 좋은 밸런스로 사용함으로써 한계가 높아질 뿐만 아니라 안정적이고 세련되게 선회하는 특성을 실현이 가능하도록 하는 것이다.

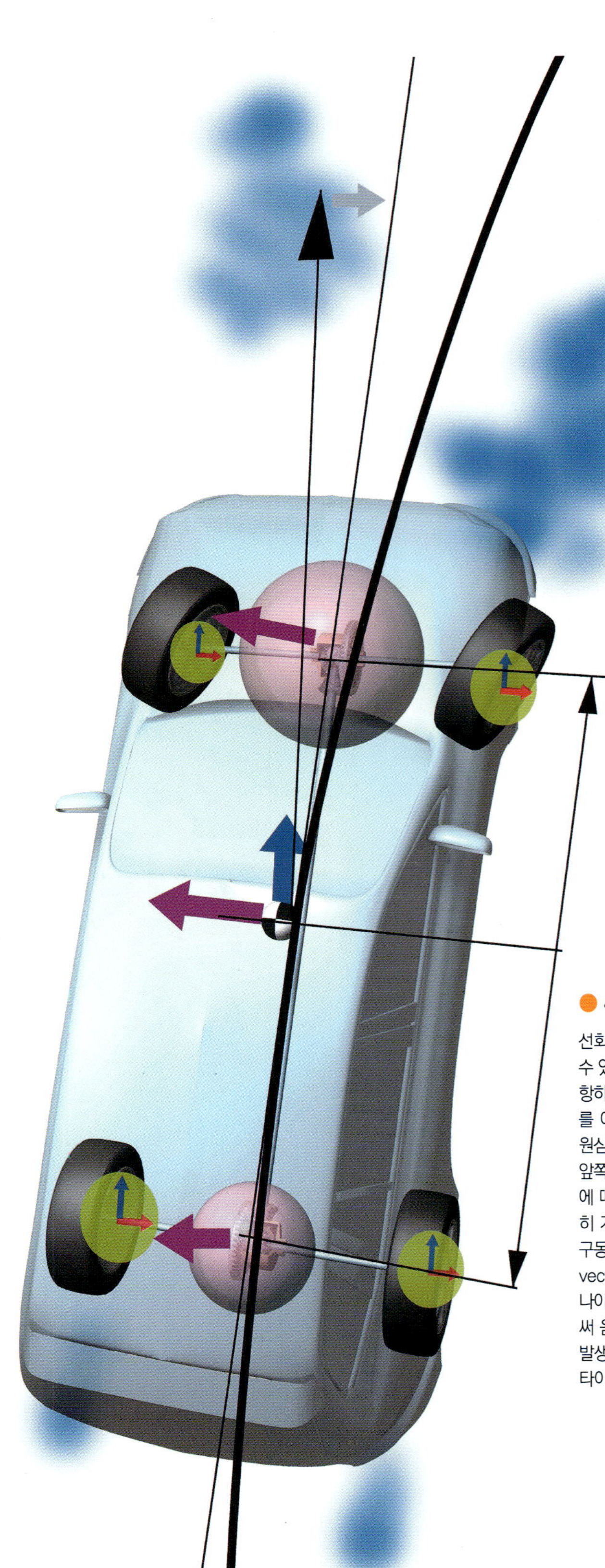

● **4WD가 코너링할 때 발생되는 운동역학**

선회 운동하는 자동차에 작용하는 힘은 먼저 원심력을 들 수 있다. 4개의 타이어가 가로로 슬립을 하면서 거기에 대항하는 횡력을 발생한다. 그 합력(合力)이 원심력과 조화를 이루어 내도록 궤적의 원을 그린다. 차체에 작용하는 원심력은 앞뒤의 중량 배분에 맞추게 되는(이 그림에서는 앞쪽이 크다) 한편 타이어의 그립(마찰 원)은 각각의 하중에 따라 변화한다. 여기서 4륜으로 구동력을 분산하면(특히 가속 선회. 정상에 가까운 선회라도 속도를 유지하는 구동력은 필요) 4개의 타이어 각각 마찰 원(마찰력 벡터 vector)의 균형이 잘 맞도록 사용하는 것이 가능해진다. 나아가 4륜 특히, 앞뒤 차축 사이의 회전차를 제어함으로써 움직임의 변화를 안정방향으로 집중시키는 요 덤핑이 발생된다. 그럼에도 불구하고 현실의 도로에서는 4개의 타이어가 접지되는 노면은 결코 동일하지 않다.

● 타이트 턴 브레이킹

저속에서 전륜의 조향 각도를 최대로 하거나 조향 각도를 가깝게 하여 선회한다. 소위 말하는 최소회전반경의 턴이다. 이 상태에서 4륜이 그리는 원의 궤적은 각각 달라지는데 바깥쪽 전륜이 가장 큰 회전속도의 궤적을 그리고 안쪽 후륜이 가장 작은 회전속도의 궤적을 그린다. 앞뒤의 차축은 각각 디퍼렌셜의 차동에 의해 내외를 평균한 회전이 되지만 그래도 앞쪽이 빠르고 뒤쪽이 느리다. 여기서 앞뒤의 차축(디퍼렌셜) 사이를 직결하면 전륜이 빨리 회전하려고 하는데 후륜이「브레이킹 작용을 한다.」타이어와 노면의 마찰력이 높으면 이 브레이킹으로 인해 움직이지 못할 정도이다.

● 직진~라인 트레이스

4륜이 접지되는 노면은 똑같이 평평한 경우는 드물다. 바퀴 하나가 요철과 접지되거나 또는 미끄러지기 쉬운 노면과 접지되는 경우의 상태가 더 자주 발생된다. 이러한 상황에서 4WD는 타이어가 요철과 접지되는 순간 후방으로 밀리는 것을 뛰어넘어 구동하기 때문에 차체가 방향을 바꾸려고 하는 움직임의 혼란이 작다. 동시에 회전을 제어함으로써 그립이 순식간에 떨어진 타이어가 빨리 돌려고 하는 것을 억제시키는 것도 움직임의 혼란을 줄여준다. 일정한 속도로 주행할 때에 필요한 구동력은 크지 않기 때문에 4WD의 메커니즘이 가볍게 직결되어 있을 뿐이라도 역학적으로는「직결 4WD」로 주행하는 상황이 상당히 많다고 생각해야 할 것이다.

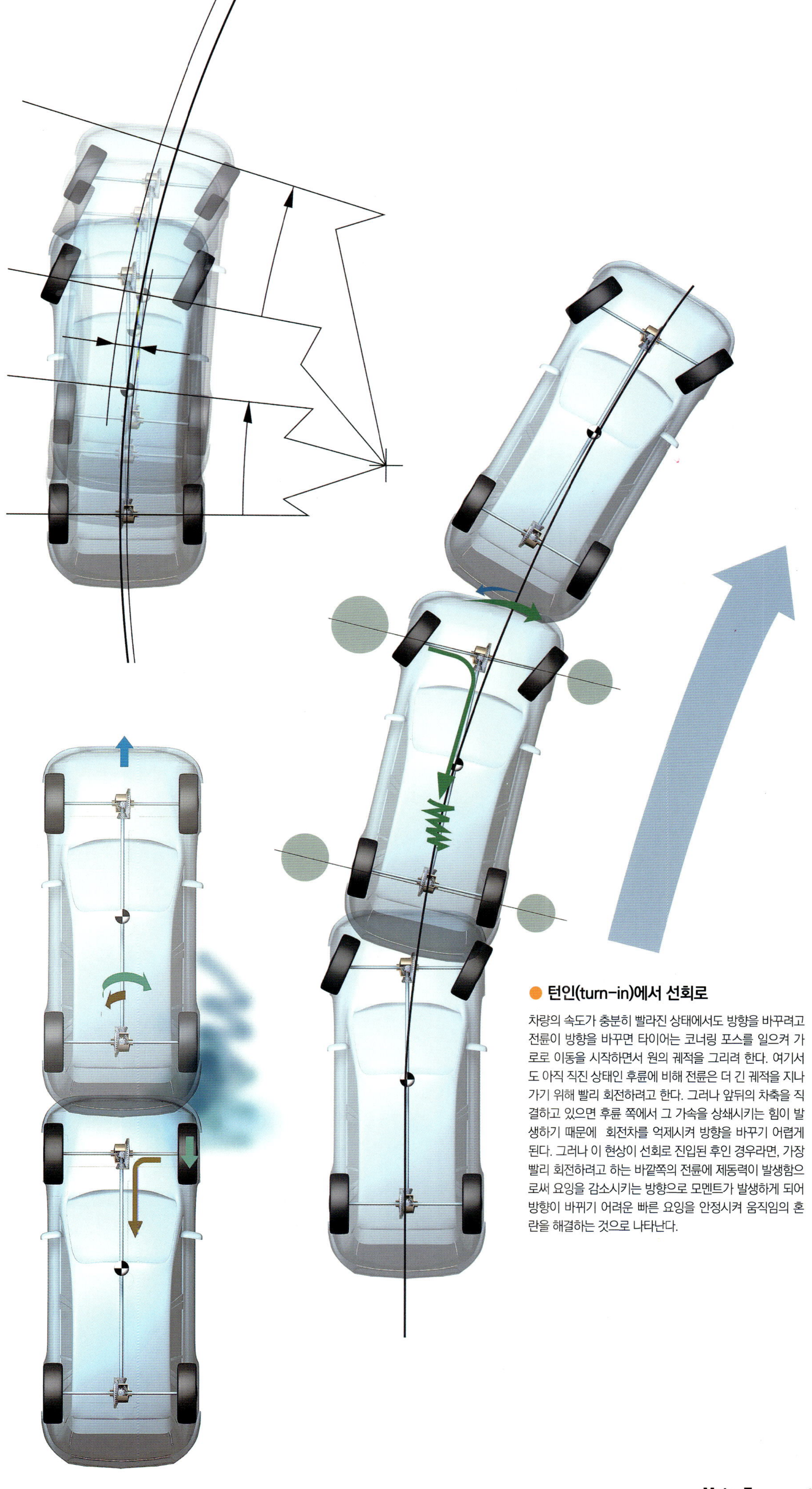

● 턴인(turn-in)에서 선회로

차량의 속도가 충분히 빨라진 상태에서도 방향을 바꾸려고 전륜이 방향을 바꾸면 타이어는 코너링 포스를 일으켜 가로로 이동을 시작하면서 원의 궤적을 그리려 한다. 여기서도 아직 직진 상태인 후륜에 비해 전륜은 더 긴 궤적을 지나가기 위해 빨리 회전하려고 한다. 그러나 앞뒤의 차축을 직결하고 있으면 후륜 쪽에서 그 가속을 상쇄시키는 힘이 발생하기 때문에 회전차를 억제시켜 방향을 바꾸기 어렵게 된다. 그러나 이 현상이 선회로 진입된 후인 경우라면, 가장 빨리 회전하려고 하는 바깥쪽의 전륜에 제동력이 발생함으로써 요잉을 감소시키는 방향으로 모멘트가 발생하게 되어 방향이 바뀌기 어려운 빠른 요잉을 안정시켜 움직임의 혼란을 해결하는 것으로 나타난다.

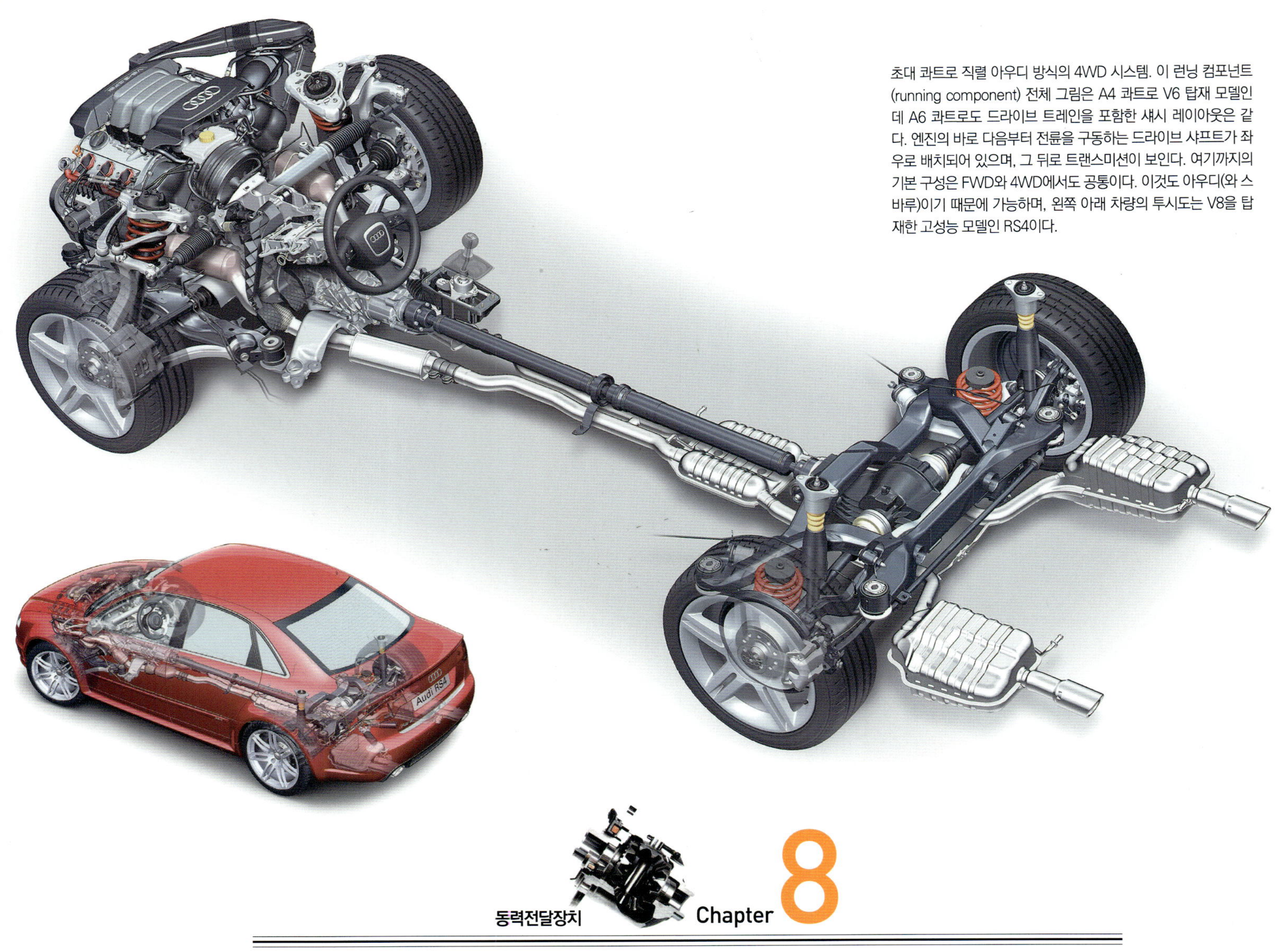

초대 콰트로 직렬 아우디 방식의 4WD 시스템. 이 러닝 컴포넌트 (running component) 전체 그림은 A4 콰트로 V6 탑재 모델인데 A6 콰트로도 드라이브 트레인을 포함한 섀시 레이아웃은 같다. 엔진의 바로 다음부터 전륜을 구동하는 드라이브 샤프트가 좌우로 배치되어 있으며, 그 뒤로 트랜스미션이 보인다. 여기까지의 기본 구성은 FWD와 4WD에서도 공통이다. 이것도 아우디(와 스바루)이기 때문에 가능하며, 왼쪽 아래 차량의 투시도는 V8을 탑재한 고성능 모델인 RS4이다.

4WD 시스템의 변형 모델들

Audi Quattro : Center differential(Torsen"A") 아우디 콰트로 (A4&A6) : 센터 디퍼렌셜(토르센"A")

고속 4WD의 선구자가 도착한 "최적의 해법"

센터 디퍼렌셜 / 토르센 타입 "A"

토크 차이에 순간적으로 반응하고 직선으로 작동하는 차동제한이 낳은 참맛

최초의 아우디 콰트로 등장은 1980년이다. 직렬 5기통 + 터보 과급으로 200ps. 순식간의 가속으로 바로 220km/h의 최고속도에 도달하여 아우토반을 마치 화살처럼 질주하는 고성능 자동차를 실현하였다. 그것도 그 당시의 타이어로. 아우디는 NSU를 모태로 재생한 당초 모델부터 엔진을 앞 차축 바로 앞에 세로로 배치하였으며, 그로부터 프런트 디퍼렌셜 + 트랜스미션까지 하나를 세로로 배치하는 FF 레이아웃을 사용해 왔다. 그 트랜스 액슬 뒤쪽 끝에 구동력 분할 기구를 장착하여 전륜 구동 기구는 그대로 사용하고 후륜쪽으로 구동축을 연장하였다. 이 기본형은 스바루와 비슷한 양상으로 개발과 판매시기를 돌이켜 보면 스바루가 빨랐다. 그러나 아우디는 최고속도까지 모든 영역을 4WD로 주행하도록 처음부터 센터 디퍼렌셜을 사용하고 있었으며, 당시에는 베벨기어를 사용한 일반적인 디퍼렌셜로 센터와 리어를

각각 별도의 수동 노브로 록시키는 것이었다.

그러나 이것으로는 센터 디퍼렌셜을 록시킨 것만으로도 타이어의 그립한계는 직결 4WD의 약점 가운데 하나인 4륜이 동시에 슬립이 발생된다. 심지어 뒤쪽까지 록시키면 한계에서 느닷없이 그립을 상실하는데, 특히 구불구불한 포장도로에서 시험했을 경우는 상당히 심각하였다고 생각된다.

그러나 그로부터 4반세기의 역사를 거듭하는 가운데 아우디는 콰트로 시스템에 있어서 「최적의 해법」에 도달하였으며, 그것은 센터 디퍼렌셜에 토르센 디퍼렌셜을 사용한 것이다. 일상적인 회전이나 핸들을 돌리는 순간은 차동을 허용하여 노면의 반력에 따른 토크차이가 발생되면 순식간에 차동을 제한하는 힘이 발생한다. 더구나 그 힘은 앞뒤의 토크 차이에 맞도록 증감함으로써 타이어의 그립과 차량의 운동에 맞춘 적절한 회전제어를

지체 없이 얻을 수 있다.

포장이 잘된 도로를 주행하는 것만으로도 그 자연스러움과 차분함을 느낄 수 있는데 노면의 마찰계수(μ)가 떨어지고 일정하지 않은 조건(극히 보통으로 만나는 상황)이라 하더라도 라인 트레이스나 조향에 대한 차량의 반응과 선회를 하는 동안의 차량 움직임이 운전자에게 일정한 리듬으로 다가오고 있다. 이러한 부분이 토크 감응 차동제한의 정밀도가 높고 정확하게 반응하는 기구이기 때문에 가능한 것이라고 생각된다. 물론 토르센의 특성으로부터 운전감각의 완성도까지 오랜 세월동안 얻은 유무형의 기술적 축적이 있었기에 이러한 「참맛」을 완성할 수 있었을 것이다. 요컨대 현 상태로는 퍼포먼스의 지향이 강한 모델보다도 보통 사양의 차량이 콰트로 시스템의 숨은 재능을 폭넓은 상황에서 실감할 수 있다.

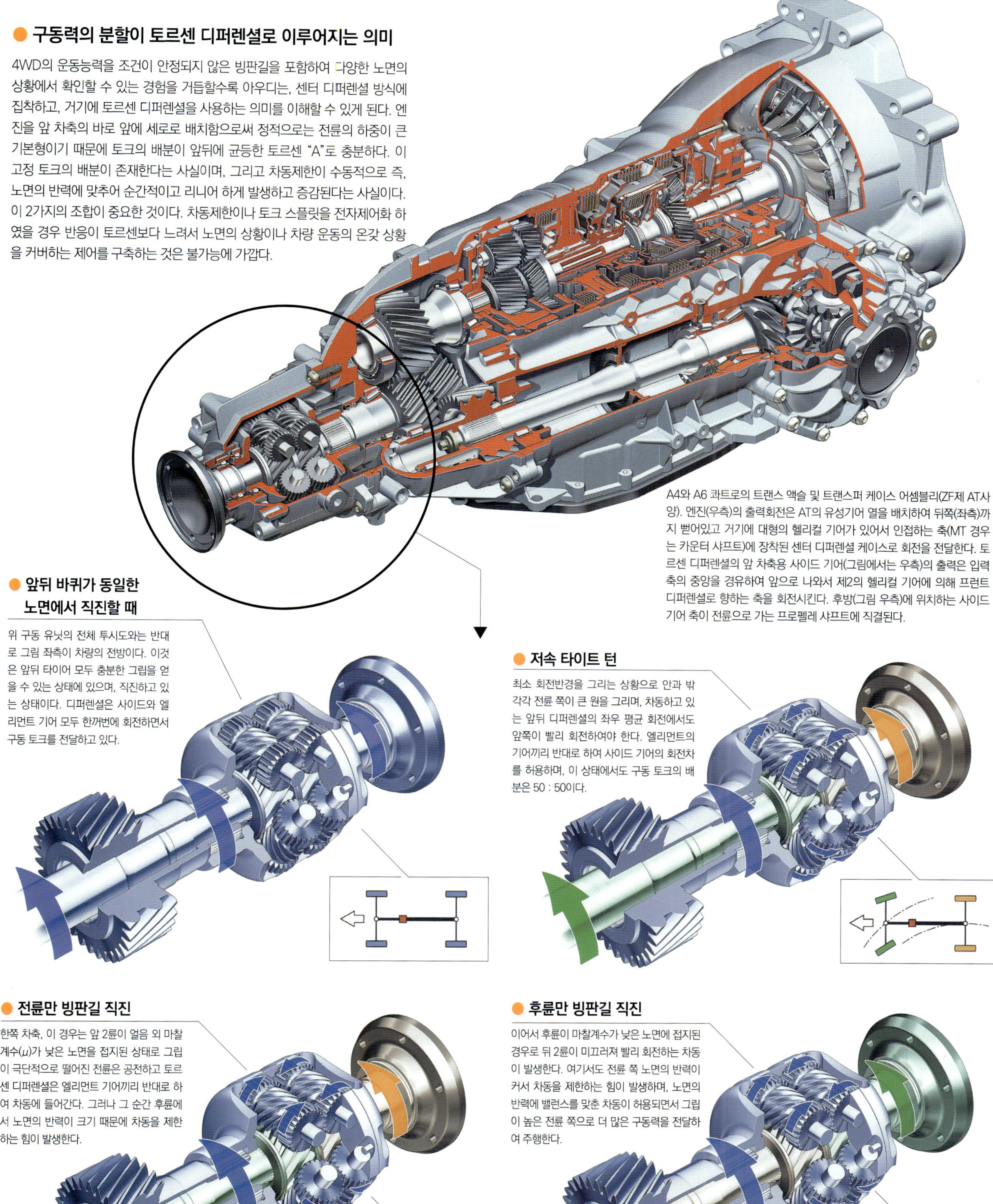

● 구동력의 분할이 토르센 디퍼렌셜로 이루어지는 의미

4WD의 운동능력을 조건이 안정되지 않은 빙판길을 포함하여 다양한 노면의 상황에서 확인할 수 있는 경험을 거듭할수록 아우디는, 센터 디퍼렌셜 방식에 집착하고, 거기에 토르센 디퍼렌셜을 사용하는 의미를 이해할 수 있게 된다. 엔진을 앞 차축의 바로 앞에 세로로 배치함으로써 정적으로는 전륜의 하중이 큰 기본형이기 때문에 토크의 배분이 앞뒤에 균등한 토르센 "A"로 충분하다. 이 고정 토크의 배분이 존재한다는 사실이며, 그리고 차동제한이 수동적으로 즉, 노면의 반력에 맞추어 순간적이고 리니어 하게 발생하고 증감된다는 사실이다. 이 2가지의 조합이 중요한 것이다. 차동제한이나 토크 스플릿을 전자제어화 하였을 경우 반응이 토르센보다 느려서 노면의 상황이나 차량 운동의 온갖 상황을 커버하는 제어를 구축하는 것은 불가능에 가깝다.

A4와 A6 콰트로의 트랜스 액슬 및 트랜스퍼 케이스 어셈블리(ZF제 AT사양). 엔진(우측)의 출력회전은 AT의 유성기어 열을 배치하여 뒤쪽(좌측)까지 뻗어있고 거기에 대형의 헬리컬 기어가 있어서 인접하는 축(MT 경우는 카운터 샤프트)에 장착된 센터 디퍼렌셜 케이스로 회전을 전달한다. 토르센 디퍼렌셜의 앞 차축용 사이드 기어(그림에서는 우측)의 출력은 입력 축의 중앙을 경유하여 앞으로 나와서 제2의 헬리컬 기어에 의해 프런트 디퍼렌셜로 향하는 축을 회전시킨다. 후방(그림 우측)에 위치하는 사이드 기어 축이 전륜으로 가는 프로펠레 샤프트에 직결된다.

● 앞뒤 바퀴가 동일한 노면에서 직진할 때

위 구동 유닛의 전체 투시도와는 반대로 그림 좌측이 차량의 전방이다. 이것은 앞뒤 타이어 모두 충분한 그립을 얻을 수 있는 상태에 있으며, 직진하고 있는 상태이다. 디퍼렌셜은 사이드와 엘리먼트 기어 모두 한꺼번에 회전하면서 구동 토크를 전달하고 있다.

● 저속 타이트 턴

최소 회전반경을 그리는 상황으로 안과 밖 각각 전륜 쪽이 큰 원을 그리며, 차동하고 있는 앞뒤 디퍼렌셜의 좌우 평균 회전에서도 앞쪽이 빨리 회전하여야 한다. 엘리먼트의 기어끼리 반대로 하여 사이드 기어의 회전차를 허용하며, 이 상태에서도 구동 토크의 배분은 50 : 50이다.

● 전륜만 빙판길 직진

한쪽 차축, 이 경우는 앞 2륜이 얼음 외 마찰계수(μ)가 낮은 노면을 접지된 상태로 그립이 극단적으로 떨어진 전륜은 공전하고 토르센 디퍼렌셜은 엘리먼트 기어끼리 반대로 하여 차동에 들어간다. 그러나 그 순간 후륜에서 노면의 반력이 크기 때문에 차동을 제한하는 힘이 발생한다.

● 후륜만 빙판길 직진

이어서 후륜이 마찰계수가 낮은 노면에 접지된 경우로 뒤 2륜이 미끄러져 빨리 회전하는 차동이 발생한다. 여기서도 전륜 쪽 노면의 반력이 커서 차동을 제한하는 힘이 발생하며, 노면의 반력에 밸런스를 맞춘 차동이 허용되면서 그립이 높은 전륜 쪽으로 더 많은 구동력을 전달하여 주행한다.

TORSEN Differential Gear
토르센 디퍼렌셜 기어

TORSEN **Type A**

엘리먼트 기어는 양쪽 끝 부분이 평평한 스풀 기어(spool gear), 중앙부분이 헬리컬 형으로 된 스퍼 기어(spur gear)로 되어 있으며, 사이드 기어의 스퍼 기어로 타입 A는 2개 모두 같은 방향으로 설계되어 있다. 사이드 기어의 내경 부분에는 스플라인이 형성되어 있어 출력축(액슬축)을 고정한다. 스러스트 와셔는 사이드 기어와 케이스 사이와 사이드 기어 사이에 배치한다.

일상 영역에서 「차동」을 허용하면서 토크 차이를 감지하여 순식간에 「차동제한」, 「토크배분」을 한다.

1996년에 상품화된 토르센 디퍼렌셜이 타입 A이다. 구성 요소는 디퍼렌셜 케이스, 2개가 서로 마주보는 엘리먼트 기어, 엘리먼트 기어를 케이스에 고정하기 위한 저널 핀(각 3세트), 사이드 기어(2개), 스러스트 와셔(3세트)로 이루어진다.

엔진~트랜스미션 쪽의 입력이 먼저 디퍼렌셜 케이스를 회전시키고 동시에 디퍼렌셜 케이스 안쪽 벽면과 양 엘리먼트 기어 끝 면을 서로 밀어붙이는 힘으로 작용한다. 이 힘이 엘리먼트 기어를 「공전」시키면서 기어가 맞물리는 면을 통해서 사이드 기어가 출력축(액슬축)을 회전시킨다.

자동차가 직진하고 있는(차축 사이에 회전차가 없는 경우) 상태에서 디퍼렌셜 케이스 내부의 각 기어는 고정상태 그대로 디퍼렌셜 케이스와 같은 속도로 회전하며, 이 상태에서 각 기어의 움직임을 「공전」이라고 부른다. 기어가 고정상태가 되는 이유는 헬리컬형 기어 이의 구조에 따라 엘리먼트 기어와 사이드 기어의 회전에 불가역(不可逆) 특성이 있다는 것과 엘리먼트 기어는 같은 방향으로 회전할 수 없기 때문이다.

코너링을 하는 등 차축 사이에 회전차가 발생되면 당연히 사이드 기어 사이에도 회전차가 발생되기 때문에 이 회전차가 엘리먼트 기어의 스퍼 기어 부분을 매개로 스풀 기어를 역방향으로 회전시키는 힘으로 전달되지만 엔진 쪽의 힘이 노면의 반력보다 큰 상태에서는 회전차가 허용된 상태로 유지된다. 즉 차동이 허용되는 것이다. 시험 삼아 토르센을 앞 차축용이나 뒤 차축용 디퍼렌셜로 장착한 차량을 들어 올리고 한 쪽 휠을 회전시키면 반대쪽 휠은 반대방향으로 같은 양만큼 회전한다. 즉 오픈 디퍼렌셜과 같은 작동을 구현하고 있다.

한편으로 「토크(차)에 감응하여」 차동을 제한한다. 즉 LSD 효과를 발휘하는 점이 토르센의 최대 특징일 뿐만 아니라 이름의 유래(TORque + SENsing = TORSEN)이다. 이해하기 쉽게 하기 위해 앞 또는 뒤 차축용

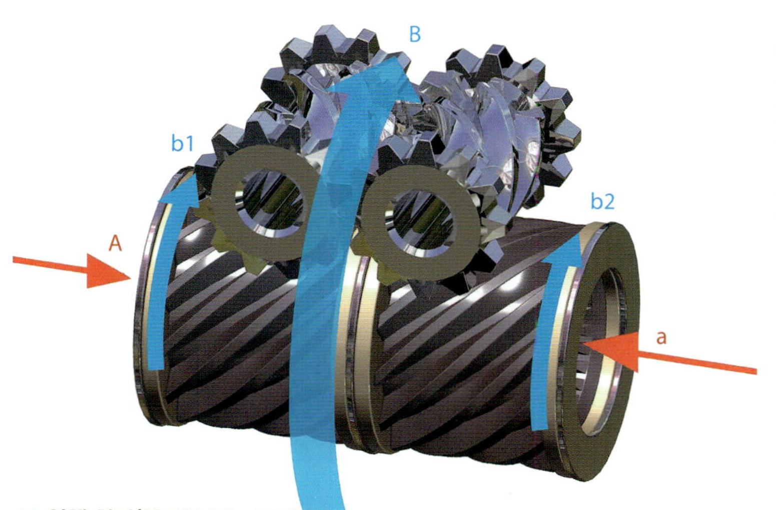

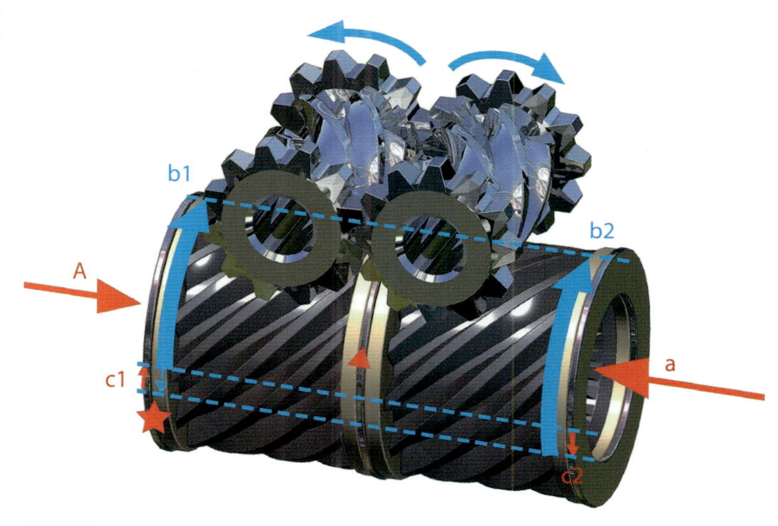

● 일체 회전(차동이 없는 회전)

A와 a는 차축 회전수, B는 디퍼렌셜 케이스 회전수, b는 양 사이드 기어&엘리먼트 기어의 디퍼렌셜 케이스 원주 방향으로의 회전수를 나타낸다. 직진 상태 등 차축에 회전차가 없는 상태에서는 B=b1=b2가 된다. 또한 사이드 기어나 엘리먼트 기어도 록 상태가 된다. 실제로는 기어가 맞물리는 방향의 영향에 의해 엘리먼트 기어는 조금이나마 같은 방향으로 회전하려고 하지만 구조상 동일 방향으로는 회전할 수 없기 때문에 각 기어는 록 상태가 된다. 이 상태에서 양 사이드 기어로 가는 구동 토크의 전달 비는 50대 50이다.

● 차동

내륜차 등으로 양 차축에 회전차가 발생하는 다시 말하면 A<a 상태가 되면 a쪽 사이드 기어는 가속, A쪽 사이드 기어는 감속 방향의 힘이 발생한다. 이 힘은 a쪽 엘리먼트 기어를 자전시키기 때문에 이에 호응하여 A쪽 엘리먼트 기어도 역방향으로 자전한다. 이러한 작동에 의해 ▲부분의 와셔를 매개로 a쪽 사이드 기어를 감속시키는 힘 c2가 작용하며, ★부분의 와셔에는 디퍼렌셜 케이스와의 회전차에 의해 A쪽 사이드 기어를 가속시키는 힘 c1이 작용한다. 그러나 상대적으로 디퍼렌셜 케이스 쪽의 힘이 크기 때문에 차동상태가 유지된다.

● 차동 제한(토크 감응)

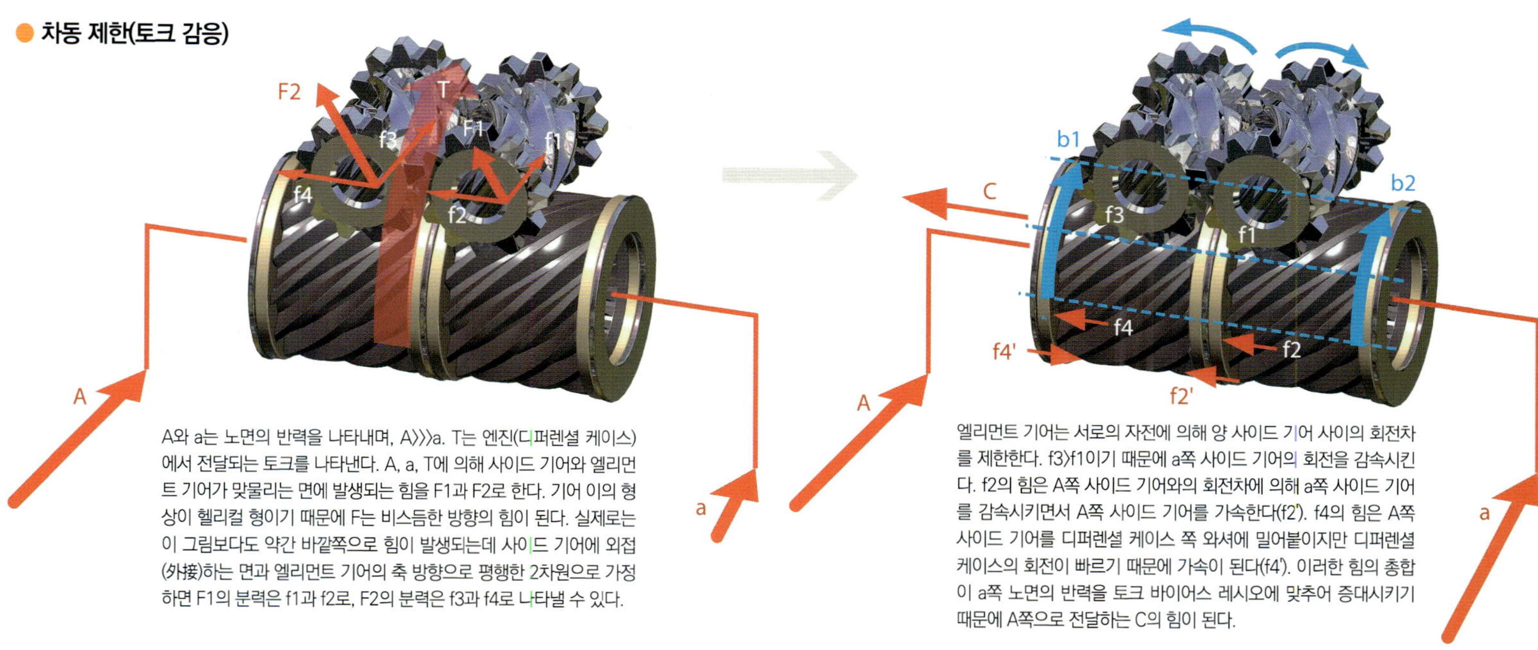

A와 a는 노면의 반력을 나타내며, A>>>a. T는 엔진(디퍼렌셜 케이스)에서 전달되는 토크를 나타낸다. A, a, T에 의해 사이드 기어와 엘리먼트 기어가 맞물리는 면에 발생되는 힘을 F1과 F2로 한다. 기어 이의 형상이 헬리컬 형이기 때문에 F는 비스듬한 방향의 힘이 된다. 실제로는 이 그림보다도 약간 바깥쪽으로 힘이 발생되는데 사이드 기어에 외접(外接)하는 면과 엘리먼트 기어의 축 방향으로 평행한 2차원으로 가정하면 F1의 분력은 f1과 f2로, F2의 분력은 f3과 f4로 나타낼 수 있다.

엘리먼트 기어는 서로의 자전에 의해 양 사이드 기어 사이의 회전차를 제한한다. f3>f1이기 때문에 a쪽 사이드 기어의 회전을 감속시킨다. f2의 힘은 A쪽 사이드 기어와의 회전차에 의해 a쪽 사이드 기어를 감속시키면서 A쪽 사이드 기어를 가속한다(f2'). f4의 힘은 A쪽 사이드 기어를 디퍼렌셜 케이스 쪽 와셔에 밀어붙이지만 디퍼렌셜 케이스의 회전이 빠르기 때문에 가속이 된다(f4'). 이러한 힘의 총합이 a쪽 노면의 반력을 토크 바이어스 레시오에 맞추어 증대시키기 때문에 A쪽으로 전달하는 C의 힘이 된다.

디퍼렌셜에 장착한 차량이 좌우의 마찰계수가 극단적으로 다른 노면 위를 주행하는 경우를 가정해 보자. 이 상태에서는 마찰계수가 낮은 쪽 노면의 반력이 극단적으로 작아지고 상대적으로 마찰계수가 높은 쪽 노면의 반력이 커진다. 엔진 쪽의 동력이 디퍼렌셜 케이스를 회전시키는 토크는 일정하기 때문에 양 사이드 기어 사이에 큰 회전차가 발생된다.

요컨대 엘리먼트 기어와 사이드 기어 사이가 맞물리는 면에 발생되는 면압이 좌우에서 큰 차이가 생긴다. 이 면압=토크의 차이가 엘리먼트 기어를 서로 반대 「자전」방향으로 회전시킨다. 그러면 각 기어의 잇면에 발생되는 면압과 스러스트 와셔 부분에 발생되는 마찰력이 저항으로 작용하여 마찰계수가 낮은 쪽 사이드 기어를 감속시키고 마찰계수가 높은 쪽 사이드 기어를 가속시키려는 힘이 작용하여 차동을 제한한다.

차동제한의 상태에서는 심지어 「토크 배분」도 이루어진다. 마찰계수가 높은 쪽 사이드 기어는 마찰계수가 낮은 쪽 사이드 기어와 디퍼렌셜 케이스 쪽에서 가속=토크를 높이는 힘을 전달받기 때문이다. 이때 마찰계수가 낮은 쪽의 출력축에 전달되는 구동력을 1로 하였을 경우 마찰계수가 높은 쪽에 전달하는 구동력과의 비율을 「토크 바이어스 레시오(torque bias ratio)」라고 부른다.

타입 A는 토르센 디퍼렌셜 가운데 토크 바이어스 비를 가장 높일 수 있는 타입으로 일반 승용자동차인 경우 2.5~4.5 정도로 설정할 수 있으며, 토크 바이어스 비의 설정은 각 기어의 면적, 형상, 스러스트 와셔의 재질, 기어의 수 등으로 조정된다.

다만 한 쪽 바퀴가 완전히 공전하게 되면 반대쪽 바퀴로 토크를 전달할 수 없게 되는 것이 단점으로 회전속도가 느린 쪽에서의 반력을 저항으로 만들기 위해 이용하고 있는 것이 그 이유이다. 대책으로는 1번째 프리로드를 크게 하거나, 2번째 디바이스 추가(전자제어, 차동 감응형 커플링 등), 3번째 브레이크 제어 등을 들 수 있다.

● 각 부위에서 발생되는 마찰의 발생률

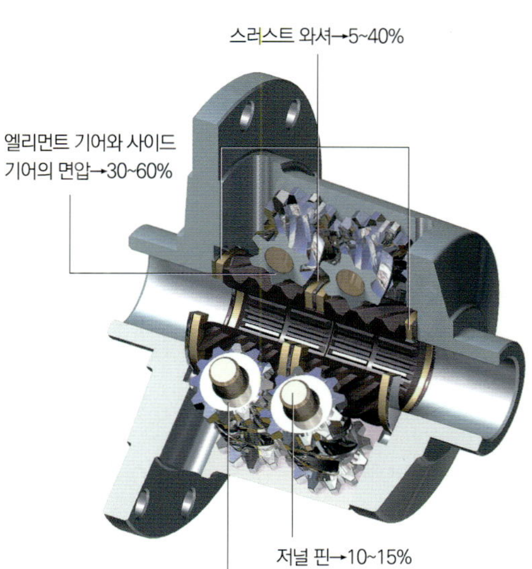

토르센 디퍼렌셜 TORSEN Differential Gear

용도에 맞추어 3가지 방식의 변형을 준비

TORSEN Type B

타입 A와 다른 것은 저널 핀이 없으며, 엘리먼트 기어가 유동적으로 연결(floating mount)되어 있다는 것이다. 디퍼렌셜 케이스 내부의 구멍에 삽입되어 있을 뿐이다.
스러스트 와셔가 양 사이드 기어 사이와 사이드 기어~디퍼렌셜 케이스 사이에 배치되는 것은 동일하다.

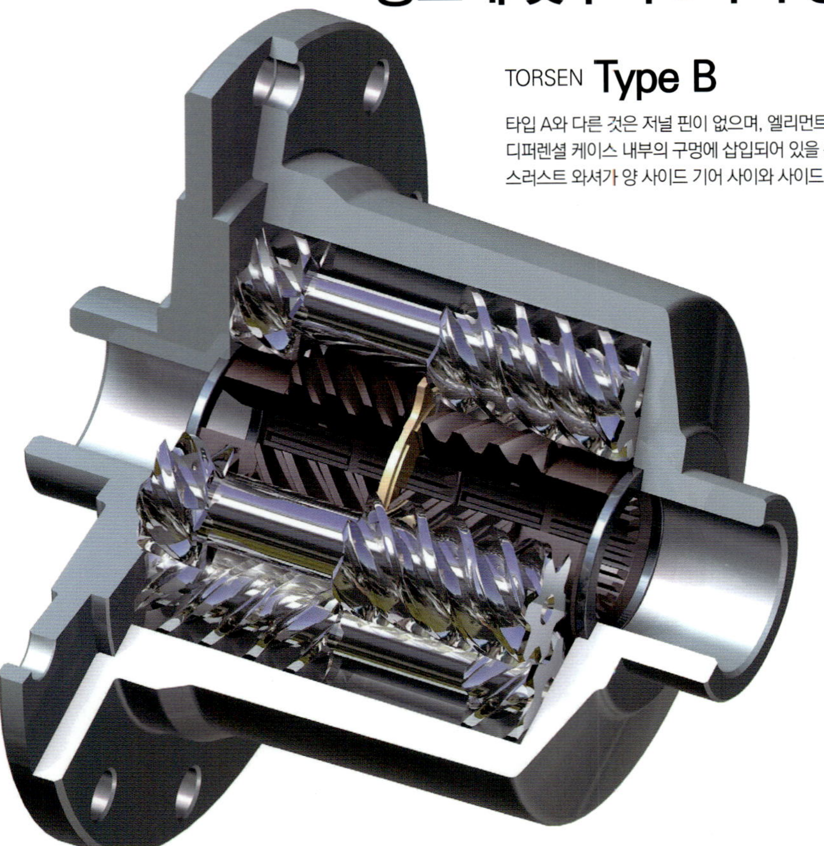

엘리먼트 기어와 사이드 기어만 있는 상태. 일부분에 기어 이가 없기 때문에 이웃한 엘리먼트 기어는 서로 양 끝의 기어에 맞물리고 사이드 기어에는 어느 한쪽으로만 기어가 맞물려 있다. 또한 사이드 기어의 이가 서로 반대로 되어 있다.

● **차동 제한(토크 감응)**

A와 a는 노면의 반력을 나타내며, A〉〉〉a. T는 엔진(디퍼렌셜 케이스) 쪽에서 전달되는 토크를 나타낸다. A, a, T에 의해 사이드 기어와 엘리먼트 기어가 맞물리는 면에 발생되는 힘을 F1, F2로 한다. 기어의 형상이 헬리컬 형이기 때문에 F는 경사진 방향의 힘이 된다. 실제로는 이 그림보다 약간 바깥쪽으로 힘이 발생되는데 사이드 기어에 맞물리는 면과 엘리먼트 기어의 축 방향으로 평행한 2차원으로 가정하면 F1의 분력은 f1과 f2로, F2의 분력은 f3와 f4로 나타낼 수 있다.

● **차동**

A와 a는 차축의 회전수로 A〈a로 한다. c1은 a쪽 엘리먼트 기어의 자전에 의한 감속 방향의 힘. c2는 A쪽 엘리먼트 기어의 자전에 의한 가속 방향의 힘. ▲부분은 와셔를 매개로 a쪽 사이드 기어를 감속시키고 동시에 A쪽 사이드 기어를 가속시키는 힘이 작용한다. ★부분은 와셔를 매개로 하여 디퍼렌셜 케이스에서 발생되는 회전차로 A쪽 사이드 기어를 가속시키는 힘이 작용한다. 그러나 디퍼렌셜 케이스 쪽의 힘이 크기 때문에 회전차는 허용이 된다.

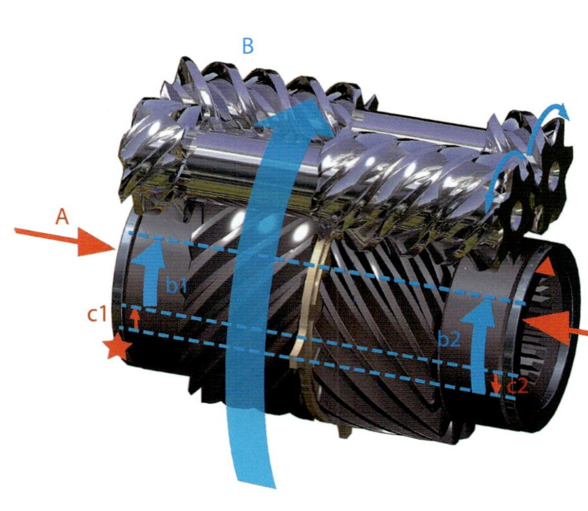

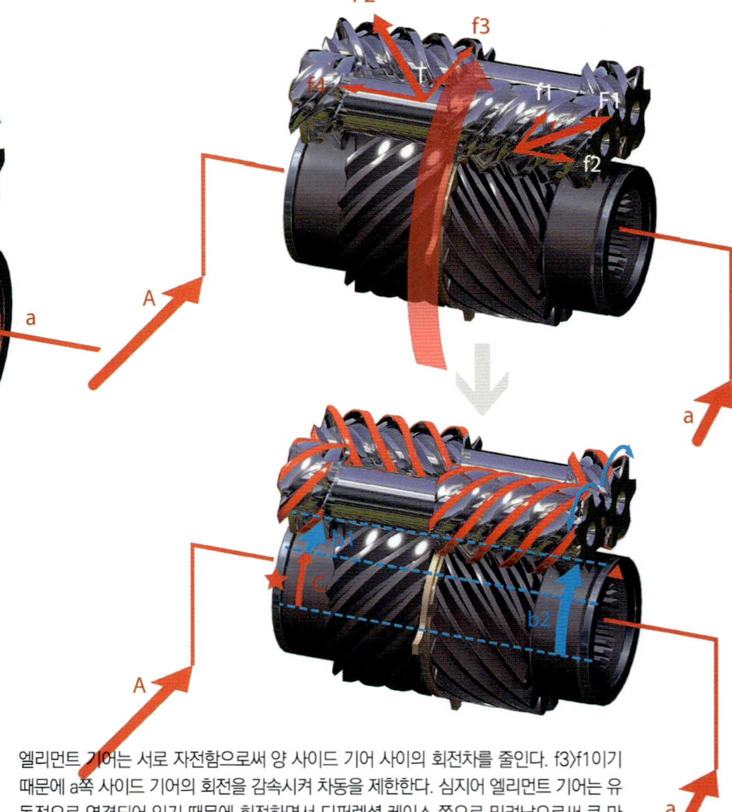

● **FF차에 장착 가능한 타입 B**

FF차용 디퍼렌셜로 이용할 것을 감안하여 타입 A와 똑같은 효과를 더 간단하고 소형화하기 위해 연구된 것이 타입 B이다. 물론 센터 디퍼렌셜이나 리어 디퍼렌셜로도 사용되고 있다. 사이드 기어 사이에 회전차가 없는 상태에서는 엘리먼트 기어가 공전만 하게 된다. 토크 배분비가 50대 50인 것까지 포함하여 여기까지는 타입 A와 동일하다.
사이드 기어 사이에 회전차가 발생되면 엘리먼트 기어는 자전을 시작한다. 즉 이 상태에서 마주한 엘리먼트 기어는 서로 반대 방향으로 회전한다. 예를 들면 우측바퀴의 회전속도가 빠를 경우 우측바퀴의 드라이브 샤프트에 세팅되어 있는 사이드 기어→맞물려 있는 엘리먼트 기어→마주하고 있는 엘리먼트 기어→좌측바퀴용 사이드 기어로 회전이 전달됨으로써 우측 사이드 기어를 우측바퀴의 방향으로 밀어붙이는 작용이 이루어진다.
차동을 제한하는 힘으로 작용하는 것은 사이드 기어가 스러스트 방향으로 움직일 때의 저항＝스러스트 와셔의 마찰 외에 엘리먼트 기어가 회전하면서 디퍼렌셜 케이스 쪽으로 움직여 기어 이 끝 부분(평면으로 되어 있다)이 디퍼렌셜 케이스 내면에 맞물리는 저항이다. 기어 이의 힘과 마찰저항을 발생시키는 부분의 면적이 작기 때문에 토크 바이어스 비는 1.7~2.5 정도로 타입 A와 비교하여 작은 편이다.

엘리먼트 기어는 서로 자전함으로써 양 사이드 기어 사이의 회전차를 줄인다. f3〉f1이기 때문에 a쪽 사이드 기어의 회전을 감속시켜 차동을 제한한다. 심지어 엘리먼트 기어는 유동적으로 연결되어 있기 때문에 회전하면서 디퍼렌셜 케이스 쪽으로 밀려남으로써 큰 마찰력을 발생한다. f2의 힘은 ▲부분의 와셔에 마찰력을 증가시켜 a쪽의 사이드 기어를 감속시킨다. f4의 힘은 A쪽 사이드 기어를 디퍼렌셜 케이스 쪽의 와셔에 밀어붙이지만 디퍼렌셜 케이스 쪽의 회전이 빠르기 때문에 가속을 받는다. 결과적으로 a쪽 노면의 반력은 토크 바이어스 비에 맞추어 증대된 힘 C가 되어 A쪽의 노면으로 전달된다.

TORSEN **Type C**

앞뒤로 불균등한 토크를 배분하기 위해 플래니터리 기어의 구성을 사용.
비교적 간단한 구조이면서 주요 부분의 기어가 헬리컬 기어로 되어 있어 토르센 디퍼렌셜로서의 역할을 충분히 한다.
토크 바이어스 비는 1.7~2.5 정도이며, 플래니터리 기어 수, 기어 이의 면적 등으로 조정한다.

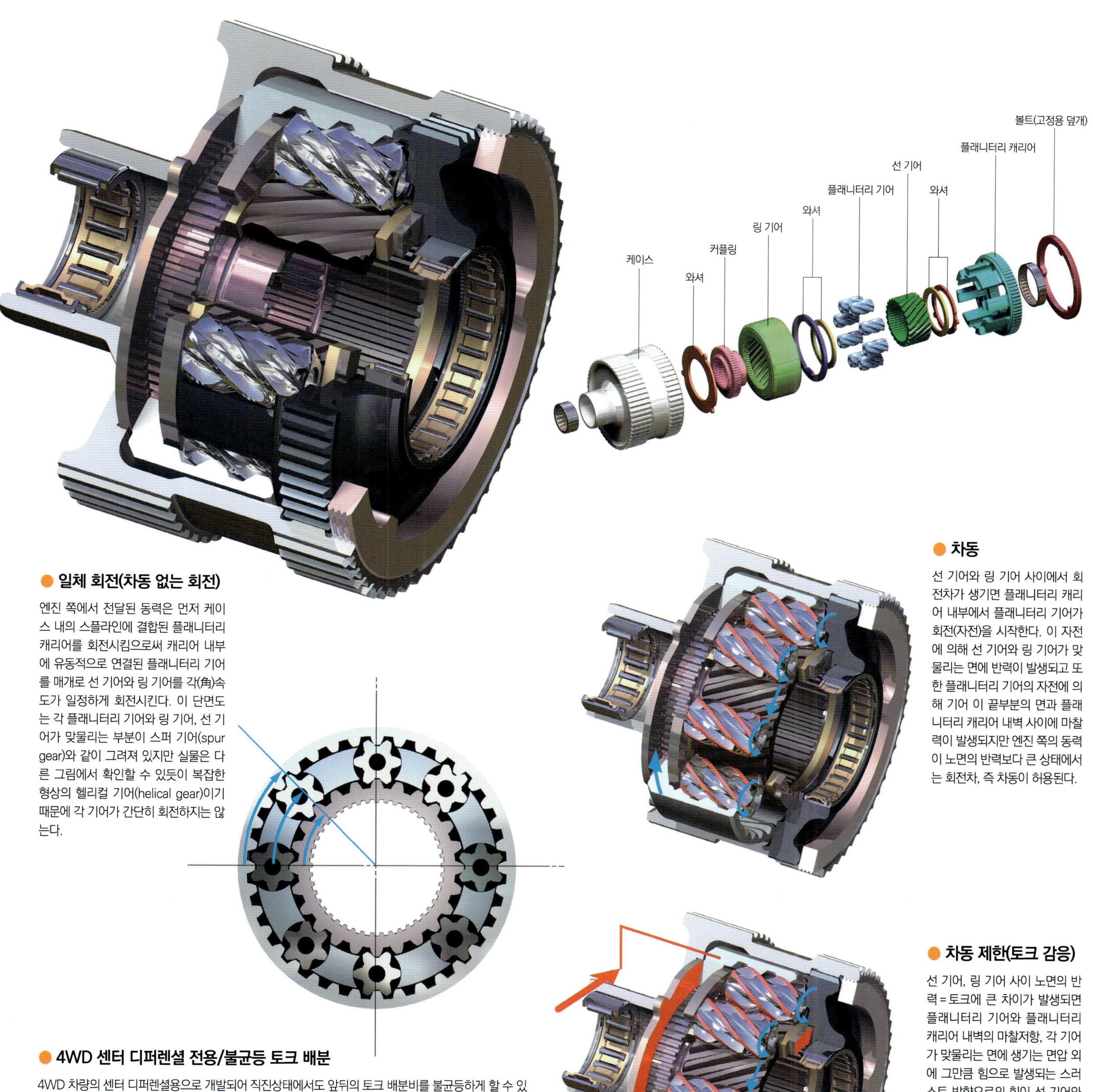

● 일체 회전(차동 없는 회전)

엔진 쪽에서 전달된 동력은 먼저 케이스 내의 스플라인에 결합된 플래니터리 캐리어를 회전시킴으로써 캐리어 내부에 유동적으로 연결된 플래니터리 기어를 매개로 선 기어와 링 기어를 각(角)속도가 일정하게 회전시킨다. 이 단면도는 각 플래니터리 기어와 링 기어, 선 기어가 맞물리는 부분이 스퍼 기어(spur gear)와 같이 그려져 있지만 실물은 다른 그림에서 확인할 수 있듯이 복잡한 형상의 헬리컬 기어(helical gear)이기 때문에 각 기어가 간단히 회전하지는 않는다.

● 4WD 센터 디퍼렌셜 전용/불균등 토크 배분

4WD 차량의 센터 디퍼렌셜용으로 개발되어 직진상태에서도 앞뒤의 토크 배분비를 불균등하게 할 수 있다는 점이 특징이다. 현재 시판되는 자동차에 사용되고 있는 것들은 기본적으로 앞 40%, 뒤 60%이다. 기본 구조는 플래니터리 기어로 되어 있어서 구성 요소가 케이스, 플래니터리 캐리어, 플래니터리 기어(이 끝이 평면), 선 기어, 링 기어, 와셔이다.
트랜스미션 쪽에서 전달되는 동력은 우선 플래니터리 캐리어 전체를 회전시키는 회전력으로 사용된다. 플래니터리 기어는 플래니터리 캐리어 안의 구멍에 끼워져 있을 뿐 고정되어 있지 않지만 직진상태에서는 각 플래니터리 기어 면의 마찰력에 따른 저항으로 회전하지 않고 플래니터리 캐리어의 회전력은 각 기어를 모두 각속도가 일정하게 회전시킨다. 다시 말하면 선 기어와 링 기어의 지름 차이에 의해 제각각 축으로 전달하는 토크에 차이가 발생된다. 이것이 앞뒤에 불균등하게 토크를 배분하는 구조이다. 구체적으로는 선 기어에 전달되는 토크가 더 작아지기 때문에 프런트 디퍼렌셜을 매개로 앞뒤로 전달된다.

● 차동

선 기어와 링 기어 사이에서 회전차가 생기면 플래니터리 캐리어 내부에서 플래니터리 기어가 회전(자전)을 시작한다. 이 자전에 의해 선 기어와 링 기어가 맞물리는 면에 반력이 발생하고 또한 플래니터리 기어의 자전에 의해 기어 이 끝부분의 면과 플래니터리 캐리어 내벽 사이에 마찰력이 발생되지만 엔진 쪽의 동력이 노면의 반력보다 큰 상태에서는 회전차, 즉 차동이 허용된다.

● 차동 제한(토크 감응)

선 기어, 링 기어 사이 노면의 반력 = 토크에 큰 차이가 발생되면 플래니터리 기어와 플래니터리 캐리어 내벽의 마찰저항, 각 기어가 맞물리는 면에 생기는 면압 외에 그만큼 힘으로 발생되는 스러스트 방향으로의 힘이 선 기어와 링 기어를 와셔에 강하게 밀어붙인다. 동시에 케이스와의 회전차로 인해 반력이 작은 쪽으로는 감속시키려는 힘이 작용하고 반력이 큰 쪽으로는 가속시키려는 힘이 작용한다. 이로 인해 차동제한과 토크의 배분이 이루어진다.

콰트로 시스템의 적용 확대와 진화

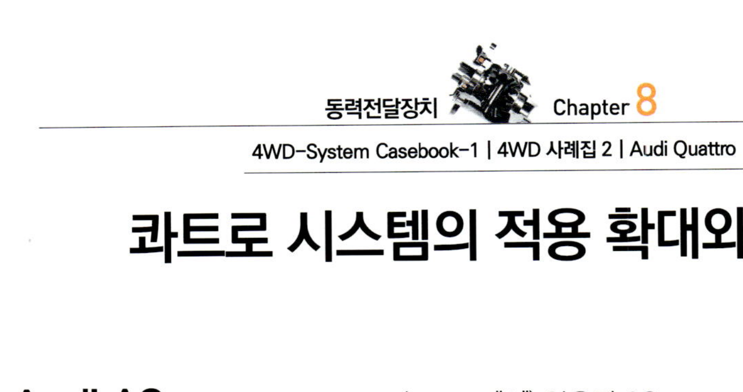

Audi A8 : Center differential(Torsen "A") 아우디 A8

센터 디퍼렌셜 | 토르센"A"

● 라지 사이즈로 변화

A8은 보디 사이즈가 클 뿐만 아니라 엔진도 V8이 기본이다. 심지어 W12까지 아우디 방식의 패키징에 따라 앞 차축 바로 앞에 오버행하는 형태로 배치한다. 그 뒤의 트랜스미션은 모두 AT가 장착되는데 이것도 큰 토크를 받아들여야 하기 때문에 상당히 사이즈가 크다. 이들의 파워 패키징을 장착하면서 대형승용차용 콰트로 시스템을 구축하고 있으며, 물론 기본구성은 62~63p의 A4와 A6(모두 AT) 사양과 공통이다. 대용량 ZF제 AT를 장착한다는 전제로 설계한 것으로 AT 끝에 먼저 출력축＋전륜 쪽 구동 전달 축을 배치하여 내장한 케이스와 그 앞과 뒤로 토르센 디퍼렌셜(타입 A)을 배치하고 후륜 쪽 출력축이 장착된 케이스, 그리고 트랜스액슬과 프랜스퍼 케이스 등으로 구성되어 있으며, 외각은 3부분으로 나뉘어져 있다.

Audi Q7 : Center differential(Torsen "C") 아우디 Q7

센터 디퍼렌셜 | 토르센"C"

● 「멋지게 회전하기」 위한 토르센 "C"

3사가 공동 개발한 정통 SUV에도 아우디는 독자적인 4WD 시스템을 준비했다. 파워 패키지 구성부터 기존의 아우디와는 근본적으로 달라서 앞뒤의 중량 배분을 앞이 무거운 경향이 약해졌고 크고 무거운 차체를 멋지게 회전시키기 위해 고정 토크의 배분을 앞뒤 비대칭(앞 40%: 뒤 60%)으로 설정하였다. 그 때문에 플래니터리 기어 방식의 토르센 타입 C를 사용하여 앞뒤의 구동 토크 배분을 분할하는 부분에 배치하고 있다. 아우디가 이 토르센 타입 C를 도입한 것은 2005년에 등장한 RS4부터이다. 이것은 운동성을 크게 지향한 톱 모델로서 강렬한 가속(구동) 선회를 하는 가운데에서도 요잉을 유지한 상태로 회전할 수 있는 특성을 지향하고 있다.

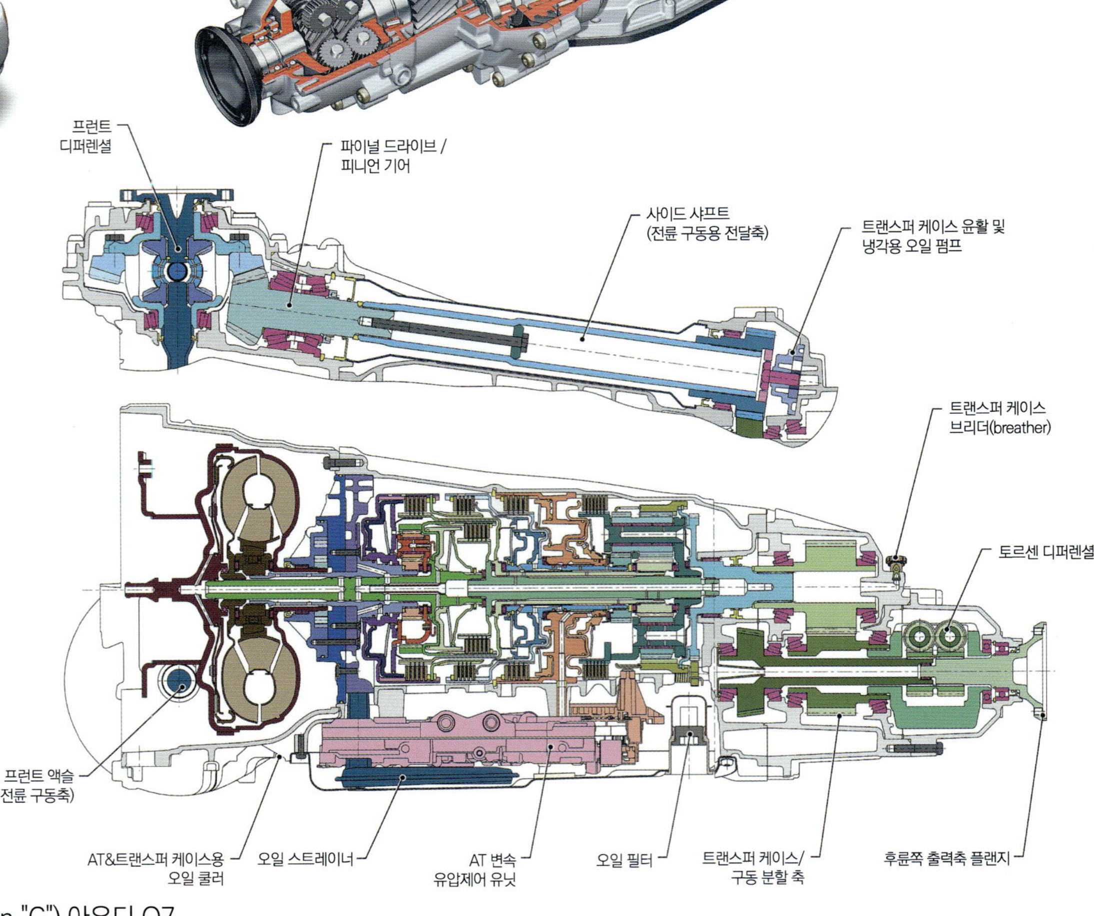

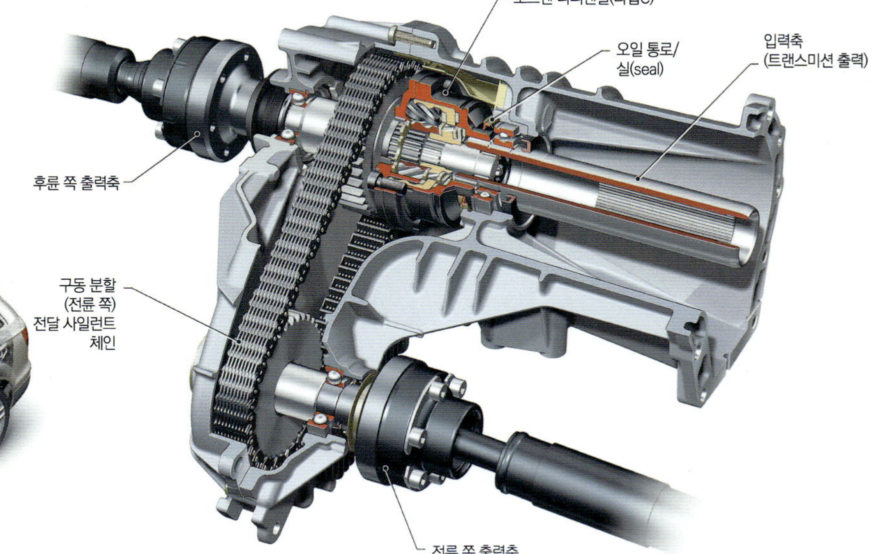

Porsche Cayenne

Center differential (Planetary-gear+Electrical-controled LSD) 포르쉐 카이엔

센터 디퍼렌셜 | 플래너터리 기어 + 전자제어 LSD

온+오프 「최강의 SUV」를 추구

포르쉐와 VW는 양사 모두 북미에서 시장의 확대가 계속되는 SUV를 갖고 있지 않았기 때문에서 공동개발을 결단하여 전혀 새로운 엔지니어링 패키지를 구축하였다. 구동계통의 기본 구성은 FR 파생형으로 4WD 시스템을 플래너터리 기어를 이용하여 앞뒤로 불균등하게 토크를 배분하는 센터 디퍼렌셜에 다판 클러치를 전자제어 하는 차동제한 기구를 조합하였다. 기본적으로는 「세계 톱 퍼포먼스」가 필요한 포르쉐의 의지에 맞춘 디자인과 메커니즘으로써 온로드에서는 스포츠카와 견줄 수 있는 스피드와 운동 능력을, 오프로드에서도 정통 SUV로서의 주파성이라는 상당히 수준 높은 테마를 추구하고 있다. 풀 장비라고 할 수 있는 4WD 메커·니즘 외에 각 바퀴의 브레이크를 독립적으로 제어함으로써 접지력을 최대한으로 이용하여 한 쪽 바퀴가 슬립되는 상황에서도 액셀러레이터 페달을 풀로 밟으면 탈출이 가능한 수준의 자동차로 만들어졌다. 이러한 주행기능과 기본 구성을 공용하면서 3열 시트의 대형 SUV로 만들어진 것이 Q7인 것이다.

🔸 드라이브 트레인

V8 및 협각 V6 엔진을 거의 앞 차축 위에 세로로 배치하고 그 뒤쪽으로 트랜스미션+트랜스퍼 케이스(센터 디퍼렌셜~전륜 쪽 분할)를 조합시킨 파워 트레인의 기본 배치는 대형, 정통 SUV의 교과서라고 할 수 있는 형식이다. 위 차량의 투시도는 2007년 그 해의 모델에서 도입된 제2세대(마이너 체인지) 모델이다. 외관뿐만 아니라 엔지니어링도 상당히 거대하지만 중량급 차처에 비하여 운전감각의 능력은 한계에 가깝다. 선회하는 도중 출력을 높이는 순간 요를 유지하면서 멋지게 선회하는 움직임은 카이엔보다도 오히려 Q7 쪽이 뛰어나다. 센터 디퍼렌셜이나 경험에 의한 것일지 모르겠다.

🔸 카이엔 조립 라인(독일 라이프치히 공장)

제각각 조립된 보디, 엔진, 구동기구 등을 모아 최종적으로 조립을 하는 곳은 라이프치히 교외에 새롭게 건설된 공장이다. 이동 카트 위에서 러닝 컴포넌트 전체가 만들어져 간다. 차량의 후방 우측에서 본 모습으로 4WD 기구임을 잘 알 수 있다.

🔸 4WD 트랜스퍼 케이스

입력 쪽(그림 우측방향)에서 좌측으로 배치된 플래너터리 기어 2개 가운데 앞쪽의 것은 서브 변속기이다. 그 다음이 더블 피니언 플래너터리의 센터 디퍼렌셜이며, 고정 토크의 배분은 앞 38% : 뒤 62%이다. 전륜 쪽으로 분할되는 체인 바로 다음에 차동 제한용 다판 클러치(모터 작동)가 장착되어 있다.

Photo : Morozumi

스바루 수평 대향 엔진+4WD 변형 모델 1
DCCD(Driver's Control Center Differential System)
선회+구동의 운동성을 추구한 최신판

센터 디퍼렌셜 | 플래니터리 기어+기계식 전자제어 LSD

기계식+전자제어 하이브리드 차동제한

일본에서 승용차용 4WD에 선구적인 역할을 해 왔던 것이 스바루라는 사실은 잘 알려져 있다. 스바루 1000 이후 전통적으로 엔진+트랜스 액슬을 세로로 배치하는 FF 레이아웃은 변속을 완료한 회전축이 파워 패키지 뒤쪽에서 후륜 쪽으로 구동력을 분할하면 4WD화 할 수 있기 때문에 처음에는 여기에 단속(斷續)기구를 배치하여 실렉티브 4WD가 등장하였다.

그 후 다판 클러치에 의한 토크 스플릿 그리고 디퍼렌셜 기어나 차동제한 기구 등을 도입한 센터 디퍼렌셜 등 다양한 종류가 등장하여 현재도 차종의 특징에 맞추어 4종류의 4WD 메커니즘(그 가운데 3종류는 센터 디퍼렌셜 사용)이 라인업 되어 있다. 심지어 뛰어난 운동성능을 지향한 모델용으로는 앞뒤 디퍼렌셜 LSD에도 몇 가지 종류가 있다.

그 가운데 임프레자와 같이 고성능 모델의 사양에 사용하고 있는 것이 DCCD이다. 앞뒤로 불균등하게 토크를 배분하는 플래니터리 기어의 센터 디퍼렌셜에 다판 클러치를 이용한 차동제한 기구를 조합시킨 더구나 그 차동제한의 세기를 수동으로 선택이 가능할 뿐만 아니라 자동 모드도 갖추어진 시스템이다. 나아가 최신판에서는 노면의 반력에 차이가 발생된 순간에 차동을 제한하는 힘을 발생시키기 위해 토크 차이로 클러치의 압착력을 높이는 캠 기구까지 추가되어 있다.

이는 스바루의 개발부서와 실험부서가 토르센 디퍼렌셜이 수동적인 차동제한의 응답성과 좋은 변화가 특히나 선회를 유지하면서 구동력을 더 크게 하였을 때 차체의 움직임을 안정시키는데(드라이버+자동차가) 있어서 얼마나 중요한 요소인가를 포인트 삼아 착안한 것이다.

● 센터 디퍼렌셜 유닛

트랜스미션의 카운터 샤프트 뒤쪽 끝부분에 장착되는 센터 디퍼렌셜 유닛이다. 이 사진에서는 좌측의 절단면 양쪽 끝에 솔레노이드(전자석) 구리선 다발이 보이는 쪽이 후륜의 출력 쪽으로 차량에 탑재 상태에서는 이 방향이 후방이다(아래 단면도에서는 반대 방향). 센터 디퍼렌셜 자체는 일반적인 플래니터리 기어로 링 기어(후륜 출력)와 선 기어(전륜 출력) 사이를 연결하여 차동을 제한하는 다판 클러치가 배치됨으로써 디퍼렌셜 기어 쪽 캠과 후방의 전자석 양쪽이 제각각 압착력을 추가한다.

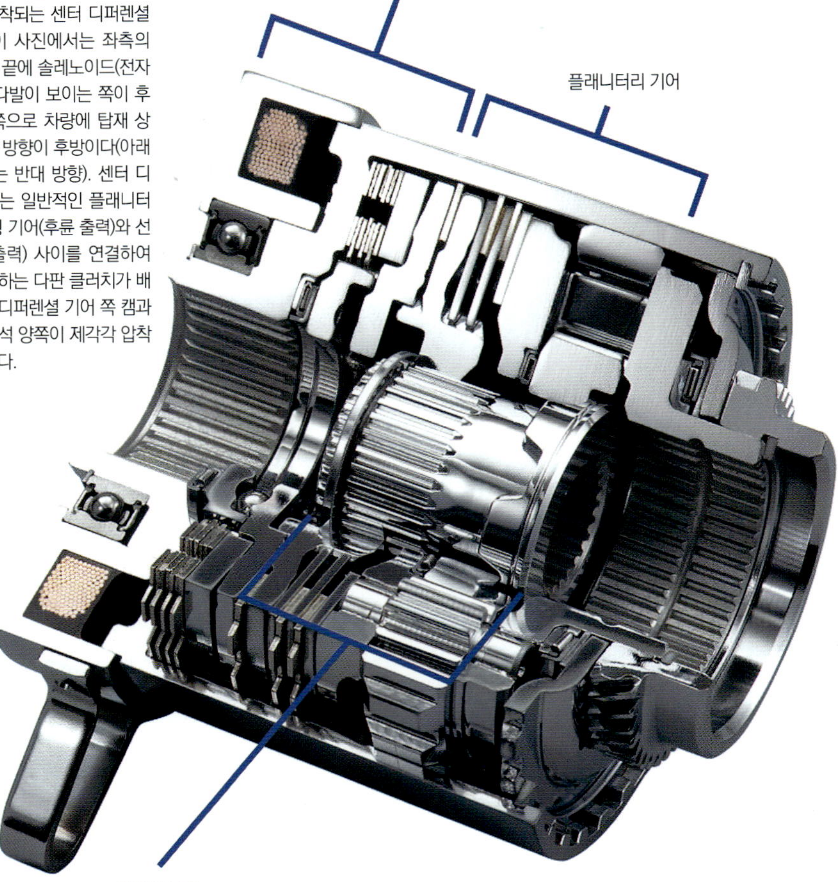

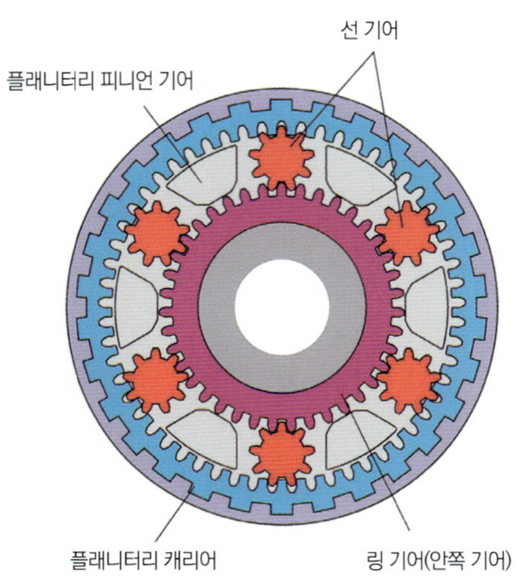

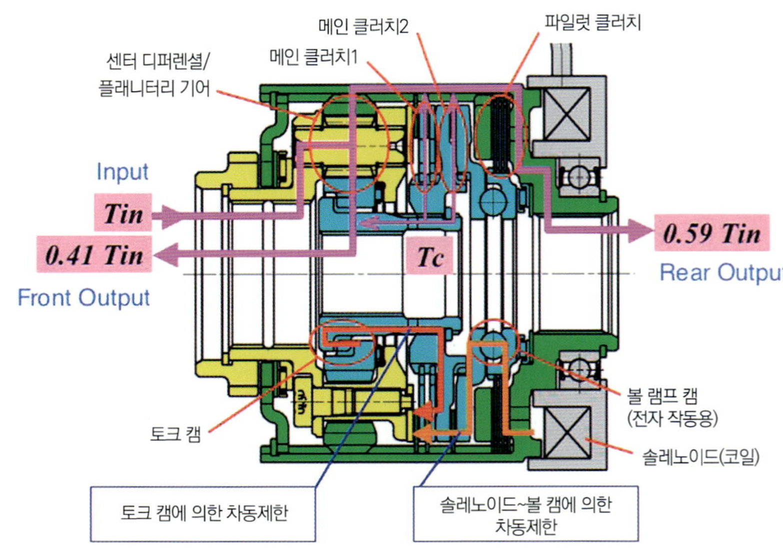

● 센터 디퍼렌셜의 토크 흐름

트랜스미션으로부터의 동력(그림에서는 왼쪽부터)은 플래니터리 캐리어로 전달되어 선 기어에서 전륜으로, 링 기어(외주)에서 후륜으로 출력된다. 2ℓ 터보 엔진에 감속이 큰 토크를 받아 전달하는 기어 세트를 적절한 암 레시오(arm ratio)를 만드는 기어비로 설정한 다음 콤팩트(작은 지름)하게 만드는 것이 상당히 어려웠다고 한다. 2군데에서 추가되는 압착력이 2세트의 직렬 클러치를 밀어붙여 차동제한 토크를 발생한다.

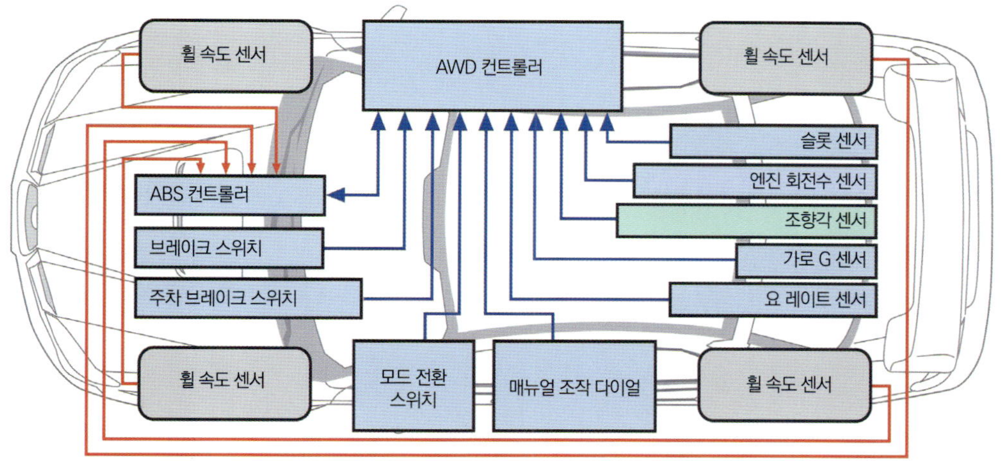

● **DCCD(오토 모드) 제어 시스템**

그립의 한계에서 높은 운동 능력을 실현하기 위해 요(yaw)나 가로 G 심지어 조향각도까지 검출하여 목표로 하는 운동에 근접하는 제어를 목표로 한다. ABS는 각 바퀴(wheel)의 회전차를 기본으로 제어하기 때문에 차동제한을 가볍게 하는 것은 정석이다. 주차 브레이크 턴에도 대응한다.

● **시머트리컬(Symmetrical) AWD(임프레자)**

임프레자 STi계열의 주행 기능의 요소 전체 사진. 이 형태 그대로가 스바루의 브랜드 아이덴티티인 것은 아니다. 이것을 수단으로 실현하는 「주행 장치의 제작」이야말로 스바루가 소유하고 있는 좋은 자산이었다. 극단적으로 한쪽으로만 치우친 고성능 지향이 아니라 「전천후 스포츠카」를 지향하고 있다.

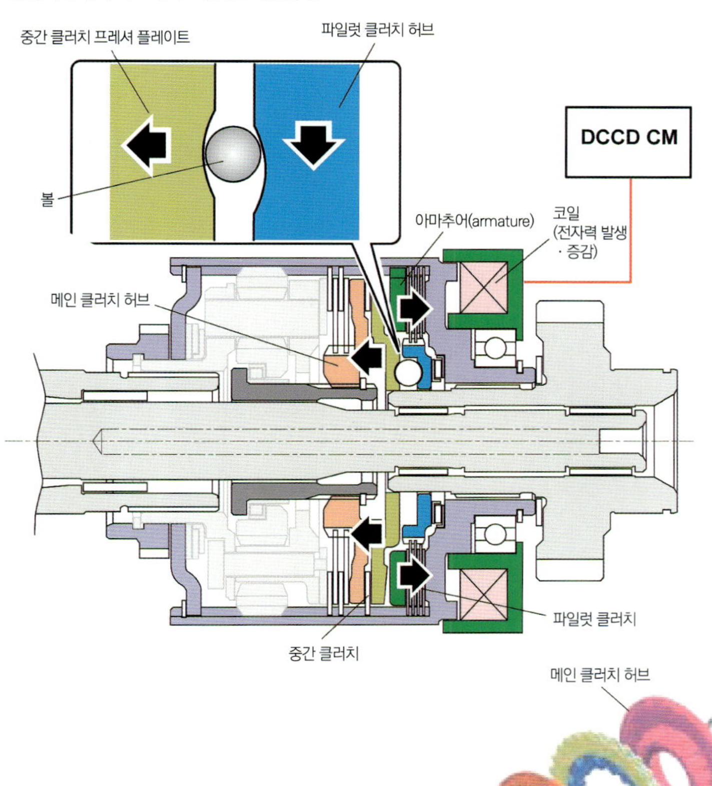

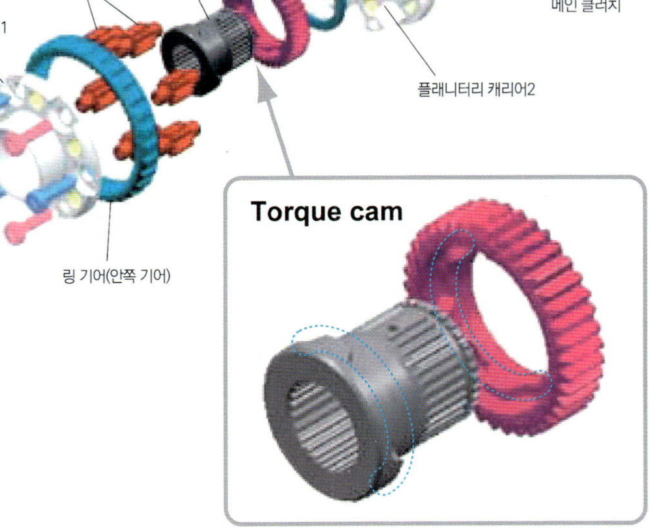

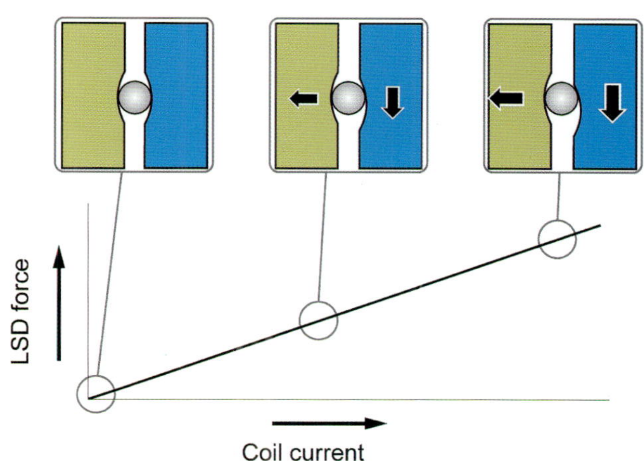

앞이 무거운 차량에서 구동 토크의 배분이 앞 41% : 뒤 59%로 후륜 구동력을 더 크게 하고 있는 것은 마찰계수가 높은 노면이나 강한 G로 선회할 때 뒤쪽의 마찰원을 구동방향으로 많이 사용하여 전륜의 그립에 여유를 만들어 냄으로써 선회의 한계를 높이기 위해서이다. 심지어 토르센 감응 LSD 기구를 배치한 것은 그러한 선회를 하는 가운데 구동하기 시작한 순간부터 바깥쪽 후륜이 추진할 때 요잉이 이루어지기를 위한 것이지만 전자(電磁) 작동 다판식 클러치에서는 이러한 차동제한의 순발력을 얻을 수 없다.

그 다음으로는 차동제한을 증감시키는 것은 전자 작동 기구가 주로 담당하게 된다. 다만 마찰계수가 낮은 노면까지도 포함하여 시시각각으로 변화하는 각 바퀴의 그립 = 노면의 반력에 대해 차동을 제한하는 힘이 추종을 잘 한다는 면에 있어서는 토르센 쪽이 솔직히 응답하는 것은 아닐까 한다. 전자에 의해서 작동하는 차동제한 기구는 GKN의 EMCD로 전자석에 전류를 공급하면 아마추어를 끌어당겨 파일럿 클러치에 압착력이 발생하여 회전한다. 이 작동에 의해서 볼 캠이 메인 클러치를 압착하는 힘을 발생하는 「증폭기구」를 구성하고 있다(위의 그림). 이에 비해서 뒤에 추가된 토크 캠은 파워 패키지에서 전달되는 토크에 대해 노면에서 반력(토크)이 증가하는 순간 캠의 경사면이 접촉되어 메인 클러치를 직접 밀어붙이는 압착력이 발생한다. 따라서 전자 작동 쪽보다 반응이 빨라서 차동제한 최초의 가속특성을 얻는 것이다.

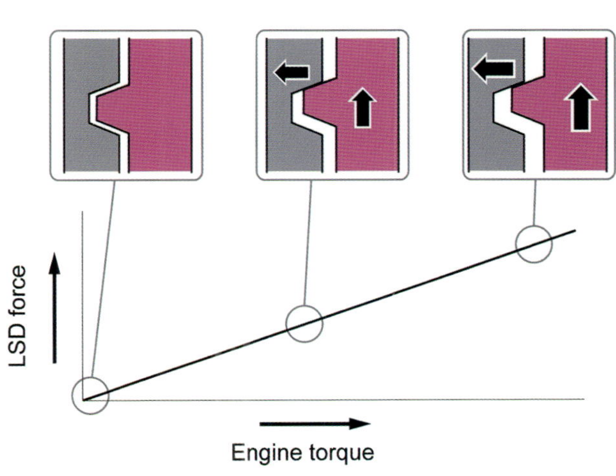

● 5단 AT＋VTD
(스바루 레거시)

엔진은 그림의 우측에 결합되며, AT 변속기구가 길게 배치되어 있다. AT 의 경우는 출력부분(축의 끝 부분)에 트랜스퍼 케이스를 장착하는 것이 전통적인 설계로 2연속 피니언 기어가 보인다. 전륜 쪽의 출력은 트랜스퍼 케이스에서 앞쪽으로 중공축(가운데 를 AT 출력이 지나간다)을 통하여 파이널 드라이브 기어에 연결되어 전륜을 구동한다. 후륜 쪽은 센터 디퍼렌셜에서 그대로 뒤쪽으로 전달된다.

스바루 수평대향 엔진＋4WD 변형 모델 2

VTD(Variable Torque Distribution system)

부등(不等)토크 배분 디퍼렌셜로 운동성의 최적화를 추구

센터 디퍼렌셜 | 2연속 플래니터리 기어 + 유압제어 LSD

센터 디퍼렌셜의 토크비로 운동성을 만든다.

1991년에 등장한 SVX는 당시 후지중공업에게 있어서 스타일링과 엔지니어링의 양면에서 플래그 십 그 자체였다. 주변에서 토크 스플릿 4WD로 높은 성능과 높은 운동성을 연구하는 가운데 4WD의 경험이 많은 스바루로서는 고정 토크 배분을 갖고 더구나 그것을 후륜으로 더 많이 배분함으로써 선회 중에 구동력을 더하주는 상황에서 선회성을 높이고 적절한 차동 제한을 가함으로 가속할 때를 포함한 차체 움직임의 안정을 얻는 방식으로 나아갔다. 이때 2연속 피니언 플래니터리 기어로 인한 부등 토크 배분과 다판 클러치 · 유압 작동 차동제한이라는 메커니즘을 개발하여 현재까지도 AT와 조합(유압원이 있다)시켜 사용하고 있다.

● 레거시의 주행기능 요소 전체 사진

4기통 2ℓ ＋터보 사양의 레거시. 이렇게 전체적으로 살펴보면 엔진이 앞차축의 전방에 오버행되어 있지만 그래도 전륜 드라이브 샤프트가 조금 뒤로 각도를 두고 설치되어 있어서 엔진의 위치가 뒤쪽에 있다는 사실을 알 수 있다. 그 전륜의 동력전달 시스템은 트랜스퍼 케이스에 장착되어 있으며, 후륜으로 동력을 전달하기 위해 프로펠러 샤프트가 길게 뻗어 있다.

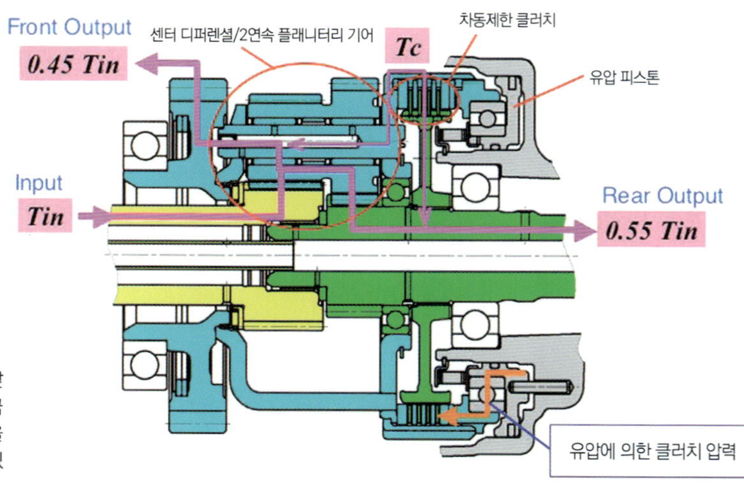

● 2연속 플래니터리 디퍼렌셜의 토크 흐름

그림의 좌측이 차량 전방. 이쪽에서 파워 패키지로부터의 동력이 들어오고 앞쪽의 선 기어로 전달된다. 2연속 피니언은 뒤쪽의 지름이 큰 선 기어와 맞물리지만 반경은 작다. 앞 뒤 선 기어가 맞물리는 반경의 비율이 토크비가 되기 때문에 전륜 쪽으로는 55%가 출력된다. 이 플래니터리 캐리어 축에 작용하는 반력이 전륜 쪽에 전달되기 때문에 모든 구동 토크에서 후륜으로 나오는 만큼을 뺀 45%가 고정 토크로 배분된다. 전륜 쪽에 출력을 전달하는 헬리컬 기어와 후륜 쪽의 출력 사이에 유압 작동 클러치를 배치하여 차동을 제한한다. 현재는 동일한 용량과 기능을 단순 플래니터리 기어로 콤팩트하게 만드는 설계도 가능해졌다.

Mercedes-Benz S-class 4MATIC : 메르세데스 벤츠 S클래스 4MATIC

FR 승용자동차 파생형 4WD의 최신 버전

센터 디퍼렌셜 | 플래니터리 기어+전자제어 LSD

고급 실용품처럼 정석을 억제한 설계

메르세데스 벤츠 승용자동차의 근대적 4WD화는 W124(E클래스)로부터 시작되었는데 당시는 센터 디퍼렌셜을 장착하고 일반적으로 뒤 2륜으로 구동하여 타이어의 미끄러짐 등이 발생함에 따라 4WD로 전환되었다. 그로부터 20년이 지나 등장한 최신 "4MATIC"은 「S클래스 최초의 4WD」가 된다. 더블 피니언 플래니터리 기어의 센터 디퍼렌셜을 장착하고 정적중량 배분+가속을 상정(想定)한 앞 45% : 뒤 55%로 타당한 고정 토크 배분을 설정하고 있으며, 콤팩트한 다판 클러치로 차동제한 기구를 조합하고 있다. 승용자동차의 플로어 터널(floor tunnel)을 확대하지 않아도 될 수 있도록 트랜스퍼 케이스와 전륜으로 구동력 분할의 설계를 상당히 타이트하게 만든 것도 최신 4MATIC 시스템의 특징 가운데 하나라고 할 수 있다.

● 4WD 트랜스퍼 케이스

7단 AT 끝에 위치하는 트랜스퍼 케이스. 디퍼렌셜은 플래니터리 기어로, 전륜 쪽 출력의 선 기어 지름을 크게 하기 위해 지름이 작은 트윈 피니언을 사용. 플래니터리 캐리어로 입력과 후륜의 출력 사이에 2~3개 세트의 차동제한 클러치가 배치되어 있다.

● 프런트 디퍼렌셜

트랜스미션 케이스의 우측면 아래 부분에 박히듯이 연결되어 앞으로 뻗은 샤프트가 프런트의 파이널 드라이브/디퍼렌셜로 연결된다. 좌측의 구동축은 오일 팬을 통과하여 우측과 대칭되는 위치의 안쪽에 조인트가 배치되어 있다.

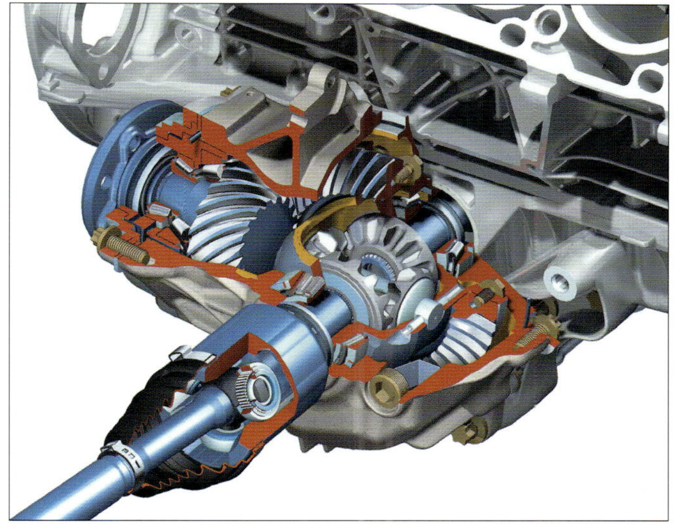

G Class 센터 디퍼렌셜

'70년대 후반에 오스트리아의 스페셜 리스트인 슈타이어 푸흐와 공동으로 개발한 크로스컨트리 계열의 4WD인 G클래스는 하나의 대표 상품으로 알려져 30년 이상을 꾸준히 사랑받아 오고 있다. 세로로 배치한 파워 패키지에서 휠 베이스 중앙 부근에 위치한 트랜스퍼 케이스로 구동축이 장착되어 있으며, 트랜스퍼 케이스에 서브 변속기와 센터 디퍼렌셜이 내장되어 있다. 3개의 디퍼렌셜은 모두 메커니컬 록을 갖추고 있다.

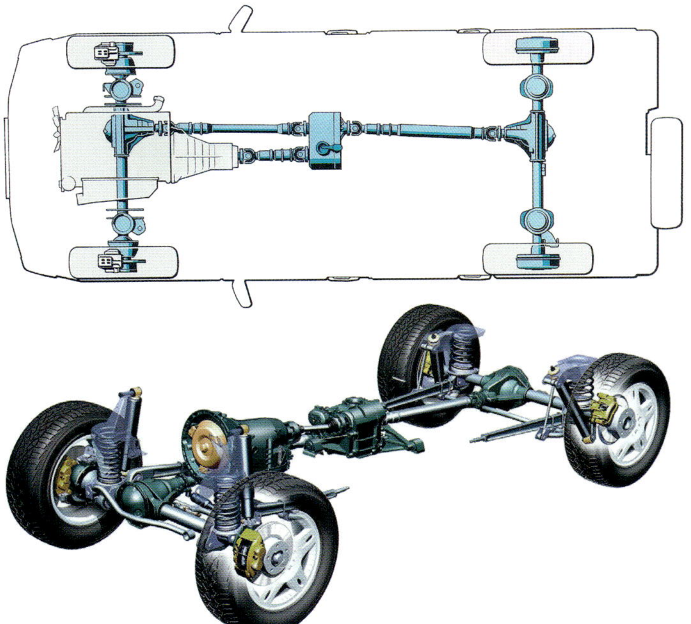

GL Class 센터 디퍼렌셜

미국에서 양산 판매가 기대되는 SUV와 미니밴 범위에 플랫폼을 공용화하는 방법으로 태어난 3차종에 연달아 탑재. SUV로서의 신형 ML. 미니밴 R, 크로스오버인 GL이다. 주행 기능의 요소도 FR 베이스 SUV의 대표라고 할 수 있는 기본 설계를 비롯하여 공통의 항목이 많다. 베벨기어 디퍼렌셜에서 앞뒤로 구동을 양분한다. ML과 GL은 여기에 서브 변속기까지 장착이 가능하며, 차동제한은 각 바퀴의 브레이크 제어를 주로 이용한다.

스바루 수평대향 엔진＋4WD 변형 모델 3

밸런스가 좋은 주행성능을 만드는 대표적인 메커니즘

센터 디퍼렌셜 | 베벨기어＋비스커스 LSD

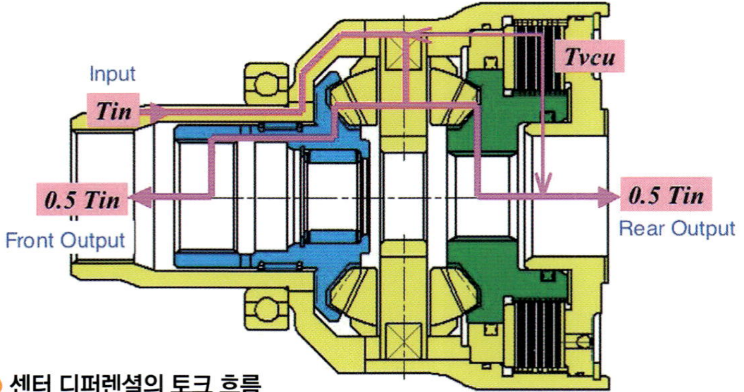

● 센터 디퍼렌셜의 토크 흐름

익숙한 베벨기어 디퍼렌셜. 파워 패키지에서의 입력 토크는 그림에서 보면 왼쪽에서 들어와 디퍼렌셜 케이스에서 디퍼렌셜 피니언 기어로 토크를 전달함으로써 양쪽 사이드 기어가 제각각 앞뒤 바퀴로 전달한다. 구동 토크의 배분은 50 : 50으로 정적하중의 배분으로 앞쪽이 무거운 밸런스를 하고 있다면 상당한 범위까지 이 토크비로 운동성을 포함한 구동력의 밸런스로서는 좋은 가감을 할 수 있다. 비스커스 LSD 배치는 케이스 to 샤프트(case to shaft).

균등한 토크의 배분＋회전차에 반응하는 차동제한

베벨기어의 센터 디퍼렌셜과 비스커스 커플링에 의한 LSD의 조합은 센터 디퍼렌셜 4WD의 기본이라고 해도 될 정도이다. 그러나 최근의 일본에서는 높은 운동성능을 강조하거나 단순한 기구로 제어하는 식의 두 가지 흐름을 보이면서 인지도와 선택은 줄어들고 있다. 그러나 이것은 이것 나름대로 다양한 노면의 상황과 폭넓은 주행을 커버하는 자동차를 만드는데 적합한 역할을 하고 있다. 최신 기술의 유행을 쫓아 정형(定型)이나 기본을 간과하는 경우가 가끔 있다. 일본의 메이커 중에 지금 4WD 개발과 관련되어 이러한 형태의 4WD를 완성시킨 경험을 갖고 있는 기술자가 별로 없을 것이다. 그런 가운데 스바루는 MT와 베벨기어＋비스커스 LSD를 조합하여 사용하고 있다. GD 계열의 임프레자로를 예로 들어 설명하자면 운동성능을 지향한 모델은 한 쪽으로만 치우쳐 폭넓은 상황에는 잘 어울리지 않게 되어 있다. 오히려 가장 초기형 세단 STi 타입 RA가 밸런스 유지가 잘 된 스포츠 4WD로 그것을 더 세련시킨 모델은 아직껏 나타나지 않고 있다. 그 4WD의 메커니즘이 이 기구이다. 비스커스가 갖는 특성인 앞뒤의 회전속도 차이에 맞추어 차동의 제한은 자동차 움직임의 변화와 그립의 변화를 부드럽게 한다. 브레이킹하고 턴인에 진입할 때 차동을 구속하는 습성이 약간 나타나는 것이 사소한 단점이라 할 수 있다.

● 가로로 배치한 파워 패키지의 경우
Toyota RAV4 (2000)

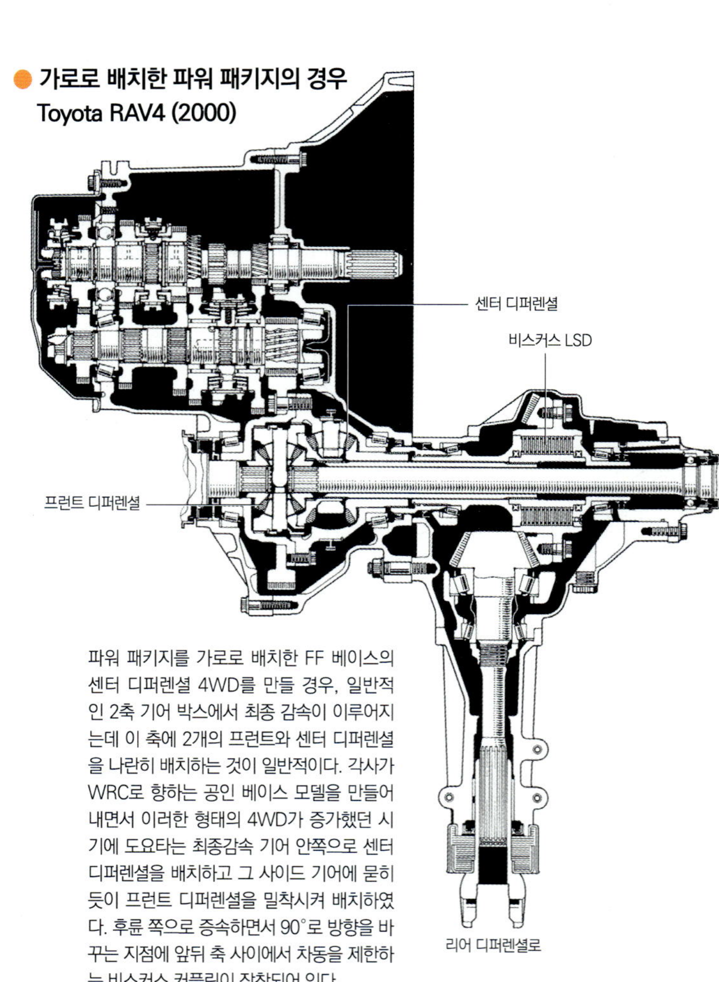

파워 패키지를 가로로 배치한 FF 베이스의 센터 디퍼렌셜 4WD를 만들 경우, 일반적인 2축 기어 박스에서 최종 감속이 이루어지는데 이 축에 2개의 프런트와 센터 디퍼렌셜을 나란히 배치하는 것이 일반적이다. 각사가 WRC로 향하는 공인 베이스 모델을 만들어내면서 이러한 형태의 4WD가 증가했던 시기에 도요타는 최종감속 기어 안쪽으로 센터 디퍼렌셜을 배치하고 그 사이드 기어에 묻히듯이 프런트 디퍼렌셜을 밀착시켜 배치하였다. 후륜 쪽으로 증속하면서 90°로 방향을 바꾸는 지점에 앞뒤 축 사이에서 차동을 제한하는 비스커스 커플링이 장착되어 있다.

스바루 수평대향 엔진＋4WD 변형 모델 4
ACT-4(Active Torque Split-AWD system)

지금도 계승되고 있는 스바루 4WD의 원조

액티브 토크 스플릿 | 다판 클러치-유압작동

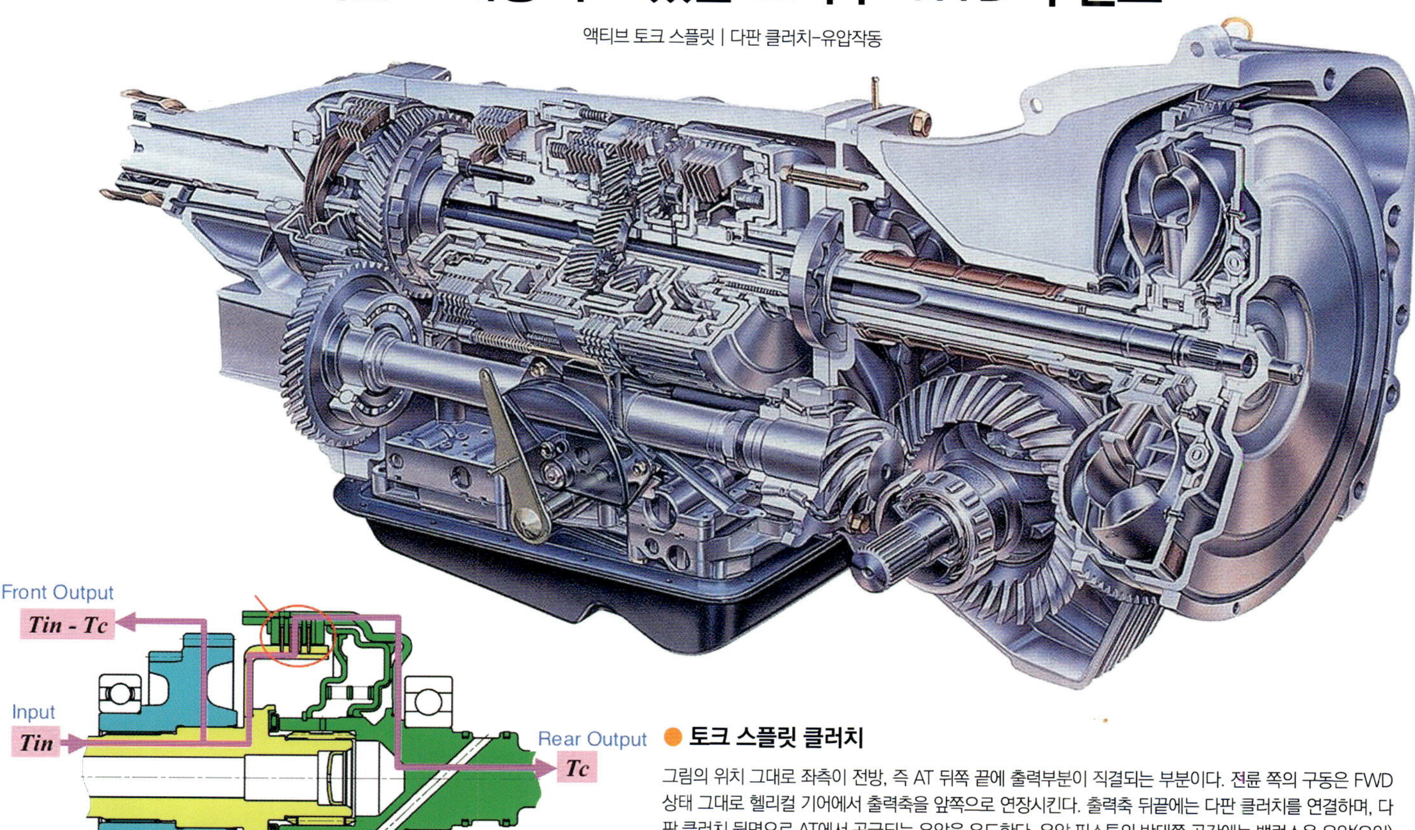

● **토크 스플릿 클러치**

그림의 위치 그대로 좌측이 전방, 즉 AT 뒤쪽 끝에 출력부분이 직결되는 부분이다. 전륜 쪽의 구동은 FWD 상태 그대로 헬리컬 기어에서 출력축을 앞쪽으로 연장시킨다. 출력축 뒤끝에는 다판 클러치를 연결하며, 다판 클러치 뒷면으로 AT에서 공급되는 유압을 유도한다. 유압 피스톤의 반대쪽 공간에는 밸런스용 유압(오일)이 유입되어 있다. 구동형태는 2WD와 직결 4WD(클러치 전달 토크 한계까지) 사이를 반복한다.

뒤쪽 2바퀴로 토크를 분할시키는 클러치를 AT의 유압으로 작동시킨다.

트랜스액슬 뒤 끝부분에 후륜으로의 구동 분할 장치를 추가한 최초의 실렉티브 4WD 이후 스바루는 수동 조작을 배제할 수 있는 메커니즘의 실용화에 착수하였다. 이때 탄생된 것이 AT의 작동 유압을 사용하여 다판 클러치를 연결 또는 차단하는 방법으로 발진~가속하는 가운데 강력한 구동을 하게 되면 AT도 저속 기어에서 빨리 회전하게 되어 내장된 오일펌프의 토출 압력이 높아진다. 이 유압으로 다판 클러치를 압착하는 것이다.

반대로 최소한의 저속으로 선회하는 중에는 거의 액셀러레이터 페달을 밟지 않기 때문에 AT의 유압도 낮지만 흡기 부압은 크다. 이 흡기 부압과 연동하여 유압을 차단하는 밸브를 설치함으로써 타이트 턴 브레이크를 없앤다. 이것만으로 자동 실렉티브 4WD가 가능해졌으며, 「구동을 위한 4WD」로서는 거의 트러블이 없게 되었다. 여기에서 더 나아가 AT의 작동 유압은 유압원(油壓源)으로만 사용하고 별도로 제어 밸브와 제어 시스템을 설치하여 토크 스플릿 다판 클러치의 압착력을 컨트롤하는 데까지 진행된 것은 자연스런 과정이다. 이것이 세계에서 가장 먼저 실용화된 액티브 토크 스플릿 4WD가 되었다. 그리고 지금도 거의 그 상태로 범용 AT모델에 사용되고 있다. 감속할 때 외에 앞뒤의 결합을 손쉽게 「차단하는」 상황이 많은 것은 지금이라도 다시 개선하고 싶은 대목이다.

MPT(1981)

후륜으로 구동력을 분할하는 클러치의 차단에 AT의 유압을 유도함으로써 간단한 전환 밸브만으로 자동 실렉티브 4WD를 실현한 것이 MPT(Multi Plate Transfer case). 1981년, 레오네에 도입된 것이 최초이다.

ACT-4(1987)

단순한 기계＝유압 계통에서 AT의 작동 유압을 유도하는 경로에 제어 밸브를 추가. 간단한 맵으로 추가적인 제어를 함으로써 액티브 토크 스플릿 4WD를 실현하였다. 1987년, 레오네 및 알시오네(사진:1세대/2.7VX)에 도입하였으며, 그로부터 20년이 지나 제어 내용은 그 나름대로 복잡해졌지만 지금도 기본은 변하지 않은 상태로 사용되고 있다.

JTEKT ITCC(Intelligent Torque Control Coupling)

전자 클러치에 의한 제어로 경량, 콤팩트화를 실현

액티브 토크 스플릿 | 다판 클러치 · 전자 작동

글 : 마쓰다 유지

● **ITCC 탑재 모습**

마쓰다 CX-7에 탑재한 모습. FF 베이스「스탠바이 타입 4WD」의 리어 디퍼렌셜 앞에 장착되어 있다. 현재 사용하고 있는 다른 차종도 동일한 배치를 하고 있다. 유압 발생장치 및 전달기구가 필요하지 않기 때문에 전체를 콤팩트하게 설계할 수 있으며, 탑재 위치도 어느 정도 여유가 있다는 장점을 살려 리어 디퍼렌셜 케이스 폭 중간에 배치하는 것도 어렵지 않다. 구조도 비교적 간단하고 가격적인 면에서도 사용하기 쉬운 커플링이다.

FF 베이스 · 스탠바이 타입의 4WD용 커플링 – 협조제어도 가능

보통의 경우 2륜으로 구동하는 경우라도 관계없다. 그러나 마찰계수가 낮거나 스플릿 마찰계수의 노면을 주행할 때 앞뒤의 바퀴 사이에서 회전차가 크게 발생하는 등 필요할 때 4륜으로 구동하여야 할 경우가 있다. 할 수 있다면 앞뒤에 배분하는 구동 토크를 노면의 상황에 맞추어 선형(liner)적으로 변화시켜야 한다. 어느 의미로는 이상적인 4WD 시스템이라고 할 수 있으며, 닛산 ATTESAE-TS를 필두로 각사가 다양한 방식으로 연구해온 기구이다.

JTEKT(제이텍 ; 일본의 기계부품 전문회사)의 「ITCC」도 그러한 4WD 시스템을 실현할 목적으로 개발된 커플링으로 FF 베이스의「스탠바이(standby) 타입」 4WD용 앞뒤 토크 배분용으로 작고 가벼운 제품을 목표로 개발되어 있다.

앞뒤로 구동력을 배분하는 기구 자체에는 전통적인 습식 다판 클러치를 사용하며, 신뢰성과 내구성의 면에서 적절한 선택이라고 할 수 있다. 비스커스 커플링 등 점성 유체를 이용한 타입과 비교하였을 경우 온도 변화나 원심력에 의한 토크 변화가 잘 일어나지 않고 안정되게 토크를 전달할 수 있는 점도 장점으로 여겨지고 있는 구동 토크의 전달방식 변환 및 증속장치로서 볼 캠을 사용하고 있는 점도 특징 가운데 하나이다. 구조 간단할 뿐만 아니라 견고한 기구로써 토크의 증폭효과와 설정도 비교적 높다.

캠을 매개로 메인 클러치를 작동시키는 즉, 2WD와 4WD의 전환 또는 앞뒤의 구동력 배분을 변화시키는 기구에는 기존의 유압식 액추에이터가 아니라 전자 클러치를 사용하고 있는 점이 특징이다. 유압계통의 기구가 필요 없기 때문에 시스템 전체의 경량화, 콤팩트화가 이루어짐으로써 장착위치를 선택하는데 더 여유가 있다.

기본 작동으로는 4륜의 회전속도 센서로 검출하는 회전속도 차이가 설정한 한계 값을 넘으면 전자 클러치로 제어 전류가 흘러 자동적으로 FF(2WD)에서 4WD로 전환되는 방식이다. 또한 전자 클러치의 솔레노이드에 흐르는 전류의 양을 컨트롤하면 자계의 강도를 증감시킬 수 있는 점을 이용하여 메인 클러치에 발생되는 압착력을 무단계로 조정할 수 있는 점도 특징이다. 전자적으로 작동하는 기구이기 때문에 반응속도의 면에서도 유리하다. 솔레노이드에 잔류하는 자력에 의해 전류가 흐리지 않을 때도 10Nm 정도의 프리로드가 캠에 가해져 있기 때문에 응답성의 향상과 함께 볼에서 발생되는 노이즈를 억제하는 효과를 발휘하고 있는 점도 특징 가운데 하나이다.

엔진 제어 유닛, ABS 제어 유닛 등과의 협조 제어에도 대응이 가능하다. 노면의 상황이나 주행의 상황, 승차 인원수나 화물 적재 상황에 따른 앞뒤 중량 배분의 변동과 같은 상황에 맞추어 구동력의 배분 비를 아주 세밀하게 변화시키거나 ABS 또는 브레이크 힘에 의한 안정성 제어기구나 차동 시에는 앞뒤를 완전히 자유롭게 제어함으로써 차량의 운동 제어에도 공헌할 수 있다.

현시점에서 ITCC를 사용하는 대표적인 차종으로는 도요타 RAV-4, 마쓰다 CX-7, 미쓰비시 아웃랜더 등이 있다. 시장의 요구에 알맞은 대응, 저렴한 가격 등으로 인해 앞으로도 사용하는 경우가 많아질 것 같은 장치이다.

ITCC의 구성 요소를 크게 나누면 「케이스」, 「전자 클러치」, 「캠 기구」, 「메인 클러치」이다. 케이스(프런트 하우징)는 자력(磁力)의 누설방지와 경량화를 위하여 알루미늄 계열의 소재를 사용하고 있다. 전자 클러치는 솔레노이드, 전자를 형성하기 위한 리어 하우징, 아마추어, 컨트롤 클러치로 구성되며, 솔레노이드와 아마추어 사이의 자속을 차단하지 않기 위해 컨트롤 클러치는 금속제를 사용한다. 캠 기구는 볼 타입의 캠을 사용하며, 그림은 전류를 OFF시킨 상태를 나타낸 것이다. 솔레노이드에 자속이 발생되지 않기 때문에 컨트롤 클러치는 자유 상태로 다시 말하면 공전만 하는 상태이다. 토크는 배분되지 않고 캠도 위치 차이가 생기지 않기 때문에 볼은 컨트롤 캠과 메인 캠의 홈(凹) 사이에 들어가 있는 상태이며, 메인 클러치도 압착되지 않고 있다.

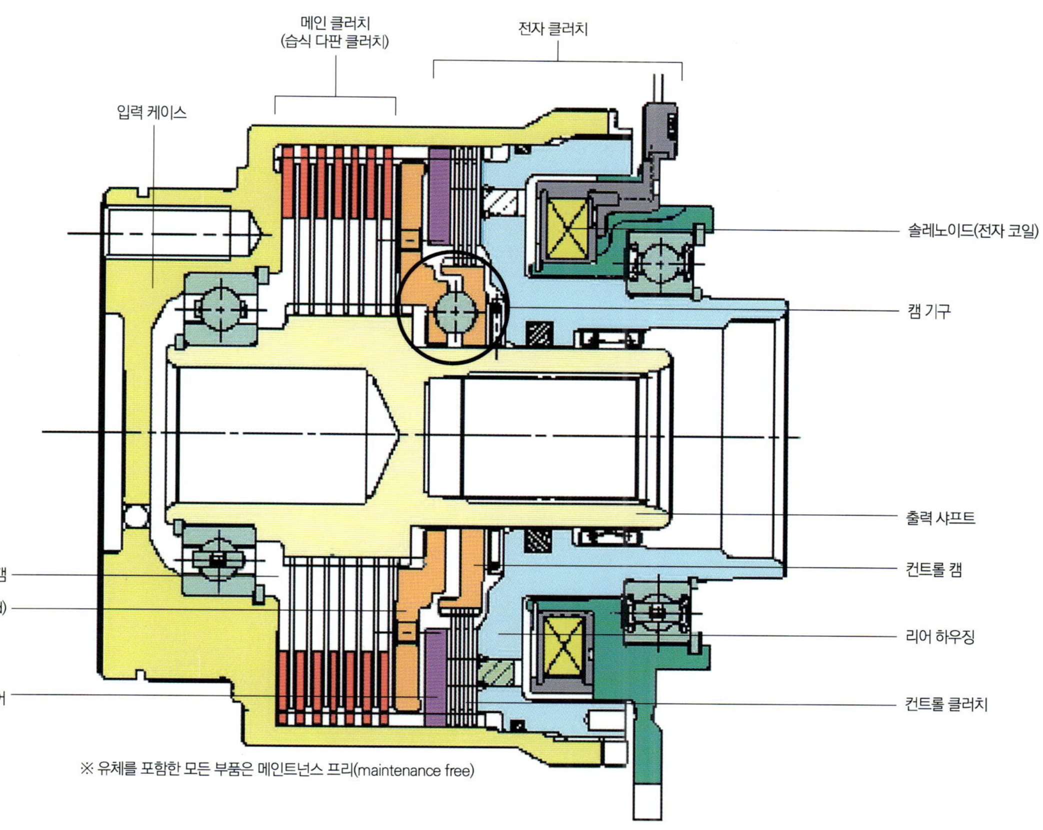

※ 유체를 포함한 모든 부품은 메인트넌스 프리(maintenance free)

● ITCC의 작동원리

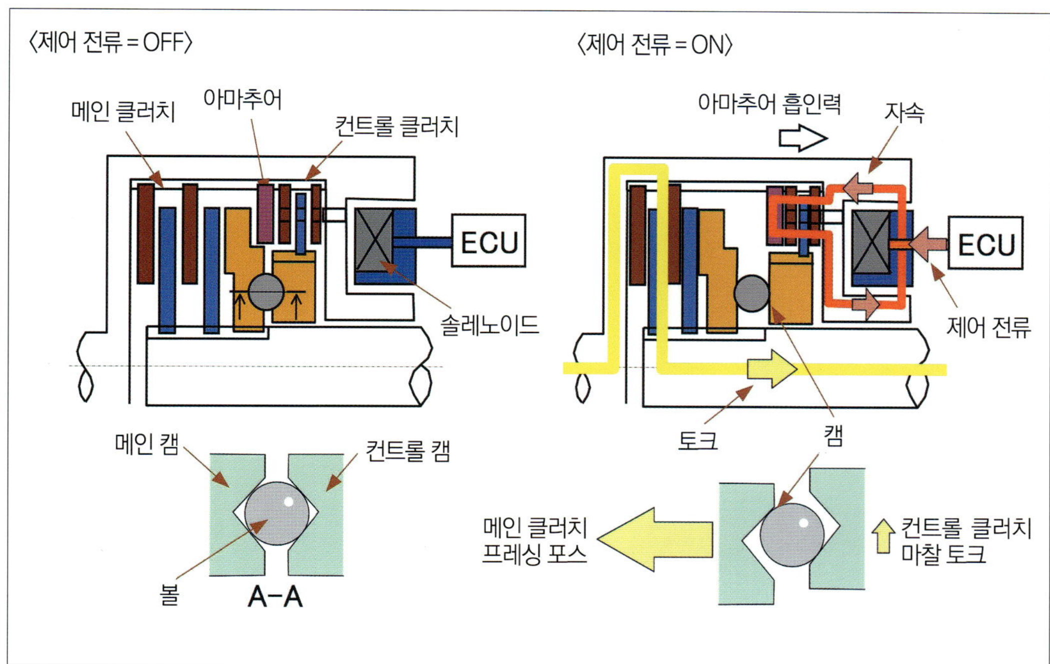

전류를 ON시키면 솔레노이드 주위에 발생되는 자속(우측 그림 참조)이 아마추어를 앞으로 끌어당겨 컨트롤 클러치를 압착시킨다. 이 움직임과 동시에 컨트롤 캠을 솔레노이드 쪽으로 움직여 볼의 위치를 변화시킴에 따라 메인 캠이 메인 클러치 쪽으로 움직인다. 이 움직임이 메인 클러치를 압착시키는 힘으로 작용하여 구동력이 앞뒤로 배분된다.

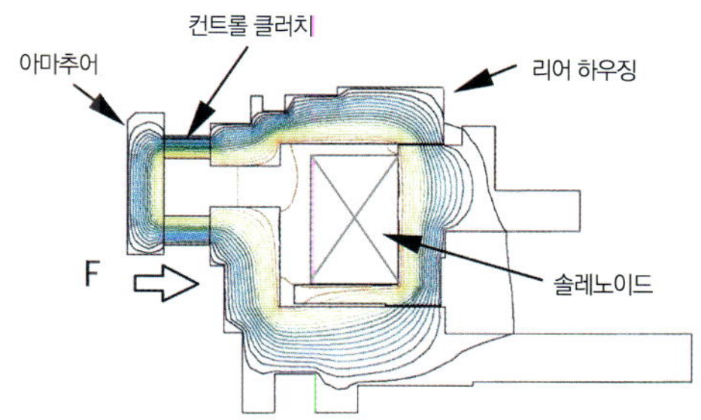

● 전자 클러치 자장(磁場)의 해석

솔레노이드에 전류가 흐른 상태에서 리어 하우징부터 컨트롤 클러치, 아마추어에 이르는 전자 클러치 부분에 자장이 발생되는데 이 자장의 FEM(유한요소법)으로 해석한 그림. 자로(磁路)의 모양이 복잡하지만 자력에 대한 흡인력은 거의 비례하는 특성을 보인다.

ITCC를 탑재하고 있는 대표적인 차량

● 마쓰다 CX-7

「전자제어 액티브 토크 컨트롤 커플링 4WD 시스템」이라고 이름 붙여 장착하였으며, 휠 속도센서, 액셀러레이터 페달 포지션 센서, 엔진제어 유닛, ABS 제어 유닛, 디퍼렌셜 유온 센서 등의 정보를 입수하여 엔진의 회전수나 기어의 포지션 또한 운전상황 등으로 판단하여 협조제어를 하면서 앞뒤의 토크 배분 비를 변화시킨다.

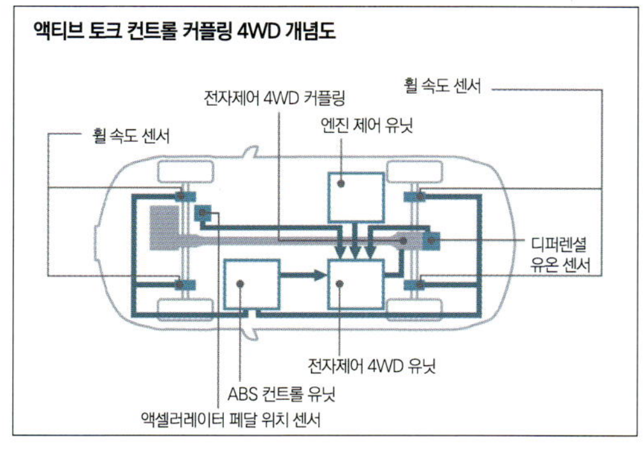

● 미쓰비시 아웃랜더

「All Wheel Control」이라고 부르는 시스템을 구성 요소로써 탑재하였으며, 앞뒤의 하중 비에 맞추어 자동적으로 브레이크의 힘(제동력)을 컨트롤 하는 EBD&브레이크 어시스트가 내장된 ABS, 액티브 스태빌리티 컨트롤 등과 협조제어를 하는 차량 실내의 스위치로 FF 모드, 토크 가변 배분 모드, 앞뒤 직결 모드를 구분하여 사용할 수 있다.

GKN : EMCD Electro-magnetic Control Device 드라이브 라인 토크 테크놀로지

전자(電磁)클러치 + 다판 클러치의 정석과 같은 구성

액티브 토크 스플릿 | 다판 클러치 + 전자구동

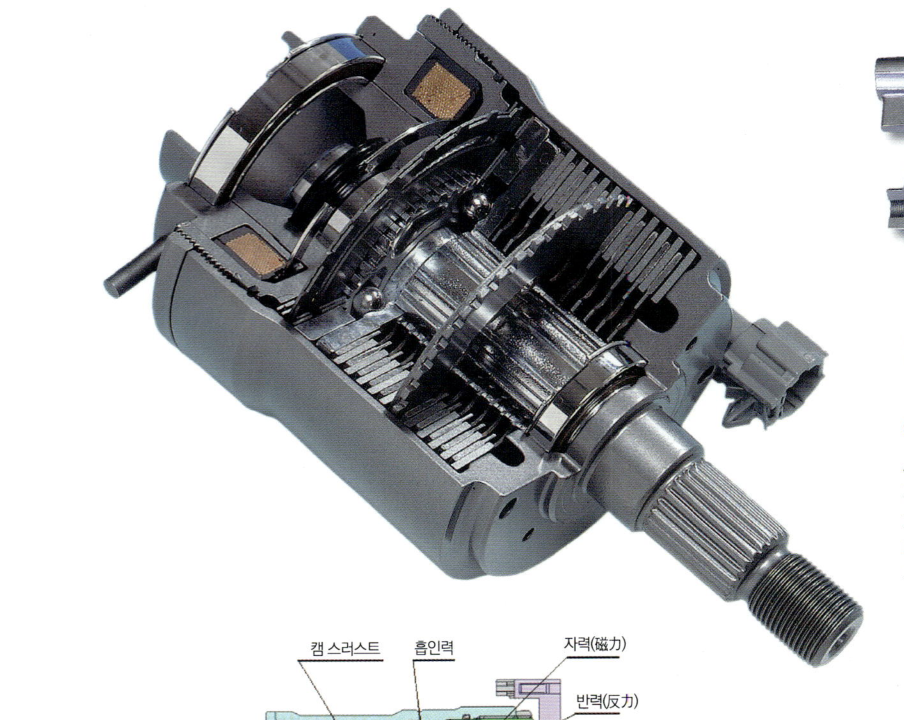

● EMCD 조립 사진

4WD 시스템을 구성할 때 앞뒤의 차축 사이에 배치하면 효과를 발휘할 수 있다. FF 베이스인 경우는 리어 디퍼렌셜 직전에, FR 베이스인 경우는 트랜스퍼 케이스 샤프트와 같은 축 위에 배치하는 패턴이 많다. 유압기구가 없기 때문에 시스템 전체를 간소화, 소형화, 경량화 할 수 있다. 현재의 크기는 4종류가 있으며, 대응하는 최대 토크는 가장 작은 제품에서 500Nm, 최대 제품은 1500Nm까지이다. 작동시 소비 전력은 3A/h 정도이다.

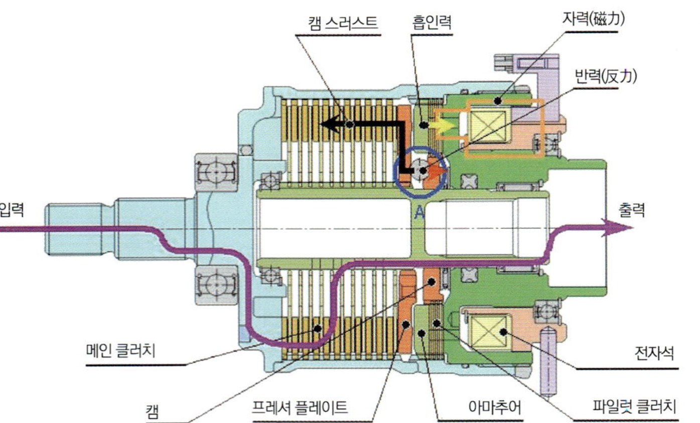

● EMCD의 구조와 작동

구성 요소는 크게 케이스, 메인 클러치 부분, 전자 클러치 부분, 볼 캠으로 되어 있다. 본체의 끝에 배치하는 전자석에 전류를 흘리면 자속이 발생하여 솔레노이드 쪽으로 흡인되는 금속제 아마추어의 움직임이 파일럿 클러치를 압착하고 동시에 메인 클러치 부분에 압착력이 발생된다.

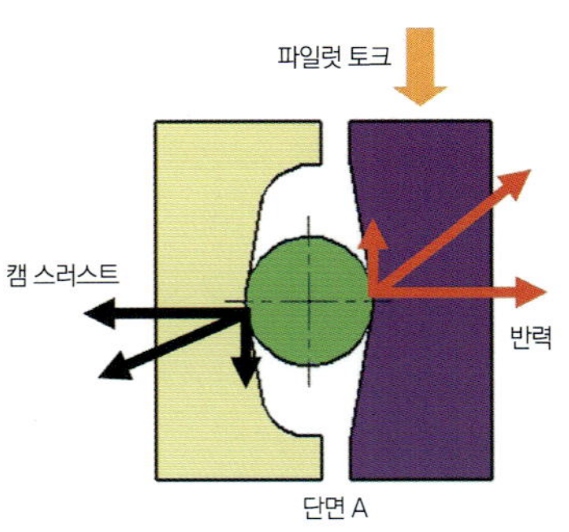

● 볼 캠의 구조

볼 캠의 단면 형상으로 우측 캠과 좌측 프레셔 플레이트 안쪽의 벽면 형상이 다르게 되어 있으며, 보통의 경우에는 양쪽의 가장 깊게 파인 부분에 볼이 위치되어 있다. 파일럿 캠이 움직여 원주방향으로 어긋나려 하는 것에 맞추어 볼이 메인 캠 부분과의 거리를 멀리하는 스러스트 힘으로 압착력을 증폭시킨다.

전자 클러치를 이용한 커플링

전자석, 파일럿, 메인 클러치, 볼 캠으로 구성되는 커플링이다. 프런트 디퍼렌셜이나 리어 디퍼렌셜로 사용하는 경우도 있지만 4WD의 트랜스퍼 케이스와 조합하거나 리어 디퍼렌셜 직전에 배치함으로써 2WD/4WD를 전환하는 등 앞뒤의 구동력 배분 비를 자유롭게 변화시키는 장치로도 이용할 수 있다. 이 장치의 장점은 전체를 소형화 할 수 있다는 점과 크기에 비해 대응 가능한 토크의 전달량이 크다는 것이다. 가장 높은 토크까지 대응할 수 있는 제품으로 1500Nm까지 대응하며, 메인 클러치의 압착력을 제어하는 것이 전자석이기 때문에 반응속도가 빠른 것도 장점이다. 전류를 공급한 후 최대 토크의 63%에 도달할 때까지 필요한 시간은 상온 영역에서 약 0.08초 정도이며, 반대로 토크의 전달을 차단하는 경우도 비슷한 정도의 시간밖에 소요되지 않는다. 다만 실제에 있어서는 더 천천히 차단하는 것도 가능하기 때문에 어떻게 사용할지는 메이커의 나름이다.

메인 클러치 부분에 충진되어 있는 유체(fluid)는 전용으로 개발한 것으로 일반적인 ATF 등과 비교하여 저온에서 점도가 낮고 또한 파일럿 클러치 작동시에 발생되기 쉬운 이상 진동(judder)에 의한 노이즈를 감소시키기 위하여 첨가제가 포함되어 있다.

Motor Assisted 4WD

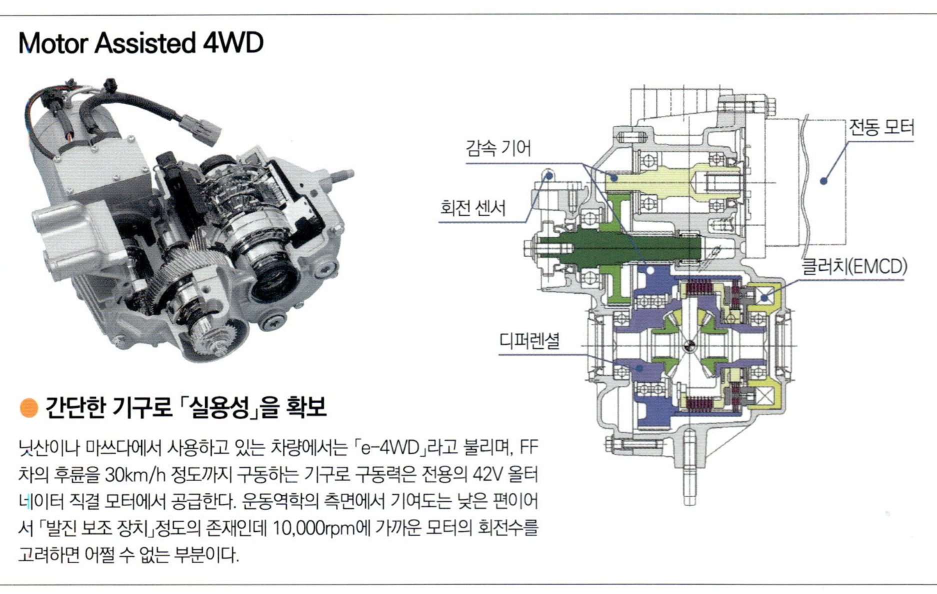

● 간단한 기구로 「실용성」을 확보

닛산이나 마쓰다에서 사용하고 있는 차량에서는 「e-4WD」라고 불리며, FF 차의 후륜을 30km/h 정도까지 구동하는 기구로 구동력은 전용의 42V 올터네이터 직결 모터에서 공급한다. 운동학적인 측면에서 기여도는 낮은 편이어서 「발진 보조 장치」정도의 존재인데 10,000rpm에 가까운 모터의 회전수를 고려하면 어쩔 수 없는 부분이다.

Haldex : Haldex AWD (Generation III) 할덱스

유럽 스타일 「생활의 4WD」와 함께 진화

액티브 토크 스플릿 | 다판 클러치-유압작동

Golf 4Motion

골프 4Motion의 리어 파이널 드라이브 어셈블리이다. 그림의 왼쪽이 차량에 장착하는 앞 쪽이며, 전방으로 향한 원통 모양의 부분(다판 클러치가 컷 모델로 그려져 있다)이 할덱스 커플링이다. 골프 패밀리부터 파사트, 아우디 A3계열 및 TT까지 설계와 메커니즘을 공통적으로 사용하고 있다.

Volvo XC70/XC90

볼보도 SUV계열 모델의 후륜을 구동하기 위한 메커니즘으로 할덱스의 가장 신세대 유닛을 사용하고 있다. 엔진의 토크 증가와 앞뒤 바퀴의 회전차 등 클러치를 제어하는 기본 정보, 심지어 ABS나 ESP의 작동 등을 CAN(Car Area Network) 통신위에 흐르는 정보에서 검출하여 커플링의 전달 토크 용량을 제어하고 있다.

● 할덱스(Gen III)의 구성

그림의 우측이 커플링에 의한 입력 쪽(FF 베이스로 후륜 구동을 갖게 된 경우는 앞 차축에서). 후방의 원통 모양 유닛이 동일 축 위에 배치된 유압 펌프와 다판 클러치이며, 입력 쪽이 빨리 회전해야 유압 펌프를 구동하지만 유압의 발생이 지연되는 상황 때문에 어큐뮬레이터(accumulator, 축압기)를 배치하고 있다.

유압-기계-전자제어를 응축한 기구

최초로 유럽의 차량에 「생활의 4WD」를 선보인 것은 골프(II) 싱크로가 그 시초이며, 이때는 전륜을 직결하고 후륜 쪽의 토크 전달은 비스커스 커플링을 사용한 패시브 토크 스플릿 4WD이다. 나중에 ABS를 도입하면서 작동하게 될 때는 결합을 해제하는 클러치를 추가하기도 하였다. 그 후에 도입된 것이 스웨덴의 유압＝기계 전문기업으로 할덱스가 개발한 토크 전달의 메커니즘이다. 현재 아우디 A3 계열 및 골프와 플랫폼을 같이 이용하는 차종의 4WD 모델은 이 할덱스 유닛을 리어 디퍼렌셜 직전에 장착한 액티브 토크 스플릿 방식을 하고 있다.

이 커플링의 특징은 먼저 입력의 회전으로 오일펌프를 구동하여 유압을 발생시키고 그 유압을 전자제어 회로에 보내 다판 클러치의 압착력을 증감한다는 기본 구성을 하고 있다. 또한 유압 펌프와 클러치를 압착시키는 메커니즘은 입체 캠을 동일 캠에 이중으로 배치하여 전자제어까지 일체로 연결하고 있다. 전자(電磁)의 작동과 비교하여 유압 쪽이 클러치에 가압하는 추력(推力)을 크게 얻을 수 있다는 점이다. 그러나 수동적인 메커니즘이 아니기 때문에 휠의 회전속도 차이가 필요한 ABS 등이 작동할 때는 전기 신호를 주고받음으로써 대응할 수 있다는 점 등을 처음부터 반영시켜 개발한 유닛이다

마찬가지로 골프 4Motion의 드라이브 트레인의 전체 모습이다. 물론 그림의 좌측이 차량의 전방이고, 트랜스 액슬이 그려져 있다. 프런트 디퍼렌셜 축 위에서 90°로 방향을 바꾼 구동축이 뒤의 프로펠러 샤프트에 의해 할덱스 커플링 유닛과 연결되어 있다.

● 유압 발생~클러치 작동 메커니즘

우선 그림의 우측에서 보듯이 내외 2개의 곡면 캠이 있고 이 캠 자체는 출력축 쪽으로 연결되어 있다. 롤러는 입력축의 작동으로 공전하며, 여기에서 회전차가 발생하면 안쪽의 곡면 캠과 롤러가 펌프 링을 왕복시켜 오일펌프를 구동시킴으로써 유압을 발생한다(그림 위). 바깥 쪽의 곡면 캠(프레셔 플레이트)과 롤러는 전면에 있는 유압 피스톤(왼쪽 전체 구성도 참조)에 추력이 더해지면 회전차에 의해 뒤쪽의 습식 다판 클러치를 향해 프레싱 포스를 발생한다. 캠의 입체 형상을 따라 최초의 압착력을 만드는 메커니즘(아래 그림)이다. 증폭용 볼 캠을 사용하는 앞의 2종도 그렇지만 토크의 전달이 가속화되는 것은 차륜이 몇 번 정도 회전한 다음에 이루어진다.

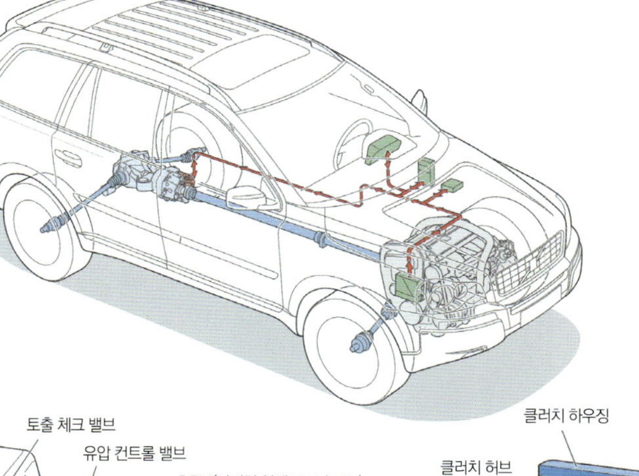

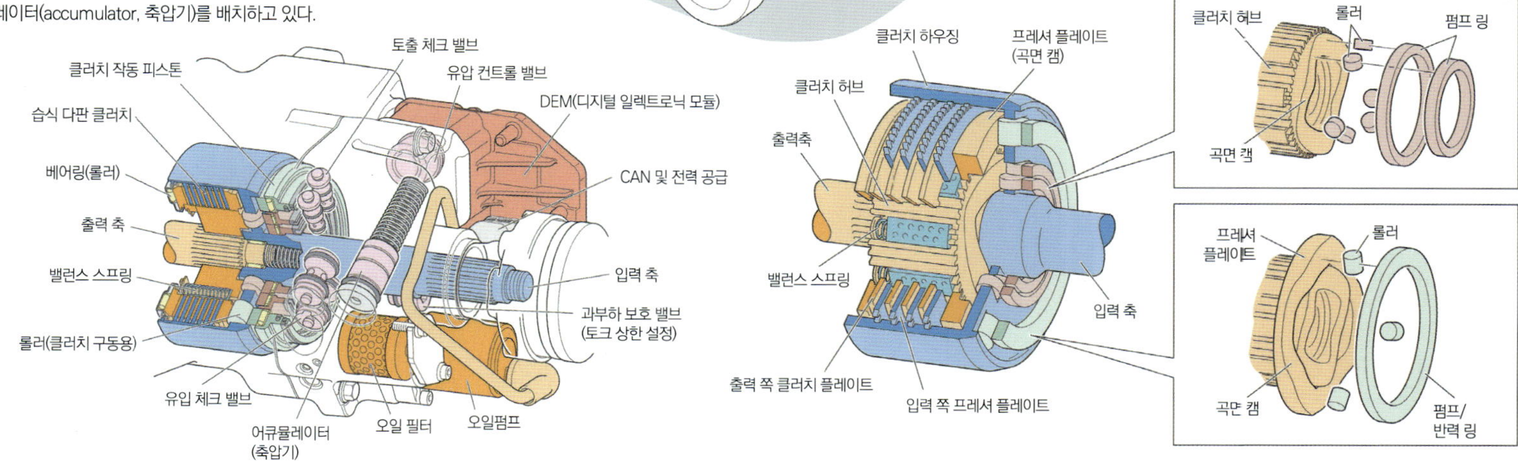

Honda Dual-pump system

Passive Torque split/Multi-plate clutch, Fluid operation 혼다 듀얼 펌프 시스템

독자적인 회전차 감응 유압 발생 – 클러치 작동기구

패시브 토크 스플릿 | 다판 클러치-유압작동

● 구조 설명도

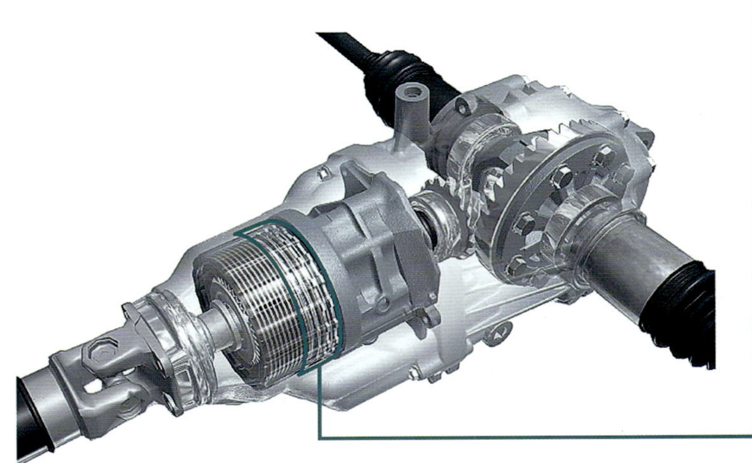

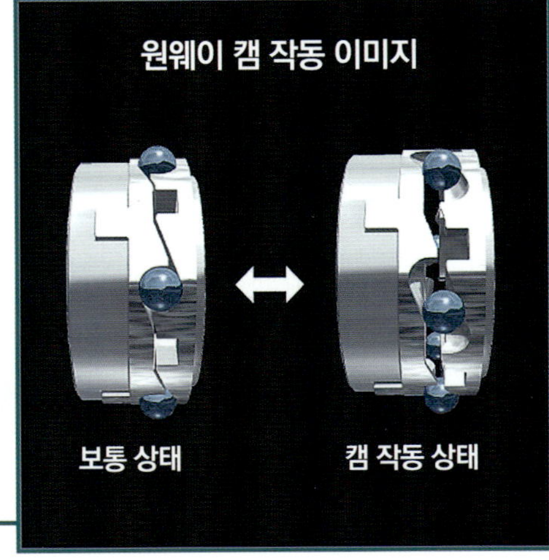

볼 캠의 작동하는 모습. 회전차가 발생되면 입체 캠이 차동 함으로써 볼이 올라가 클러치의 압착력을 발생시킨다.

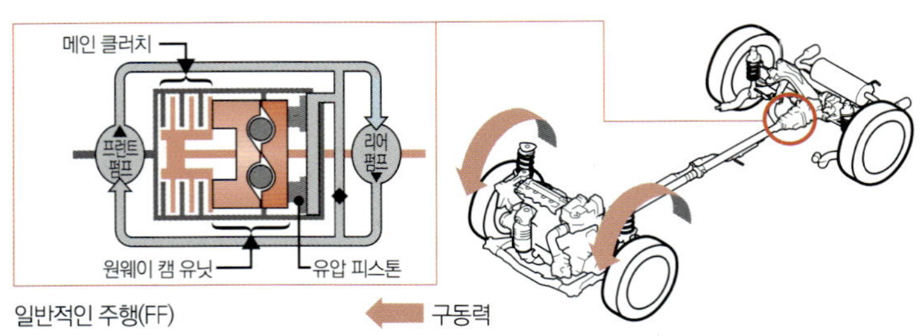

일반적으로 거의 FF 상태로 주행하며, 전륜과 후륜에 회전차가 없기 때문에 원웨이 캠은 작동하지 않는다.

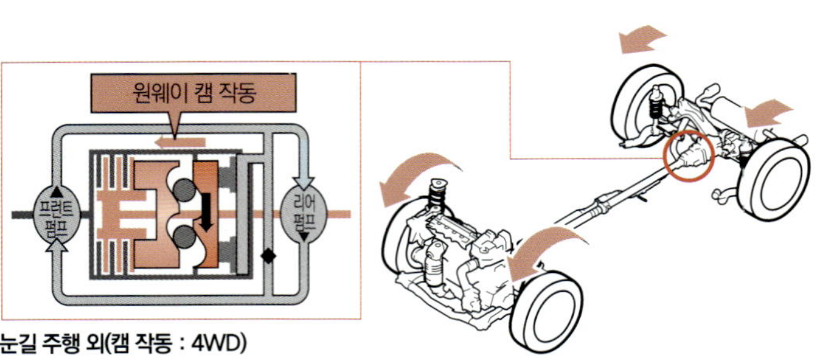

눈길 주행 외(캠 작동 : 4WD)
미끄러지기 쉬운 노면에서는 전륜과 후륜에 회전차가 발생되기 때문에 원웨이 캠이 메인 클러치를 압착한 순간에 후륜으로 구동력을 전달하여 4WD로 전환된다.

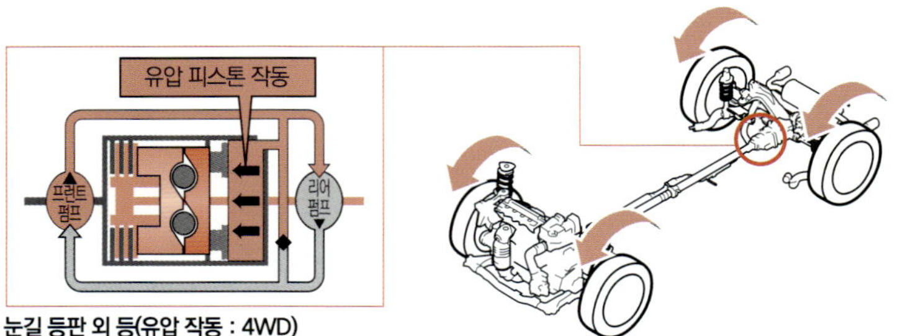

눈길 등판 외 등(유압 작동 : 4WD)
후륜에 더 큰 구동력이 필요하게 되면 메인 클러치를 유압의 힘으로 더 밀어 압착시킨다.

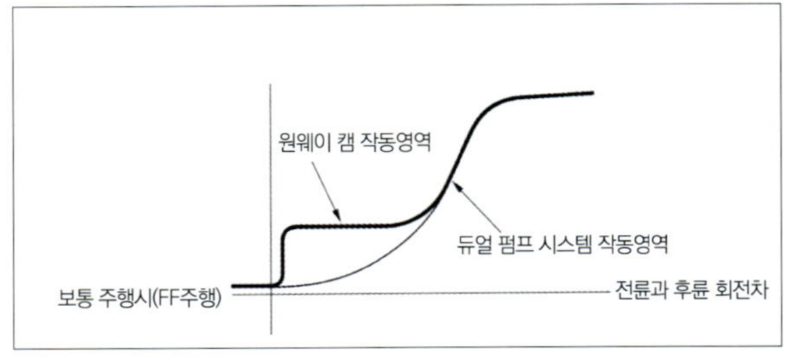

듀얼 펌프 유압＋볼 캠에 의한 토크의 전달 특성

듀얼 펌프만으로는 전후의 회전 속도차가 커지지 않으면 클러치의 압착력이 상승하지 않는다. 그러나 회전차가 발생한 순간에 토크를 전달하여 회전을 구속할 때를 위해 기계적으로 감응하여 작동하는 볼 캠을 추가한 것이다.

펌프 2개의 회전차에 의해 작동 유압을 발생한다.

실제로 쓰이는 4WD에서도 타사와 다른 방법을 선택해 온 혼다. 현재 소형에서 중형급 자동차에 사용하고 있는 듀얼 펌프 시스템은 기본적으로 다판 클러치에 의한 토크 스플릿 방식이지만 그 압착력의 발생 방법이 독특하다. 각각의 앞뒤 차축에 연결되어 구동되는 2개의 트로코이드(trochoid) 펌프 사이에서 발생하는 유압이 순환하는 회로를 공유하고 있다. 양쪽의 회전속도가 동일하면 토출과 흡입이 균형을 이루어 유압의 압력차는 발생하지 않는다. 전륜이 빨리 회전하면 프런트 쪽 펌프의 토출이 증가되어 리어 쪽의 흡입보다 오버플로(overflow) 하게 되어 이 압력으로 클러치를 압착한다. 최근 제품에서는 앞뒤의 회전차가 발생된 순간에 클러치의 압착력을 상승시키는 볼 캠이 추가되어 있다.

유압 회로

앞뒤 펌프 2개의 토출-흡입을 폐쇄회로로 하고 있다. 어디까지나 전륜이 후륜보다 빨리 회전할 때만 후륜의 차축을 연결한다는 생각이다. 이 상태에서 발생된 유압이 체크 밸브(E)를 밀어서 열면 클러치의 압착력이 발생한다.

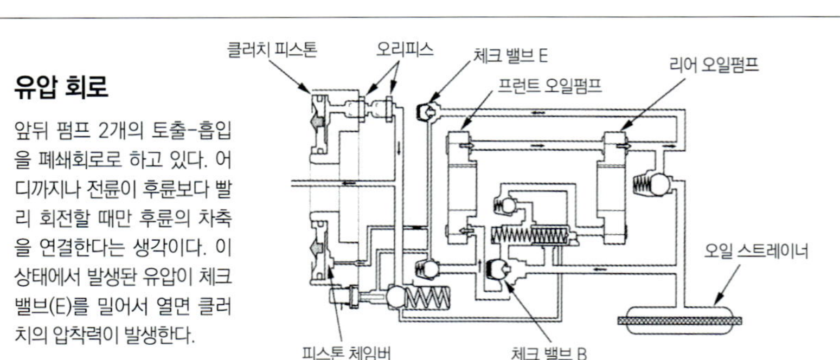

Nissan E-TS / All Mode 4×4 & Univance 닛산 E-TS/All Mode 4×4 유니반스

2WD에서 기계적 록까지 4개의 모드를 겸비

Active Torque split/Multi-plate clutch + Fluid operation

액티브 토크 스플릿 | 다판 클러치 + 유압작동

● All Mode 4×4 트랜스퍼 유니반스 ATX14B

FR 베이스의 「All Mode 4×4」 차량용 트랜스퍼 케이스로 이용되고 있는 제품. 서브 변속기가 있어서 2WD, AUTO(4WD-Hi AUTO), 4H(4WD-Hi LOCK), 4-L(4WD-Lo LOCK) 4가지의 모드를 선택할 수 있다. 주요 구성 요소로는 습식 다판 클러치와 유압 펌프 및 컨트롤 밸브, 4WD-Lo와 4WD-Hi 를 전환하기 위한 플래니터리 기어 및 Lo&Hi 전환 슬리브, 4WD-Lo일 때 기계적인 직결을 실현하기 위한 기계식 록 기구 등이다. 사일런트 체인으로 구동력을 앞 쪽으로 전달한다. 어느 쪽이든 실적이 있는 기구를 토대로 만들어진 튼튼한 트랜스퍼 케이스라는 인상을 갖게 된다. 탑재 차량은 패스파인더와 인피니티 QX56 등이다.

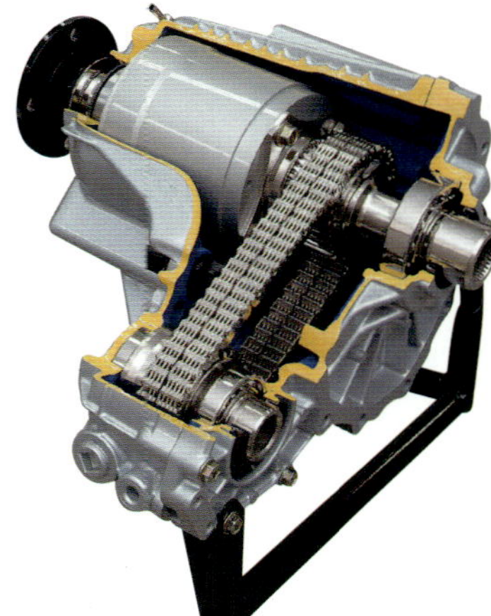

● ATTESA E-TS용 트랜스퍼 케이스

전자제어 액티브 토크 스플릿 4WD의 선구자인 ATTESA E-TS. 앞뒤 토크 배분 클러치의 제어를 유압으로 시작했지만 현재 인피니티 FX35/45, M35, 35에서 이용되고 있는 「유니반스 ETX13B」 트랜스퍼 케이스에서는 전자 클러치의 제어로 변경되어 있다. 사진에서 왼쪽 위쪽에 보이는 원통 모양의 부분이 전자 클러치 유닛이다.

ATX14B의 구동력 경로

트랜스미션 쪽에서 전달된 구동력은 2WD 모드에서는 Lo&Hi 전환 슬리브를 매개로 메인 샤프트로 전달될 뿐이다. AUTO(4WD-Hi AUTO) 모드에서는 유압 펌프의 제어밸브가 열려 습식 다판 클러치를 압착시키는 힘이 작용함으로써 스프로킷에서 사일런트 체인을 매개로 프런트 쪽의 출력축으로 전달된다. 클러치 압착력은 유압에 맞추어 바뀌게 되고 이로 인해 앞뒤의 구동 토크 배분은 연속적으로 가변된다. 또한 현시점에서는 이 트랜스퍼 케이스를 탑재한 차량의 출력보다도 트랜스퍼 케이스의 클러치 압착력이 높기 때문에 4H(4WD-Hi LOCK) 모드에서는 앞뒤를 직결 상태까지 이르게 할 수 있다.

4L(4WD-Lo LOCK) 모드에서는 Hi일 때 사용했던 클러치가 온전히 프리 상태가 된다. Lo&Hi 전환 슬리브가 ⾟동함으로써 플래니터리 기어의 캐리어와 메인 샤프트가 서로 맞물리게 되고 심지어 Lo/Hi 슬리브가 스프로킷 쪽으로 이동하여 슬리브에 설치되어 있는 클로(claw)가 스프로킷 쪽 클로와 맞물려 체결된다. 즉, 완전한 기계적인 직결상태가 된다 결과적으로 그렇게 된 것이지만 Lo나 Hi 모두 직결상태가 되는 것이다.

● 동력전달을 모드에서 전환한다.

파워 패키지에서 전달되는 동력은 동력의 배분 모드마다 다른 경로로 전달된다. 2WD 모드는 후륜 축과 직결되며, 4WD 모드와 4H 모드에서는 유압제어인 메인 클러치를 매개로 체인→프런트 디퍼렌셜로, 4L 모드는 경로 자체를 완전히 바꾸어 플래니터리 기어와 스프로킷이 체결됨으로써 앞뒤의 바퀴 사이가 완전히 결합된다.

Passive Torque split/Multi-plate clutch + Fluid operation

패시브 토크 스플릿 | 유압 펌프 + 캠 구동

● 유니반스AXC

회전차에 반응하여 작동하는 유압 펌프식 구동력 배분장치. 회전차를 감지하면 거기에 맞추어 우측의 사진에서 왼쪽 부품(캠)이 좌측의 파트인 볼록(凸)부분(피스톤)을 밀어낸다. 그로 인해 발생된 유압으로 피스톤의 캠을 밀기 때문에 캠의 반력에 의해 연속적으로 구동력을 배분하는 것이 기본적인 작동 원리이다. 자동 토크 제한기구, 오토 록업 기구 등도 배치되어 있다.
간단할 뿐만 아니라 콤팩트한 기구이기 때문에 리어 디퍼렌셜 케이스에 내장, 트랜스퍼 케이스에 내장, 리어 디퍼렌셜 앞에 배치 등 탑재의 자유도가 높다. 닛산 세레나, 르노 캉구, 다이하쓰 아트라이, 스즈키 에브리 등에 사용한다.

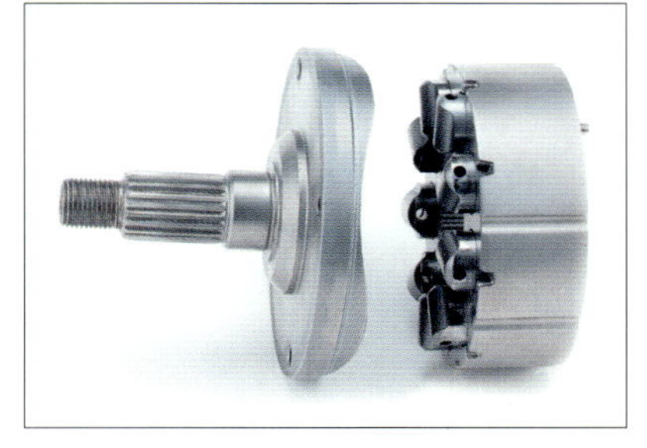

BMW xDrive : 센터 디퍼렌셜 (베벨기어) + 비스커스 LSD

후륜을 구동하는 것과 같은 민첩성을 추구한 토크 스플릿

액티브 토크 스플릿 | 다판 클러치-모터 작동

X3

센터 디퍼렌셜에서 토크 스플릿으로

BMW 최초의 본격적인 SUV인 X5(최초)를 개발할 당시에는 영국의 랜드로버 산하(현재는 포드 산하)에 있어서 차기 레인지로버와 병행하여 개발되었다. 고급 SUV로서의 성능과 오프로드를 주파하는 신기술 등 거기서 얻은 것들이 많았을 것이다. 센터 디퍼렌셜 4WD 기구를 완성시키고 대형 타이어를 장착한 중량급 차량이 이미지대로의 라인을 정확하게 밟아나가는 뛰어난 자질의 소유자가 된 것이다. X5는 SUV 답지 않은 스티어링의 응답성과 선회성에 장점을 가졌다. 그러나 도중에 후륜 구동 + 액티브 토크 스플릿으로 전향하여 이어 개발된 X3(초대)에도 똑같은 주행기능 요소가 반영되어 왔다.

파워 패키지의 출력은 그대로 후륜으로 직결되며, 그 축 위에 토크 스플릿 클러치가 배치되어 있어서 전륜으로 구동력을 전달하는(X3는 이중 체인, 아래 5시리즈는 기어) 방식의 후륜 구동을 기본으로 하여 전륜으로 토크를 분할하고 직결 4WD의 결합을 강화해 가는 메커니즘이다. 모터를 이용하여 지렛대의 암을 직접 움직여 클러치의 압착력을 발생하는 방법 외에는 별다른 예가 없다.

X5

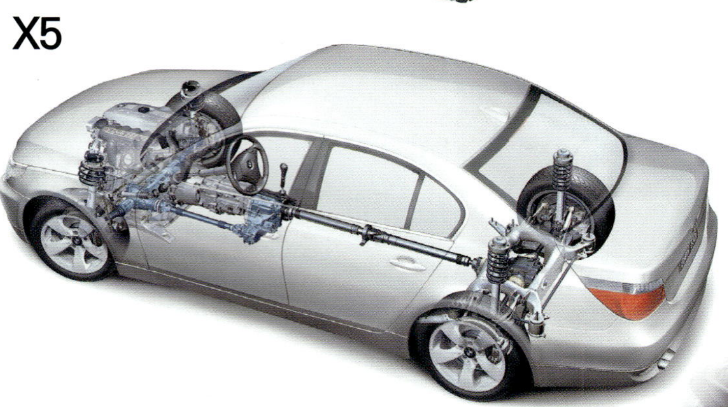

민첩성과 고속 안정감을 양립시키는 것은 어렵다.

BMW가 액티브 토크 스플릿으로 전환한 의도는 특히 X5 후기형의 주행성능에서 엿볼 수 있었다. 크고 무거운 SUV에 민첩한 스티어링의 응답성, 회전성을 갖도록 하기 위하여 상당한 영역을 후륜 구동으로 주행하며, R32~34 GT-R 방법론과 유사하다. 그러한 반면에 라인 트레이스나 방향을 전환하는데 있어서 예민한(신경질적인) 움직임을 보였으며, 미국 시장의 표면적 요구를 반영한 인상이다. 그에 반해 X3 초기형은 중·고속의 주행 안정성을 중시했는지 앞뒤의 결합이 상시적으로 약간 강한 편이다. 반대로 그것이 구속감과 방향을 전환할 때 저항감을 일으켰다.

최신 SUV 모델에 4WD 기구와 섀시를 일신(一新).

센터 디퍼렌셜 | 플래니터리 기어 + 전자제어 LSD

디스커버리 3

● 4WD 트랜스퍼 케이스

디스커버리부터 도입된 랜드로버의 신세대 구동 패키지. 트랜스미션 바로 뒤에 서브 변속기가 배치되어 있으며, 그 뒤쪽으로 플래니터리 기어의 센터 디퍼렌셜이 앞으로 돌아온 부분부터 이중 체인으로 전륜의 구동을 차량의 좌측으로 배치한 구성이다. 왼쪽 사진은 이 트랜스퍼 케이스의 컷 모델을 약간 뒤쪽 위에서 바라본 모습으로 앞쪽에 후륜의 프로펠러 샤프트가 연결되는 플랜지 직전에 플래니터리 기어가 보인다. 차동제한은 이것도 클러치를 모터로 압착력을 가하는 기구를 이용한다.

● 전자동 지형 반응 시스템 (terrain response)

구동형태 뿐만 아니라 지상고(地上高)나 서스펜션의 세팅, 엔진과 AT의 특성 등을 통합하여 전형적인 노면이나 주행상태에 맞는 5가지의 조합을 선택하기만 하면 되는 「터레인 리스폰스」. 이를 위한 사용자의 인터페이스(위 사진)나 실주행의 적합성은 과연 랜드로버라는 말이 나올 정도이다.

레인지로버 스포츠

고급 SUV도 기업을 매수하는데 영향이 크다

포드 산하로 옮긴 랜드로버. 디스커버리 3부터 SUV로서의 엔지니어링도 전면적으로 새로워졌다. 센터 디퍼렌셜을 플래니터리 기어로 하고 고정 토크의 배분을 약간 뒤로 치우치도록 하였으며, 차동제한은 전자제어 클러치로 하였다. 서스펜션도 4륜 모두 대형의 암으로 연결한 더블 위시본으로 되어 있다. 이때까지 가져온 「포장도로에서는 차분하고 정확하게」, 「거친 오프로드가 주요 무대인 듯한」 캐릭터를 조금은 간직하면서도 일신시키려는 의도를 엿볼 수 있다. 레인지로버 스포츠도 스타일링은 명작 레인지로버(III)와 공통된 이미지를 하고 있지만 기술적인 내용으로 눈을 돌리면 디스커버리 3와 공통점이 많다. 포드 산하에서 개발이 진행된 신세대인 것이다. 재미있는 사실로는 BMW에서 포드의 자회사로 바뀌면서 이전 세대에 속하는 레이지로버도 재규어의 파워 유닛을 장착하는 등의 과정 속에서 주행성능의 특성이 포드식으로 바뀌었다는 점이다.

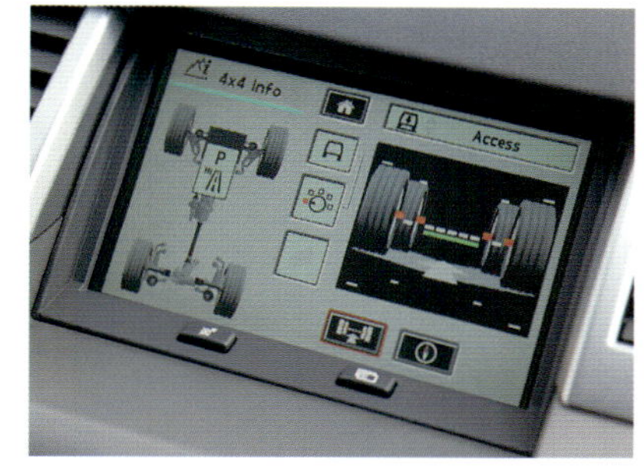

● 레인지로버 스포츠

고급 SUV 브랜드를 추구하는 가운데 X5나 카이엔 등에 더 많은 눈길을 주는 고객층 기호에 맞춘 모델. 주행도 약간 유형적이고 스프링 아래 쪽 중량도 느껴지지만 순발력이나 민첩성을 갖추도록 엔지니어링 되어 있다. 디스커버리와 함께 앞뒤로 개발하면서 양쪽 공통으로 사용할 수 있는 4WD 기구를 설계하고 개발하는 방식을 취했다.

본격 지향 SUV – 미국과 일본

고전적인 견고함. SUV의 주장은 구동기구로 부터 나타난다

Jeep – 오랜 전통을 가진 가운데 많아진 선택폭

Command-Trac

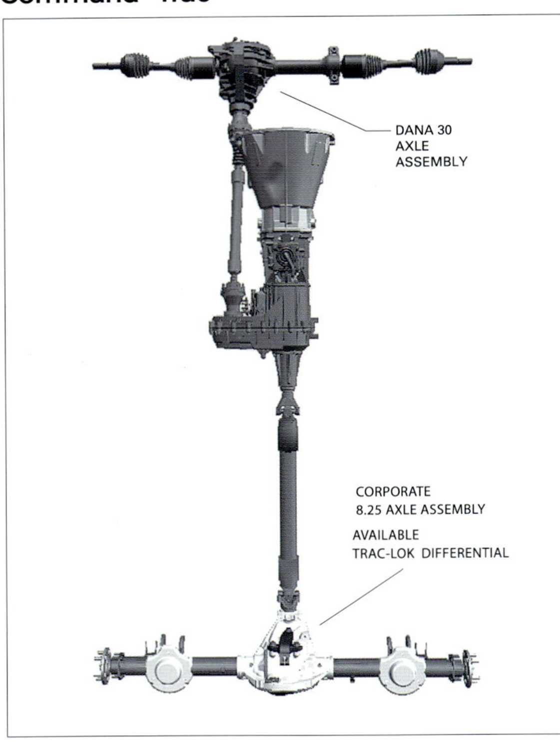

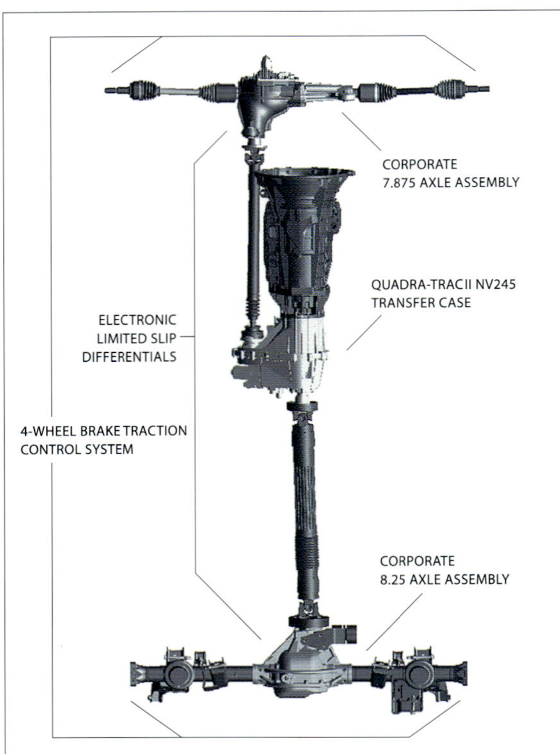

● **Command-Trac**

전통적인 지프의 2WD/4WD 실렉티브 4WD에 서브 변속기를 장착하는 방식의 기본적인 사양으로 2H-4H-N-4L의 4포지션 역시 전통적이다. 이 트랜스퍼 케이스에서 전륜으로 현대적인 이중 사일런트 체인으로 구동력을 분할하여 왼쪽 옆으로 출력한다. 서스펜션은 앞뒤 리지드/코일 방식을 사용한다.

전통성을 즐거움에서 현대적인 세련으로까지

미국이 낳은 SUV라는 장르에 머무르지 않고 오늘날의 승용차형 4WD의 흐름을 거슬러 올라가면 지프를 만나게 된다. 원래는 군용의 정찰 연락 차량으로 원형을 만들어 낸 곳은 밴텀이라는 작은 회사였다. 그것을 윌리스가 이어받고 포드도 같은 설계로 MB를 만들었다. 윌리스는 먼저 AMC에 인수되고 이것이 크라이슬러로 흡수되면서 지금도 그 정통 혈통의 후계자로서 「Jeep」라는 이름을 쓰는 곳은 크라이슬러의 지프 디비전 뿐이다.

정통 원조로서 지프를 리메이크한 랭글러 외 모델에 대해 폭넓은 4WD 시스템을 채택하였으며, 제각각 고유명을 붙여 사용자의 선택을 가능하게 하고 있다. 기본은 전통적인 실렉티브 4WD + 서브 변속기로서 "Command-Trac"이라고 부른다. 전통적이라 하더라도 4WD의 메커니즘이나 섀시 설계는 현대적으로 리뉴얼한 것으로 고정 토크의 배분을 앞 48% : 뒤 52%로 설정한 실렉티브 4WD 트랜스퍼 케이스도 있으며, 서브 변속기와의 조합도 있고 없느냐에 따라 "Quadra-Trac I", "Quadra-Trac II"로 구분하여 부른다. Quadra-Trac II는 센터 디퍼렌셜에 전동 록을 장착하는데 이것을 전자제어 LSD로 바꾸면 "Quadra-Drive"가 된다. 심지어 앞뒤 디퍼렌셜에도 록이나 각종 차동제한 기구가 준비되어 있어서 어떻게 조합하느냐에 따라 많은 버전이 나오게 된다.

Quadra-Drive

가장 「현대적」인 센터 디퍼렌셜 4WD + 전자제어 LSD로서 서브 변속기까지 장착한 구동 시스템이다. 이 트랜스퍼 케이스의 컷 모델은 트랜스미션 쪽으로 가깝게 플래니터리 기어(고정 토크의 배분은 48% : 52%)가 있고 체인을 통하여 다판 클러치와 전자 작동 LSD가 연결되어 있다.

LSD 변형 모델

● **TRACK-LOK(메커니컬)**

앞뒤 디퍼렌셜의 록이나 LSD도 여러 종류이다. 사진은 캠의 작동과 다판 클러치가 일반적인 메커니컬 LSD.

● **TRU-LOC(헬리컬)**

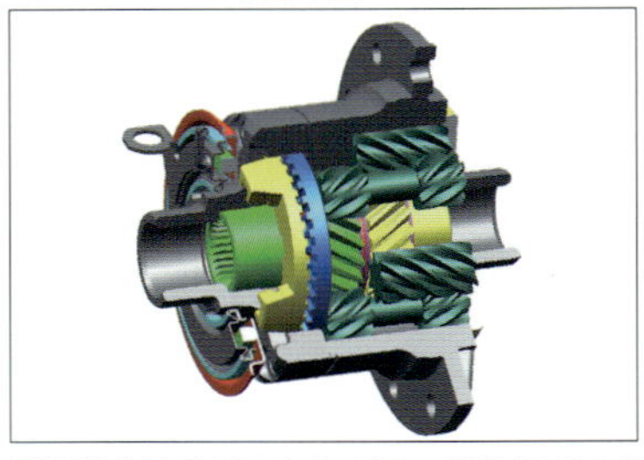

「확실하게 록」을 작동시키는 것은 그림에서도 알 수 있듯이 양쪽 사이드 기어를 헬리컬 피니언 기어로 연결하는 헬리컬 LSD.

● **ELSD(전자제어)**

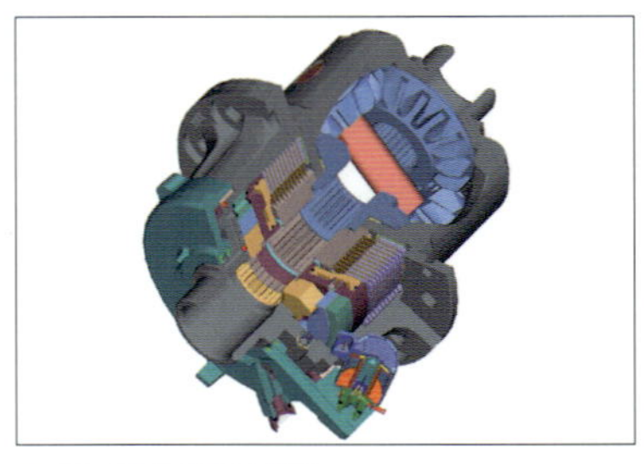

이것은 다판 클러치를 솔레노이드와 회전 캠이 밀어서 작동을 제한하는 전기 작동 LSD.

미쓰비시 파제로 – 이번에도 선택폭이 많은 4WD에 고심

SS4II 시스템 구성도

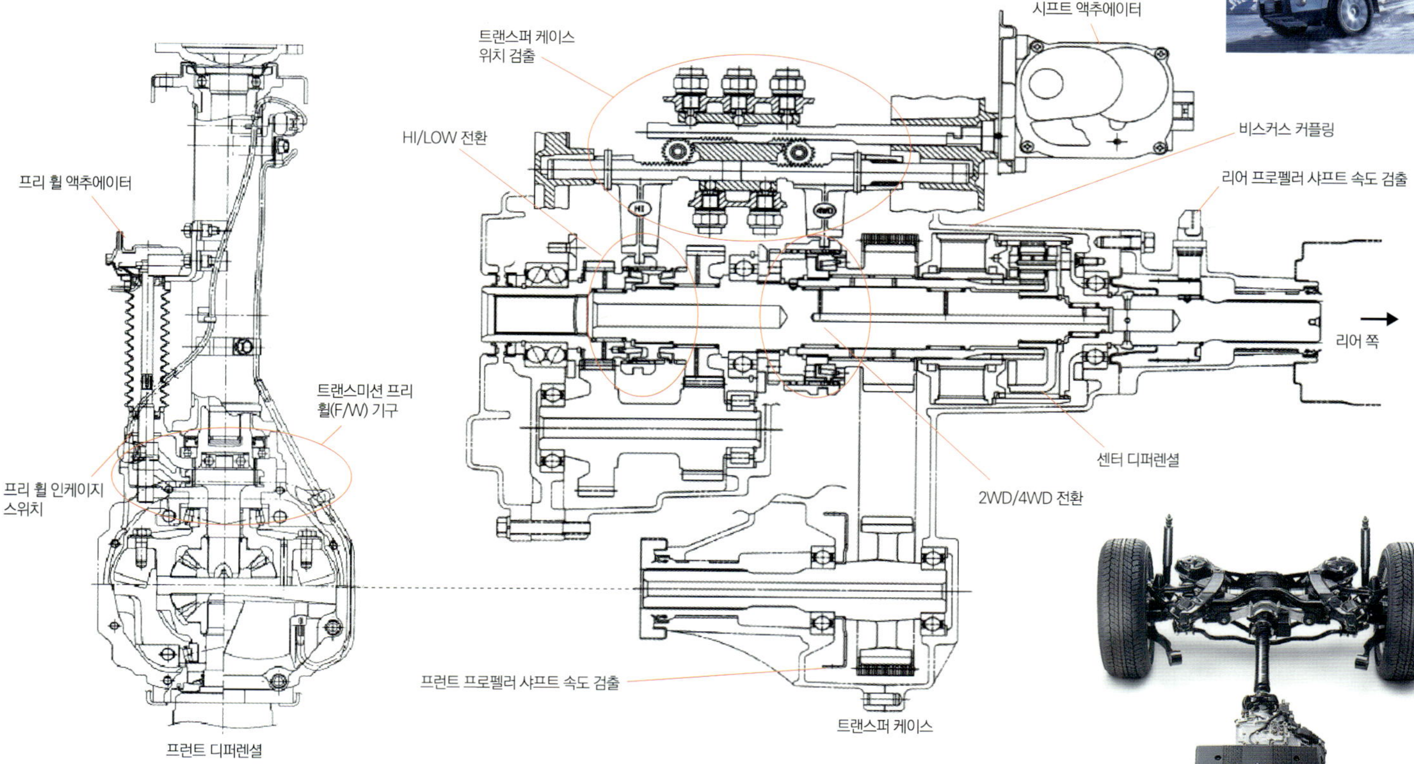

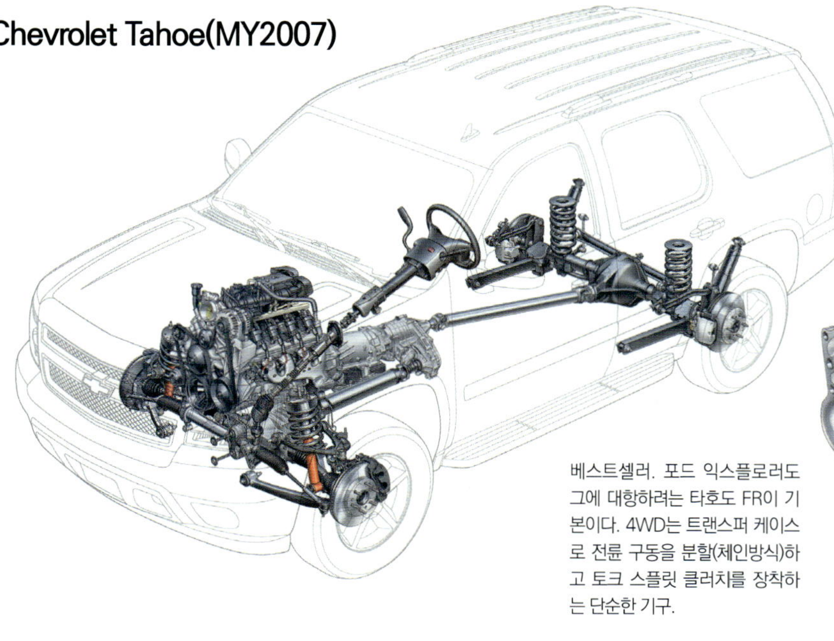

「다양한 성능」의 멀티 플레이어 같은 구동 기구

2WD/4WD를 선택할 수 있는데 4WD는 플래니터리 기어에 의한 앞뒤 부등(不等) 토크 배분 센터 디퍼렌셜에 비스커스 LSD를 조합한 것이다. 반대로 2WD일 때는 전륜 디퍼렌셜의 구동을 차단하는 프리 휠 기구가 설치되어 있으며, 심지어 2단 서브 변속기도 있다. 이들 각각의 선택기구 부분에 싱크로메시를 설치하여 주행 중에 트랜스퍼 케이스 레버의 조작으로 전환이 가능한 그야말로 만능 구동기구이다. 그러나 어떻게 구분하여 사용할 것인지가 문제이다. 센터 디퍼렌셜이 있으면 2WD로 주행할 필연성은 없다. 고속에서 연비를 위해 2WD로 주행한다는 것은 속설일 뿐으로 우선 안정성을 위해서는 센터 디퍼렌셜 4WD로 주행하는 것이 좋으며, 평탄한 도로를 일정한 속도로 유지하는 것이라면 모르겠지만 구동방식에 의한 연비의 차이는 거의 없어서 날씨나 노면이 조금 나쁜 상태 정도에서만 2WD〉4WD가 된다. 원래는 랜드로버 방식의 상황별 모드 선택이 바람직하다.

2006년에 풀 체인지 되었지만 엔지니어링은 이전 모델을 거의 그대로 계승. 따라서 전환 장비가 많은 구동 기구도 바뀌지 않았다. 정통 SUV도 세련되어 가는 시대인 만큼 부드러우면서도 강렬한 주파 성능을 가진 랜드로버의 진화과정을 참조했으면 좋겠다.

쉐보레 타호 – 실용적인 FR베이스의 토크 스플릿 방식

Chevrolet Tahoe(MY2007)

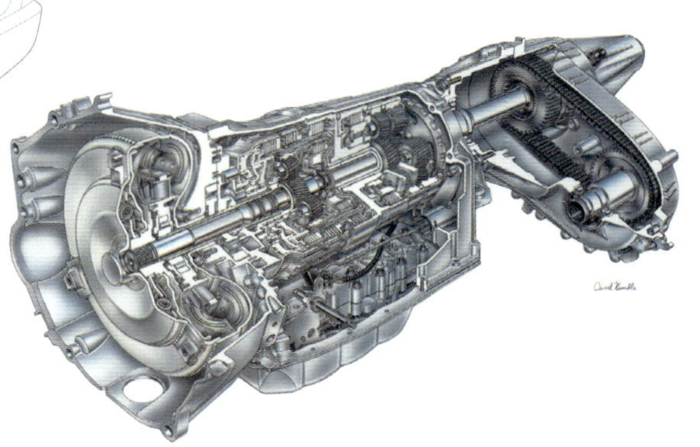

베스트셀러. 포드 익스플로러도 그에 대항하려는 타호도 FR이 기본이다. 4WD는 트랜스퍼 케이스로 전륜 구동을 분할(체인방식)하고 토크 스플릿 클러치를 장착하는 단순한 기구.

아메리칸 SUV는 「토크 온 디맨드」

SUV 전성시대인 미국이지만 사실 지프는 특수한 경우로 보아야 하고 대다수 사용자는 SUV에 주파 성능이나 전천후 성능을 기대하고 있지는 않다. 눈이나 비가 많이 오는 지역도 상당히 많지만 그러한 지역이 4WD를 원한다는 정보나 인식도 없다. 그 결과 SUV라고는 하지만 2WD로 만족하는 사람도 많고 4WD라도 미국식으로 말하면 「토크 온 디맨드」, 즉 대형 SUV인 경우 FR 베이스의 후륜 구동을 위주로 하며, 슬립에 맞추어 직결 4WD에 가까워지는 토크 스플릿 방식이 주류인 것이다. 최신 GM의 주력 SUV인 타호(쌍둥이 자동차로 GMC 유콘)도 역시나 그러한 패턴을 하고 있다.

Porsche 911 Series : 포르쉐 911 시리즈

결국 다시 액티브 토크 스플릿으로

Porsche 911 Turbo(997)

Active Torque Split
Multi-plate clutche /
Electro-Magnetic operation

액티브 토크 스플릿 | 다판 클러치-전자(電磁)작동

전륜 쪽의 프로펠러 샤프트 끝에 전자 작동 다판 클러치를
장착한다. 전자석~파일럿 클러치-볼 캠으로 구동력을 전달
하여 작동시키는 일본에서는 익숙한 설계.

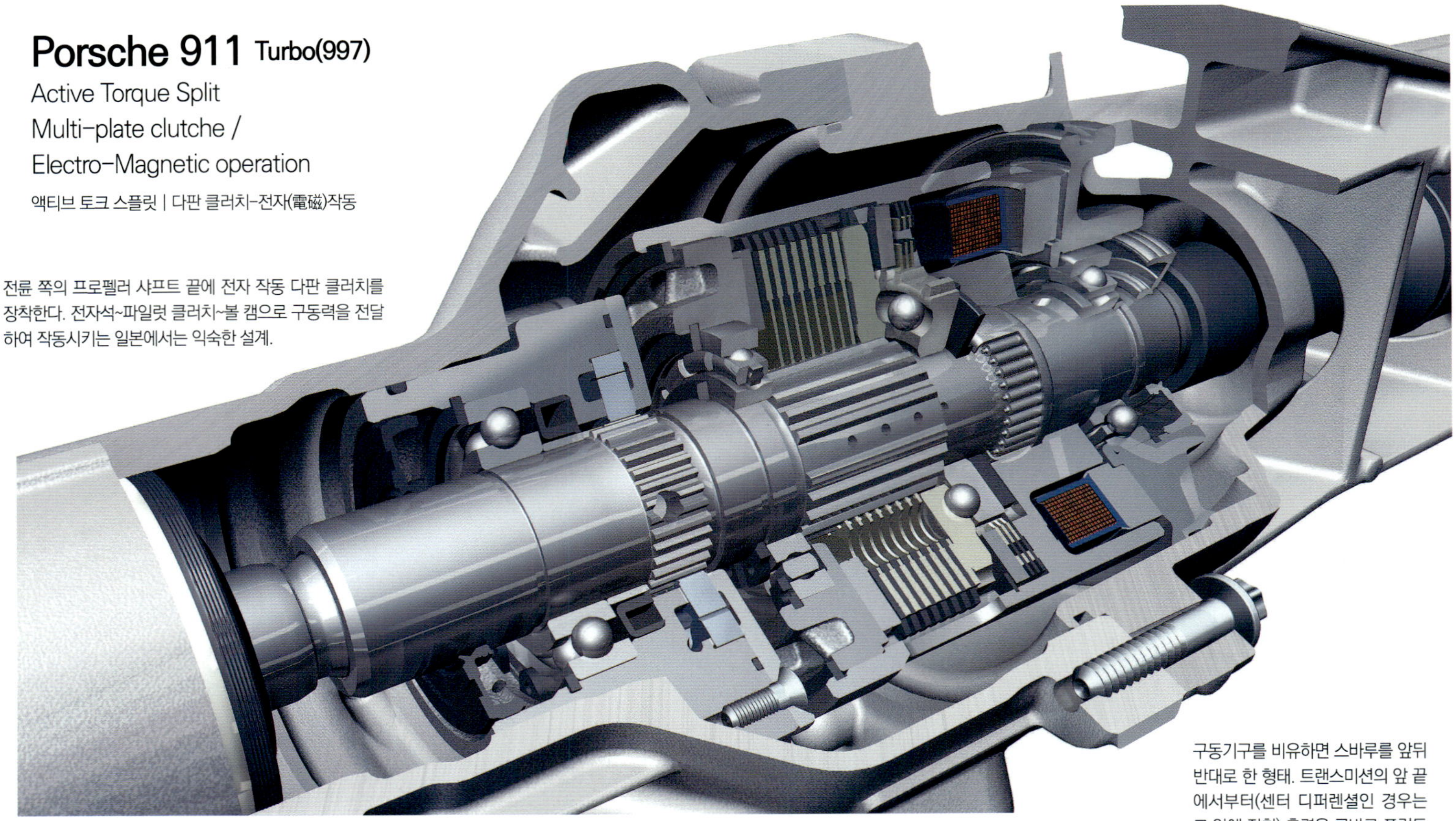

구동기구를 비유하면 스바루를 앞뒤
반대로 한 형태. 트랜스미션의 앞 끝
에서부터(센터 디퍼렌셜인 경우는
그 안에 장착) 출력을 곧바로 프런트
의 디퍼렌셜과 구동축을 배치하면
4WD로 만들 수 있다.

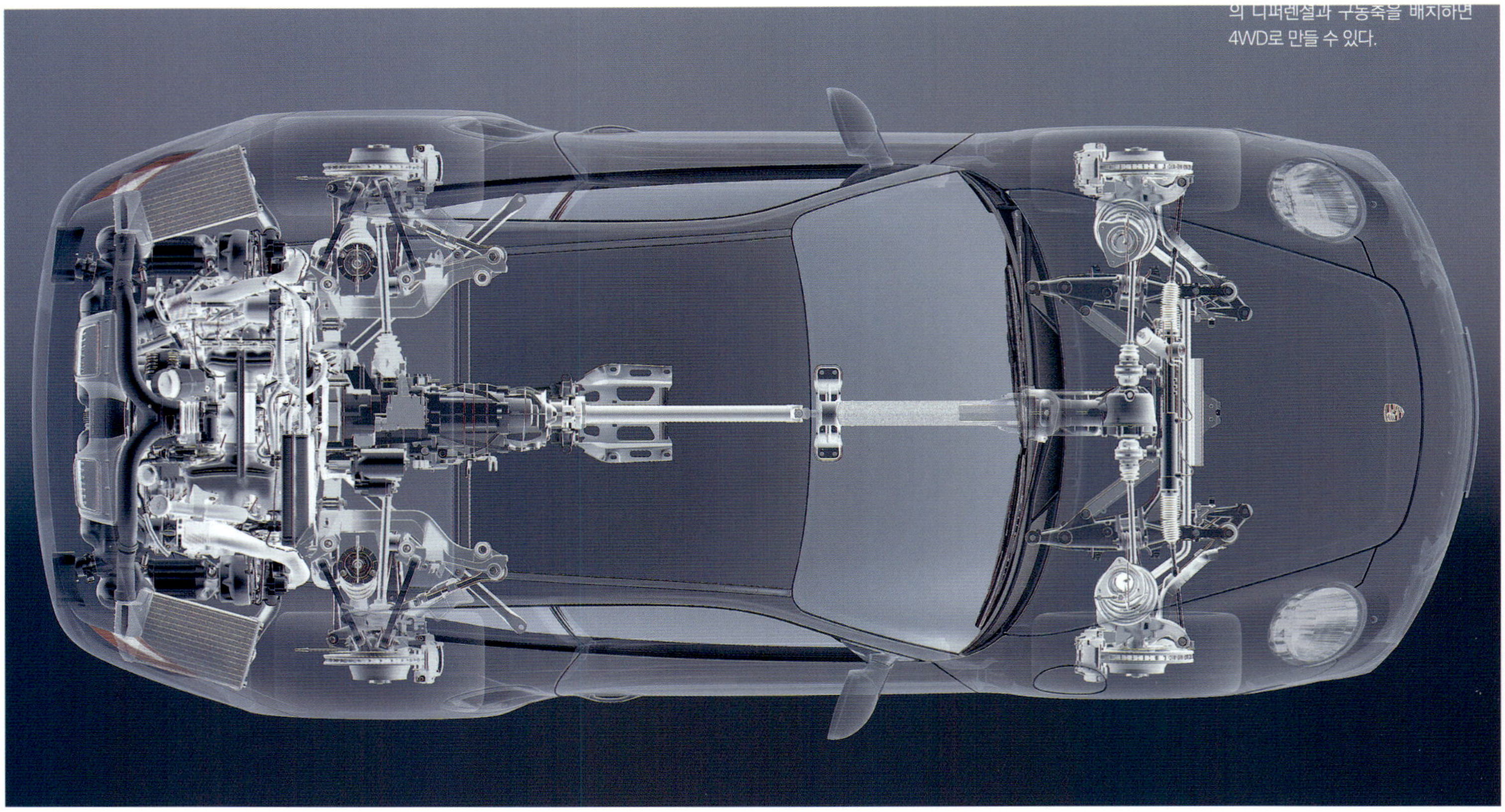

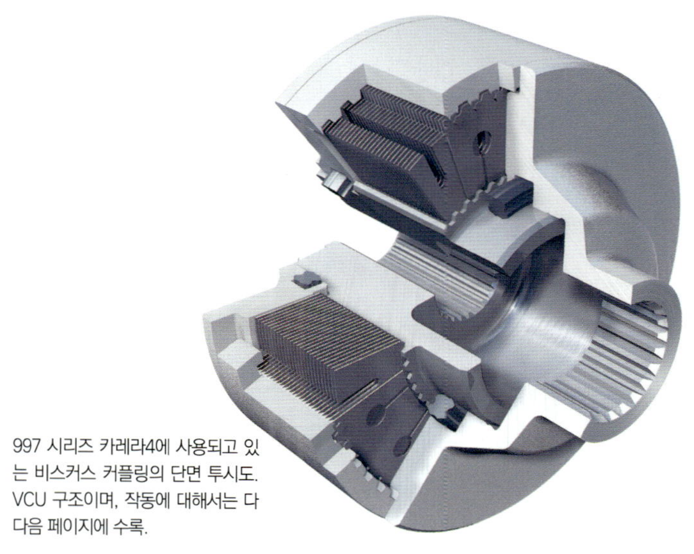

Porsche 911 Carrera4 (997)
Passive Torque Split / VCU

패시브 토크 스플릿 | VCU

911 터보 전륜의 전체 모습. 다른 997 시리즈인 카레라4도 이 형태는 공통이다. 프로펠러 샤프트 전반부를 따라 파워 플랜트 프레임이 설치되어 있는데 토크 튜브였던 996 시리즈에 비해 오픈 섹션으로 되어 있다. 왼쪽 페이지의 토크 스플릿 클러치는 앞쪽의 원통 모양에 배치되어 있다.

997 시리즈 카레라4에 사용되고 있는 비스커스 커플링의 단면 투시도. VCU 구조이며, 작동에 대해서는 다다음 페이지에 수록.

당시 상황에서 최선을 추구하는 시스템

959에서는 앞뒤가 다른 크기의 타이어로 고속에서 유효 지름을 파악하는 것까지 관리하면서 액티브 토크 스플릿을 실험하였지만 그 후 911을 현대적으로 변신시킨 964에서는 센터 디퍼렌셜 4WD를 사용하게 되었다. 나아가 「마지막 공랭 911~백본 타입의 강인한 프레임도 여기까지」로 규정되는 993 시리즈에서는 전륜으로 구동을 분할하는데 비스커스 커플링을 사용하는 실로 단순한 형태를 사용하였다.

959 시대부터 타이어의 웨트(wet) 성능이 현격하게 향상되어 리어 타이어의 그립을 잃지 않도록 세팅하면 리어 타이어에서 슬립이 급속히 증가하는 상황에서만 전륜으로 구동력을 배분하여 구동시키면서 앞뒤 차축 사이에 회전의 구속을 발생시킴으로써 요잉을 억제시키면 상당한 전천후 대응이 가능해진다. 그러기 위해서는 구동이나 제어 양쪽에 적절하게 효과적인 비스커스가 알맞았을 것이다.

그런데 최신 911 터보에 전자 작동 타입 액티브 토크 스플릿을 도입하고 있다. 959 이래 도입된 것으로 당시처럼 초고속의 안정성을 추구한 것은 아니다. 보통의 영역에서는 비스커스보다도 더 구속감이 약해서 건조한 노면에서는 시종일관 후륜 구동과 같은 움직임을 보인다.

Porsche 911 Carrera4 (996)
Passive Torque Split / VCU

패시브 토크 스플릿 | VCU

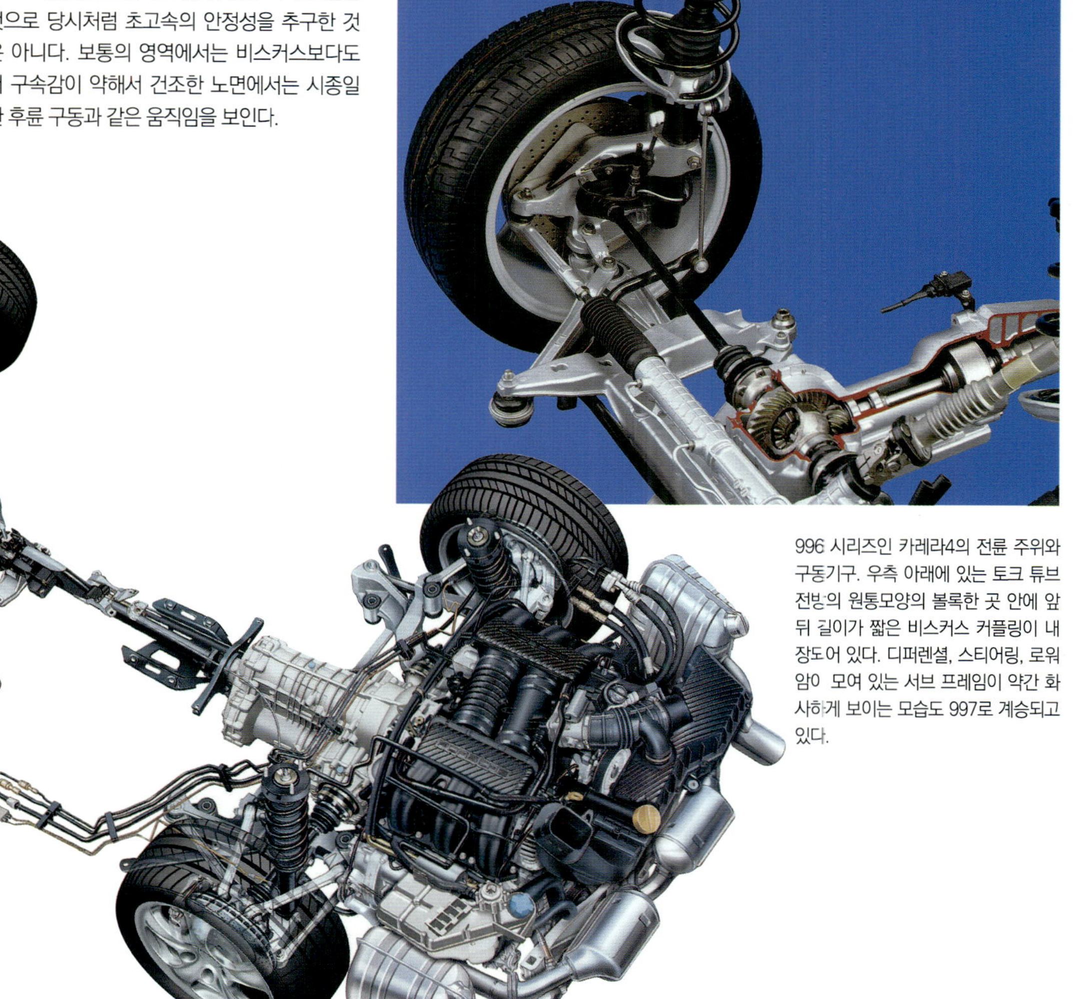

996 시리즈인 카레라4의 전륜 주위와 구동기구. 우측 아래에 있는 토크 튜브 전방의 원통모양의 볼록한 곳 안에 앞뒤 길이가 짧은 비스커스 커플링이 내장도어 있다. 디퍼렌셜, 스티어링, 로워 암이 모여 있는 서브 프레임이 약간 화사하게 보이는 모습도 997로 계승되고 있다.

996 시리즈인 카레라4의 러닝 컴포넌트 전체 그림. 왼쪽 페이지의 997 시리즈인 911 터보의 상부 투시도와 비교해 보면 이 2세대가 거의 공통적인 설계를 가지고 있다는 것을 알 수 있다. 이와 관련하여 사견을 덧붙이자면 997 시리즈는 중요한 부품 가운데 몇 가지를 독일 부품의 메이커에서 일본 쪽으로 바꿔서 구매하고 있다.

Passive Torque Split : Viscus drive

경량/소형/염가 차량에 최적의 솔루션 가운데 하나

패시브 토크 스플릿 | 비스커스 드라이브

예를 들면… Mitsubishi i : 미쓰비시 i

● 4WD/러닝 컴포넌트 전체 모습

전체를 낮게, 앞쪽에 중량을 많이 배분하기 위해 엔진이 앞쪽으로 많이 기울어져 있다. 그 측면 뒤쪽에 리어 디퍼렌셜이 연결되어 있으며, 거기서 앞을 향하여 구동축을 배치하는 레이아웃은 쉽지 않았을 것이다. 차량의 후방(사진 좌측)에서 뻗어 나온 2번째 프로펠러 샤프트가 약간 경사져 있다.

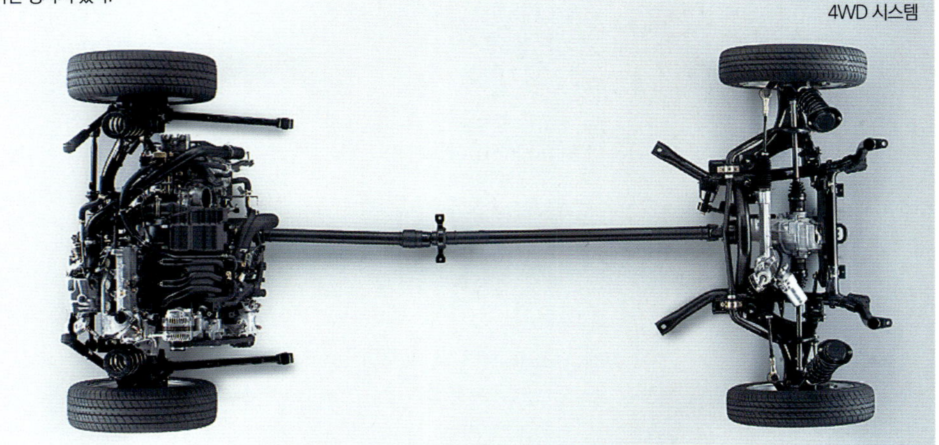

● 프레임과의 관계(측면도)

위 사진의 주행 메커니즘은 아래의 측면 사진에서 빨갛게 표시된 프레임과 후방(좌측)의 파워 패키지, 낮게 배치된 일련의 장치들 속에 장착되어 있다. 가볍고 타이트한 공간의 설계를 엿볼 수 있다. 앞좌석 바로 밑에 볼록하게 튀어 나온 것은 연료 탱크이다.

VCU가 운동특성을 순화시킨 예시

물론 일반적인 FF형태를 베이스로 후륜 쪽을 향하여 비스커스 커플링(VCU)을 장착한 패턴이 다수를 차지하고 있지만 원래의 형태가 파워 패키지를 미드십에 가로로 배치(뒤가 무겁다)하고 후륜을 구동하게 되면 VCU의 특성을 잘 활용할 수 있고 자동차의 운동영역이 확장되는 것을 보여주는 최근의 좋은 예이다. 특히 이러한 종류의 형태에 있어서 어렵다는 눈으로 쌓인 길이나 얼은 도로와 같이 마찰계수가 낮은 노면에서 브레이킹할 때 그 하중이 이동(앞으로 하중 증가, 뒤에는 하중 감소)한 상태에서 선회를 하게 될 때는 먼저 감속 중 차체의 흔들림이 줄어든다.

심지어 조향 핸들을 더 돌려 프런트가 휙 하고 안쪽으로 들어가는 요잉이 시작되는 시점에서 리어가 흐르는 것과 같이 된다. 또는 슬립이 시작되어 요잉과 차체의 가로 슬립 각도의 증가가 빨라진다. 이러한 차체의 자세가 나타나면 앞뒤 슬립의 변화에 맞추어 차체의 자세 변화가 유연해진다. 비스커스 커플링이 회전을 제어함으로써 리어가 흔들리게 되는 발산계(divergence system)의 움직임 직전에 부드럽게 감쇄하면서 방향을 바꾸어 생각했던 라인으로 주행할 수 있는 움직임은 남겨두는 특성이다. 물론 이것은 차량이 원래 가지고 있는 운동특성이나 회전속도 차이가 나타나는 방식 등에 맞추어 세밀하게 튜닝을 한 결과로 실현된 특성일 것이다.

● 플랫폼

이것은 미쓰비시 i의 4WD 사양인 프레임이다. 측면의 프레임이 뒤쪽을 향하여 높아진 중간 바닥 아래에 후륜을 연결하는 프로펠러 샤프트를 약간 볼 수 있으며, 전방의 연료 탱크 아래를 통과한다.

회전차에 맞는 토크의 전달과 구속력이 만들어 내는 원활한 움직임

이렇게 새로 정리를 하다보면 비스커스 커플링이라는 단순한 구조로 토크를 전달하는 메커니즘이 정말 잘 만들어졌다는 것을 다시 느끼게 된다. 911의 예를 볼 것도 없이 이것을 직접 서브 구동쪽의 바퀴로 향하는 축에 장착하여 구동 토크를 전달하는 방법은 선택의 폭이 넓어진 오늘날에도 4WD의 메커니즘 가운데 하나의 「최적인 솔루션」이 될 수 있다. 그 중에서도 가볍고 작으며, 노면이나 날씨가 다양하게 변화하는 생활권에서 주로 사용되는 자동차(와 사용자)에게 있어서는 수동적인 메커니즘이 주는 솔직하고 안정된 반응 및 안락한 크기가 어딘지 모르게 커다란 의미를 느끼게 한다.

비스커스 커플링을 패시브 토크 스플릿 메커니즘으로 사용할 경우 4WD의 구동과 제동 그리고 직진에서 코너링까지 포함한 이상론적인 운동성능의 측면에서 말하자면 구동쪽은 문제가 없으나 반대로 제동쪽에서 회전속도의 차이가 나타나도 전달 토크가 발생하여 회전차가 억제되는 것을 단점으로 들 수 있다. 그러나 이 회전의 구속은 감속 중에 차체의 자세가 불안정하게 되기 쉬운 부분을 요 덤핑을 높여 안정된 차체의 자세가 되도록 하는 데 기여한다. 특히 다양한 거동안정 제어장치에 의존하지 않는 자동차일수록 이것도 중요한 자질이 된다. 원래 그러한 장치는 자동차 자체의 운동성이 좋지 않을 점을 커버하는 것이 아니라 오히려 본바탕이 좋은 자동차에 장착함으로써 그 효과를 더욱 분명히 나타내는 것이다. 나아가 ABS 등 각 바퀴의 브레이크 제어에 있어서도 센싱과 제어의 정밀도가 상승하여 작동시에 회전의 구속을 적절하게 남겨도 문제가 되지 않는 정도까지 될 것이다. 비스커스 커플링 쪽으로도 디스크 구멍의 모양 등을 개선하여 구동과 제동의 특성을 비대칭으로 한 것이 등장하는 등 아직도 그 가능성은 더 넓어져 갈 것이다.

기계적 결합부분 없이 토크를 전달하고 배분

바깥쪽의 케이스에 접촉된 아주 얇은 플레이트와 안쪽 샤프트에 접촉된 플레이트가 약간의 간격을 두고 배치되어 있으며, 플레이트 사이는 점도가 높은 실리콘 계열의 오일이 채워져 있다. 외부의 입력에 의해 한쪽의 플레이트가 회전하면 그 동력이 오일의 전단력(shearing force)에 의해 이웃한 플레이트에 전달되어 최종적으로 출력축을 회전시킨다. 이 정도의 간편함과 기계적인 결합부분 없이 동력을 전달시킬 수 있다는 점이 비스커스 커플링의 특징이다. 플레이트 사이의 회전 차이와 그로 인한 전달 토크의 관계를 결정하는 요소는 오일의 점도와 케이스 내의 충진율 그리고 플레이트의 사양이다. 오일의 점도가 큰 영향을 미치는 것은 말할 필요도 없으며, 오일의 충진율은 일반적으로 70~80% 전후로써 나머지는 공기가 차지한다. 이 공기가 플레이트 사이로 유입되면 점성이 낮아져 동력의 전달효율이 저하되며, 이러한 현상을 방지하기 위하여 플레이트 면에는 구멍이 뚫려있어 공기가 머무르도록 한다. 또한 이 구멍은 플레이트 간에 오일을 주고받는데도 이용되기 때문에 크기, 위치, 형상 등을 인접한 플레이트 사이에서 변화시키는 것도 특징을 바꾸기 위한 유효 수단이다.

비스커스 커플링 단면도

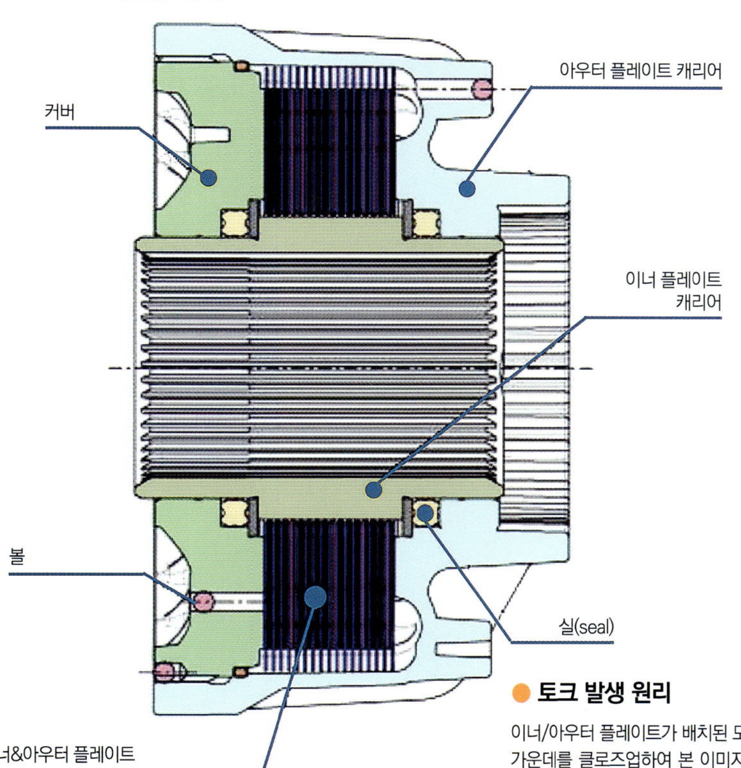

아우터 플레이트는 캐리어 바깥쪽 둘레에 와이어가 배치되어 플레이트 사이의 거리를 고정하고 있으며, 이너 플레이트는 캐리어 쪽 스플라인에 결합되어 있을 뿐 스러스트 방향으로는 자유롭게 움직일 수 있다. 즉 그때그때의 저항 차이에 의해서 플레이트 사이의 거리가 변화됨으로써 전달비를 변화시켜 가는 것이다.

● 비스커스 커플링의 특성(이미지)

입출력의 회전속도 차(입력)출력)에 대한 전달 토크의 특성은 이런 곡선을 그리게 된다. 회전차가 발생되고 증가하는 시점에서 전달 토크가 많이 상승한다. 이것도 구동과 회전의 구속에 관해서는 바람직한 방향이다. 속도차이가 제로라도 전달 토크가 조금이나마 발생되는 것도 주목되며, 이로 인하여 직진 중에도 가벼운 구속을 얻을 수 있다. 이 부분의 튜닝이 포인트 가운데 하나이다.

● 토크 발생 원리

이너/아우터 플레이트가 배치된 모습을 옆면 한가운데를 클로즈업하여 본 이미지이다. 전체가 회전하면(그림 왼쪽) 토크는 발생하지 않는다. 양쪽(아우터)과 중앙(이너) 사이에 속도차＝상대운동이 이루어지면(그림 중앙) 플레이트에 의해 끌려오는 실리콘 오일의 전단력이 발생되며, 또한 이너 플레이트의 축방향 움직임에 의해 표면에 압력이 발생한다. 속도차가 커져 이 압력이 증대되면 아우터 플레이트에 접촉(그림 오른쪽)되어 큰 토크를 전달하는 상태가 된다. 이것이 「험프(hump)」이다. 험프를 포함한 토크 발생의 특징은 플레이트의 단면 형상으로도 변화된다.

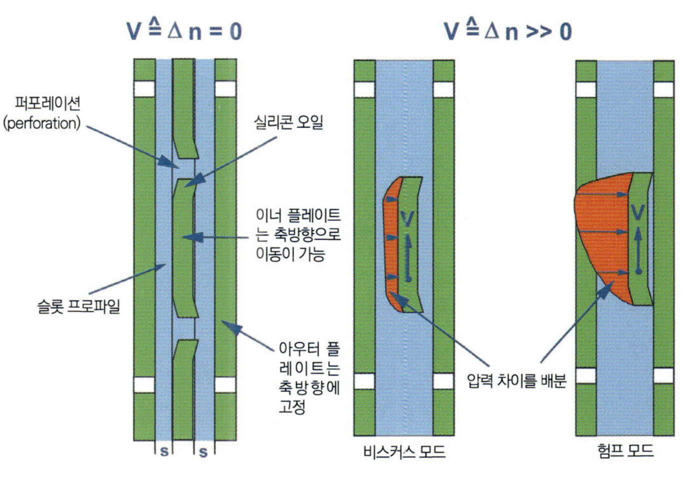

구동력에 의한 다이렉트 요 컨트롤 HONDA

4륜의 구동력 배분을 컨트롤하여 요잉을 조성한다.

차량의 운동에 새로운 가능성을 개척한다. 그러나 어려움도 따른다.

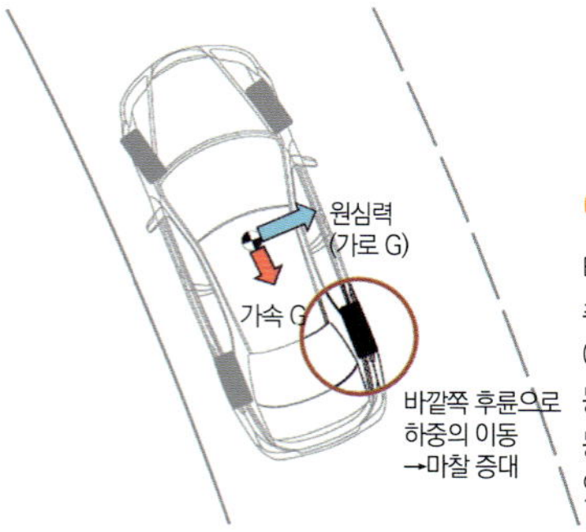

● 가속 선회할 때의 하중 이동

타이어가 발생하는 마찰력은 어느 수준까지는 하중에 맞추어 증감한다. 선회를 함으로써 차체(외관상 그 중심점)에 원심력이 발생되면 선회하는 바깥쪽 바퀴로 하중이 이동하며, 가속을 하면 관성력에 의해 하중이 뒤쪽으로 이동한다. 바깥쪽의 후륜이 가장 강한 마찰력을 발생할 수 있는 상태가 되는 것이다.

● 구동력의 배분으로 선회의 자세를 만든다.

원의 궤적 위를 선회하는 상태. 바깥쪽 타이어의 구동력을 강하게 하고 조향을 일정하게 유지함으로써 타이어의 그립에 여유가 있는 상태에서 요를 강화시켜 작은 원을 그릴 수 있다. 보통 좌우의 구동력이 균일한 상태에서는 전륜의 조향각을 더 크게 하여 요잉을 높이지 않으면 이 원을 그리지 못한다.

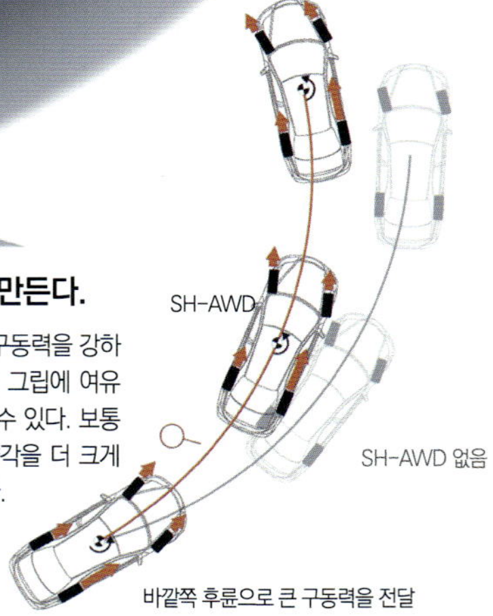

선회 운동은 제동력과 구동력으로도 이루어진다.

　좌우 타이어에 발생하는 구동력의 밸런스를 변화시킨다. 예를 들어 우측 바퀴(일단 앞뒤 어디라도 좋다)의 구동력을 높이면 어떻게 될까. 먼저 노면을 「박차고 나아가는 힘」이 강해진다(「빨리 회전하는」 것은 그 다음의 선회 궤적을 그리기 시작하고 나서부터이다). 그러면 자동차 전체를 왼쪽으로 향하게 하는 선회 운동이 나타난다. 좀 더 정확하게 표현하면 바퀴 하나의 구동력(진행방향으로 미는 힘)이 강하면 중심점의 주위에 차체의 방향을 바꾸려는 모멘트(회전력, 우력이라고도 한다)가 발생한다.

　차량을 위에서 보았을 때 방향을 바꾸는 자전운동을 「요(yaw)」라고 한다. 덧붙여서 말하자면 중심을 관통하는 앞뒤 방향의 축 주위를 회전하는 움직임이 「롤(roll)」이고 가로로 관통하는 축의 주위로 회전하는 움직임이 「피치(pitch)」이다.

　즉, 자동차가 방향을 바꾸어 그 움직임을 컨트롤하는 방법이 하나 더 증가된다. 지금까지는 타이어(전륜)의 방향을 바꾸어 가로의 슬립을 발생시키면 가로 방향의 마찰력이 발생되는데 이 마찰력이 요를 만드는 모멘트가 된다. 그 상태 그대로 선회하면 각각의 4륜이 가로방향으로 슬립을 하면서 마찰력을 발생하며, 이 가운데 원의 중심을 향한 성분을 「코너링 포스」라고 부른다. 4륜의 코너링 포스 합계가 원심력과 조화를 이루면 원을 그리게 되고 앞뒤 코너링 포스의 밸런스가 변화하면 자동차의 방향도 변화된다. 이것이 계속해서 「자동차를 어디로 향하게 할지」, 「어떤 라인을 그리게 할지」의 기본이었다.

　그러나 접지면 중에 발생하는 앞뒤 방향의 힘의 밸런스가 변화되어도 요 모멘트는 발생되며, 브레이크를 각 바퀴마다 작동시키면 제동력이 요 모멘트를 발생한다. 이것을 이용하여 스핀 종류의 자세 등 감당할 수 없는 급격한 차량의 자세를 흡수시키는 것이 브레이크의 요 컨트롤이다. 스태빌리티 컨트롤(프로그램) 등으로 불리고 있는 시스템이다.

　그리고 반대로 구동력이 요 모멘트를 만드는 시스템이 양산되는 자동차 시장에 등장해 있다. 이것을 「트랙션 요 컨트롤」이라고 부른다.

구동력의 좌우 배분 효과 / 좌우 바퀴 사이의 효과

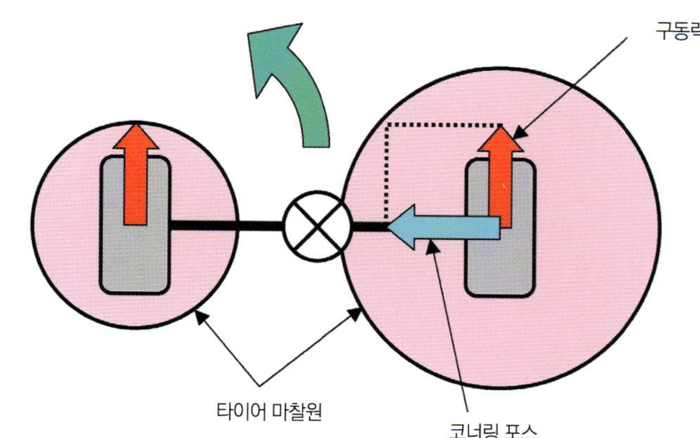

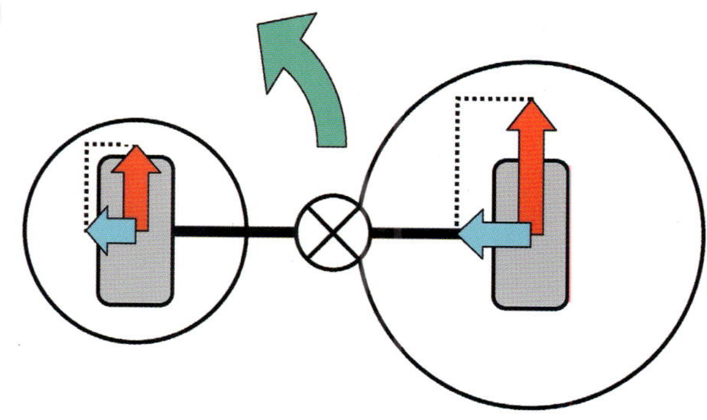

앞뒤축 사이의 효과(2륜구동 자동차 모델)

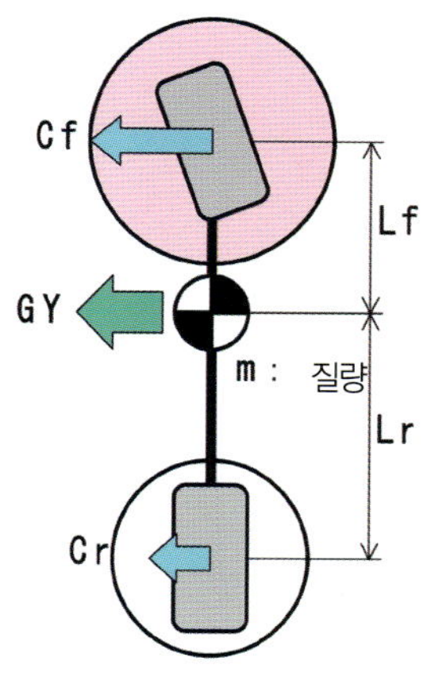

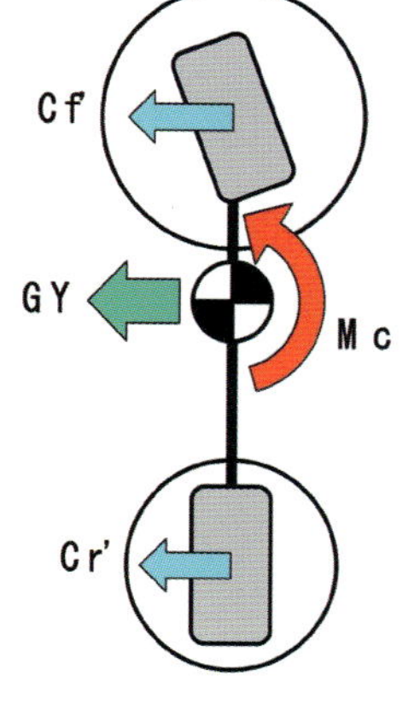

(A)의 균형방식
$$Cf \cdot Lf - Cr \cdot Lr = 0$$
$$Cf + Cr = m \cdot GY$$

(B)의 균형방식
$$Cf' + Cr' = m \cdot GY$$
$$Cf' \cdot Lf - Cr' \cdot Lr + Mc = 0$$

따라서
$$Cf' = Cf - Mc/(Lf + Lr)$$
$$Cr' = Cr - Mc/(Lf + Lr)$$

Mc>0의 경우
$$Cf' > Cf$$
$$Cr' > Cr$$

자동차의 운동은 타이어가 발생시키는 마찰력을 앞뒤 방향(구동과 제동), 가로 방향(코너링 포스)으로 나누어 사용함으로써 발생된다. 선회하면서 구동하는 상태라면 마찰력의 벡터(力積, impulse)는 기울어진 상태로 전방을 향함으로써 그 진행 방향의 성분이 구동력, 원의 중심을 향하는 성분이 코너링 포스이다. 이 합성력으로 벡터가 일정한 수준의 그립을 이용하여 주행하고 있을 때(요는 마찰원의 한계지만 드라이버는 자신이 「이 정도」라고 예상하고 있는 것) 어느 방향으로도 거의 일정하다고 생각하면 벡터 길이의 원을 그릴 수 있으며, 이 원의 안쪽에 있는 힘을 이용하여 주행한다는 것이다. 선회 중에는 바깥쪽으로 하중이 이동하기 때문에 외륜의 마찰원 쪽이 커진다. 좌우의 구동력이 같은 상태에서 구동력을 크게 함에 따라 구동력과 코너링 포스의 합이 마찰원에 근접한 부분이 한계이다. 여기서 같은 크기의 마찰원이라도 마찰원이 큰 외륜의 구동력을 크게 하면 내륜은 여유가 생겨 코너링 포스가 발생된다. 그만큼 외륜의 코너링 포스도 여유가 생긴다.(그림 위)

다음은 앞뒤 바퀴의 관계로 간단히 하기 위해 좌우 바퀴를 중심으로 모아서 「2륜구동 자동차 모델(롤은 하지 않음)」을 예로 들면 후륜 구동력의 밸런스로 요 모멘트가 발생되면 전륜에서 요 모멘트를 발생하기 위한 코너링 포스가 적어도 된다. 즉 같은 선회라도 전륜이 이용하는 코너링 포스가 줄어들어 마찰원에 대해 여유가 생긴다.(그림 아래)

구동력의 배분과 운동 특성(실차)

완만한 가속으로 원을 선회

일정한 원주 위를 천천히 가속하면서 라인을 따라 선회할 때 속도＝급가속도의 증가에 대해 스티어링 핸들을 어느 정도로 더 회전시켰는지를 최초의 조향각에 대하여 비교한 그래프(언드 스티어 특성). 구동력의 배분으로 요잉이 발생되면 먼저 저중속의 G 영역에서 언더 스티어(조향각 증가)가 작아짐으로써 4륜에서 슬립이 발생되어 밖으로 치우치게 되는 한계도 높아진다.

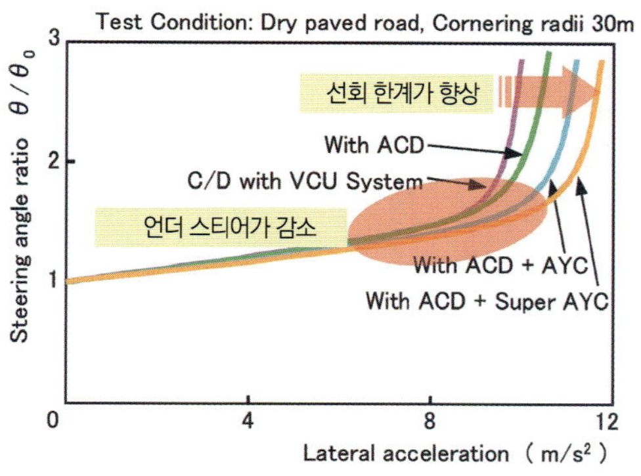

감속 레인 체인지

급하게 차선을 변경할 때 더구나 되돌아오는 시점에 브레이킹을 하여야 하는 등 순간적인 차체의 자세 변화가 일어날 때의 시험. 일반적인 디퍼렌셜에 의한 좌우의 균일한 구동력에서는 2번째 리턴에서 요잉이 강해져(리어가 흐르는 발산계 divergence system의 움직임) 그것을 억제시키기 위해 스티어링 핸들을 크게 회전시켜야 한다. 구동력의 배분을 제어하면(AYC 있음) 이 부분의 정리가 분명하게 향상된다. 위기를 벗어날 상황이라면 브레이크 요 컨트롤이지만.

일반 승용자동차의 경우 4륜이 원심력을 유지하면서 선회하는 상태에서는 전륜쪽이 그립의 여유가 적다. 여기서 리어 타이어 그것도 하중이 가중되어 있는 바깥쪽 후륜으로 구동력을 향하도록 하면 전륜(이것도 특히 바깥쪽)이 선회하는데 있어서 부담이 경감된다. 4륜의 그립이 균형을 잘 이루는 상태로 선회하고 나아가 가속하는 운동을 자유롭게 구성할 수 있는 가능성이 있는 것이다. 그러나 드라이버의 조작을 통하여 「그 순간의 만들고 싶은 움직임과 궤적」을 읽어낼 수 있는지 노면이 시시각각 변화하는 가운데 어떻게 반응하여 제어하는지에 관한 곤란한 명제에 직면하는 것이기도 하다.

GKN ETY

(Electronic Torque Vectaring Unit)

구동력의 배분에 의한 요 컨트롤은 일본이 세계를 선도하는 분야이다. 최초의 시판은 1996년 프렐류드에 탑재된 ATTS(좌우 전륜 사이). 최근에는 유럽도 이 기술을 주목하면서 양산을 위한 움직임을 보이고 있다. GKN 드라이브 라인 토크 테크놀로지(구 도치기후지산업)가 개발을 진행하고 있는 EVT도 그 한 가지 예. 유럽의 연구기관 등에서 구동력 요 컨트롤에 「토크 벡터링」이라는 명칭을 사용하기도 한다. 이 유닛의 특징은 일반적인 파이널 드라이브＋디퍼렌셜 유닛의 양쪽에 토크를 발생시키기 위한 증속 기어 세트와 클러치를 일체화한 모듈을 장착하는 것만으로 토크 벡터링을 할 수 있도록 계획하고 있다는 것이다. 구동계통 부품의 스페셜리스트로서 기존 모델에 대한 탑재 등 범용성을 고려한 설계를 하고 있다.

HONDA : SH – AWD Super Handling All – Wheel – Drive

20여년에 걸친 차량운동 연구의 결실

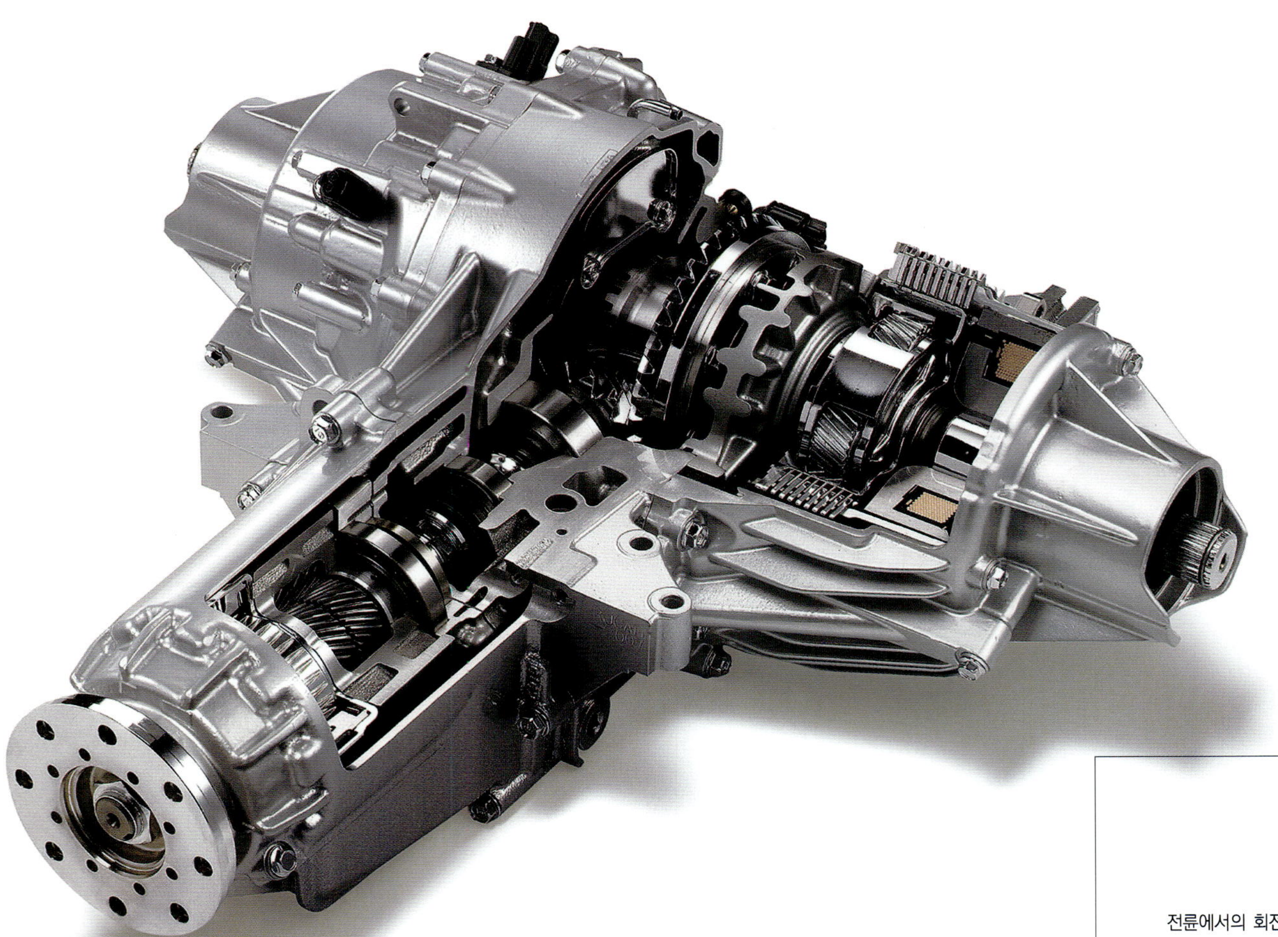

2004년 레전드에 장착되어 명성을 날린 「4륜 구동력 자유제어 시스템」의 심장부로 후륜으로 구동 토크를 분할하여 전달하는 유닛이다. 사진의 바로 앞 왼쪽이 전륜(파워 패키지)과 결합되는 쪽이며, 여기서 설치되는 프로펠러 샤프트는 경량화를 위하여 CFRP(carbon fiber reinforced plastics)를 사용하고 있다. 기본적인 기구로는 디퍼렌셜 없이 각각의 좌우 후륜에 클러치를 연결함으로써 클러치의 압착력이 전달 토크를 결정한다. 다만 클러치는 「회전속도가 빠른 쪽」에서 「느린 쪽」으로만 토크를 전달할 수밖에 없기 때문에 전륜 쪽으로부터의 회전수를 증속하는 기구가 조합되어 있다.

■ 구조

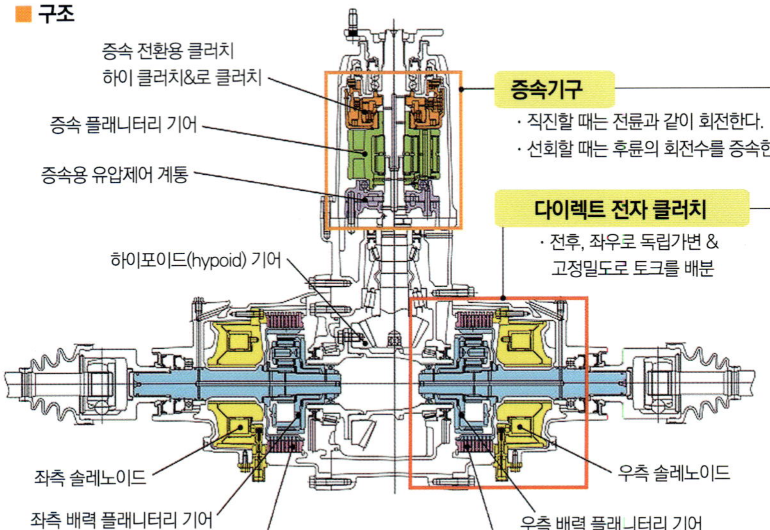

증속 전환용 클러치
하이 클러치&로 클러치

증속 플래니터리 기어

증속용 유압제어 계통

하이포이드(hypoid) 기어

좌측 솔레노이드

좌측 배력 플래니터리 기어

좌측 클러치

증속기구
· 직진할 때는 전륜과 같이 회전한다.
· 선회할 때는 후륜의 회전수를 증속한다.

다이렉트 전자 클러치
· 전후, 좌우로 독립가변 &
고정밀도로 토크를 배분

우측 솔레노이드

우측 배력 플래니터리 기어

우측 클러치

● 증속기구

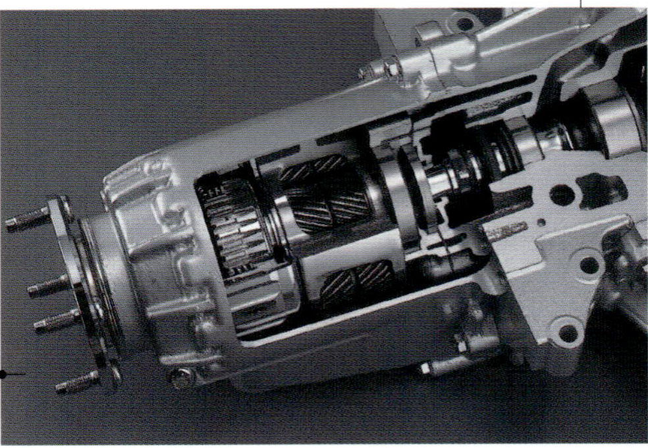

전륜에서의 회전수를 유성기어로 증속한다. 직결상태라도 전달계통의 기어 수 비율에서 0.6%를, 증속 쪽에서는 5.7%를 증속하는 등 2단으로 증속을 한다. 이 증속비는 발진직후에 저속에서 최소 선회원을 그리는 즉, 바깥쪽 바퀴가 안쪽 바퀴보다 빨리 회전하는 상태라도 클러치의 입력 회전수는 바깥쪽 바퀴보다 더 빨리 토크를 전달할 수 있는 조건으로 결정되며, 거의 모든 영역에서 구동력의 자유 배분을 가능하도록 하였다.

● 다이렉트 전자 클러치

구동 토크의 발생 및 전달하는 클러치(좌측 후륜 쪽). 클러치 자체는 중앙에서 단면을 하고 있는 다판 유닛. 그 안쪽의 유성기어는 클러치 용량을 증가시키지 않고 각 기어의 길이로 구동력을 「증폭」하기 위한 것. 클러치의 압착력은 우측에 보이는 솔레노이드에서 발생 및 제어한다. 코일의 바깥쪽 추력 부분(아마추어)과의 틈새(갭)가 테이퍼 형상인 것에 주의.

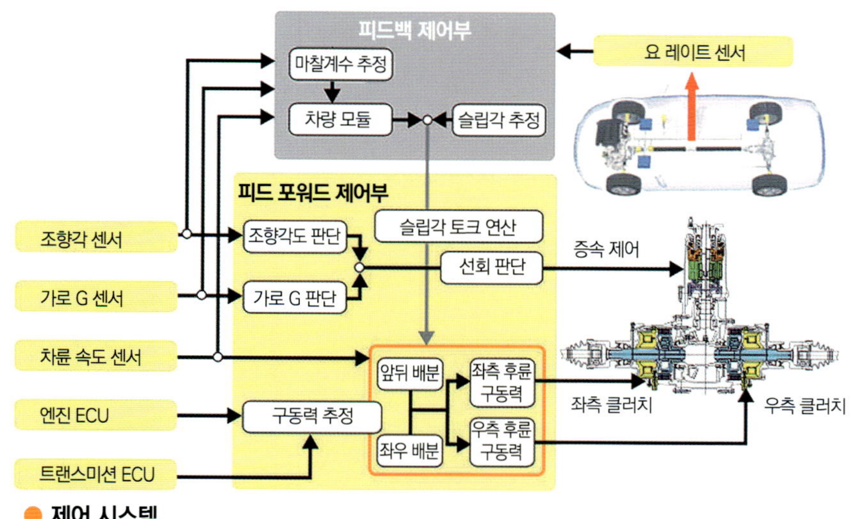

제어 시스템

스티어링 핸들의 조작, 엔진의 토크, 차륜 속도 등에서 각 후륜의 토크를 연산한다. 기본은 드라이버의 조작에 의해 발생되는 차량의 자세는 피드 포워드(feed-forward) 제어로 피드백 분량의 보정 정도라고 한다.

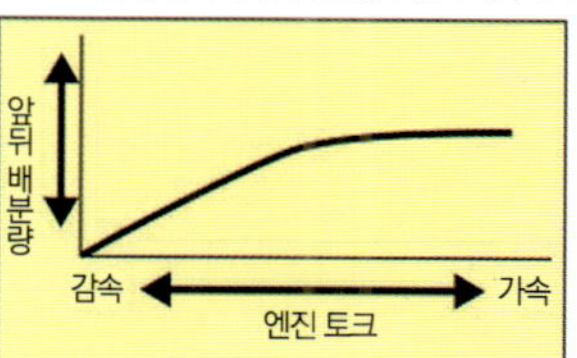

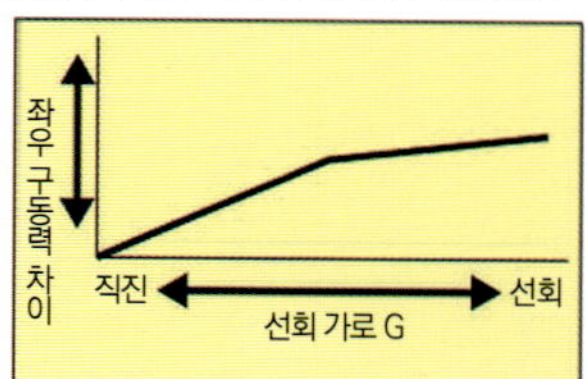

● 기본적인 제어 내용

기본이 되는 제어 논리(맵). 우선 엔진에서 발생하고 있는 토크(와 변속)의 증감에 따라서 구동 토크의 앞뒤 배분을 결정하면 운동의 기본 밸런스가 형성되며, 여기서 키 포인트는 선회 중에 좌우의 배분은 가로 G(속도와 선회원의 관계)를 기본으로 결정한다. 이때 사이드슬립을 연산하여 과대하게 될 것 같으면 피드백을 하거나 타이어 공전에 대해서는 좌우의 클러치를 사용하여 구속하면 차동제한과 같은 효과를 얻는다. 라고 하는 요소의 편성으로 실제로 클러치를 어떻게 제어할 것인가가 정해진다.

증속기구

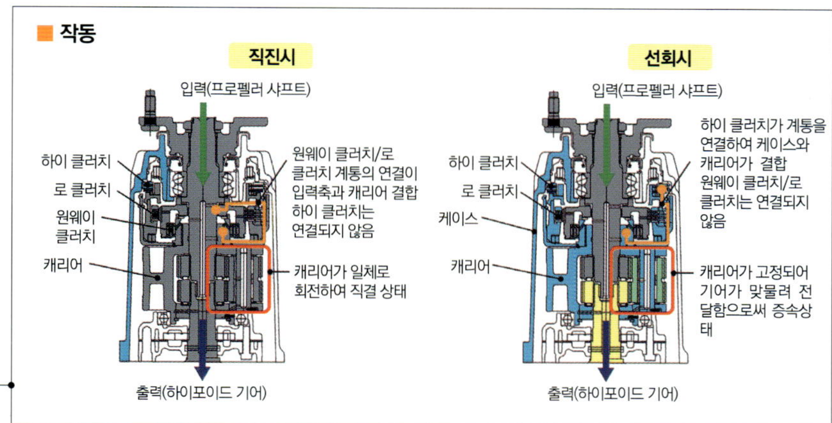

앞의 축(프로펠러 샤프트)과 뒤의 축(하이포이드 기어) 사이에 배치된 2연 피니언 타입의 플래니터리 기어. 일체로 회전하고 있는 상태(왼쪽)에서도 후륜 측에서는 0.6% 증속되며, 플래니터리 캐리어를 고정하고 입력 측을 회전하면 플래니터리 기어가 자전하여 출력 측의 선 기어가 증속된다. 이 변속의 순간 클러치의 입력 회전이 갑자기 변화되며, 전달 토크의 변화~차량의 자세 변화가 없이 매끄럽게 이루어지기는 어려움이 있다.

다이렉트 전자 클러치

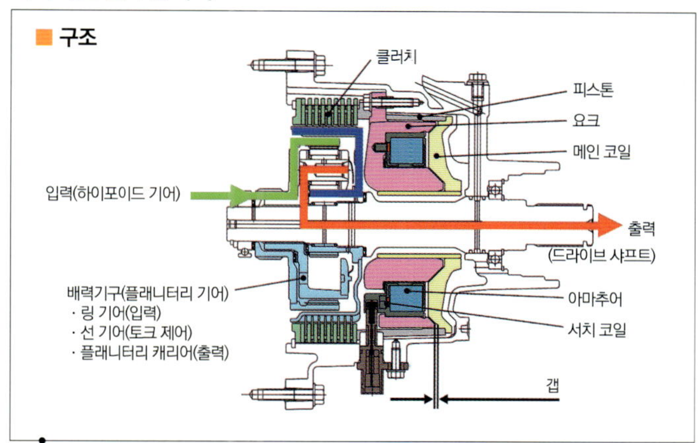

입력의 회전속도는 항상 출력(바퀴측)의 회전속도보다 빠르며, 이 상태로는 클러치가 계속 미끌어지기 때문에 토크의 전달을 제어할 수 있으며, 코일에 전류가 흐르면 아마추어를 끌어당겨 피스톤이 클러치를 압착한다. 클러치를 정확하게 제어하기 위해 코일에 발생하는 유도 전류로부터 갭을 추정하는 것이 서치코일이다.

SH-AWD(증속기구가 없다)

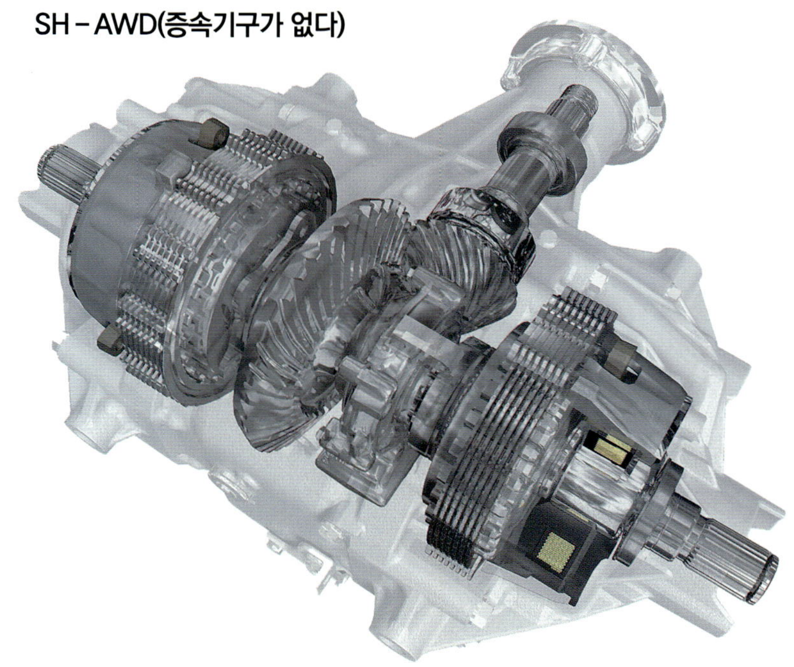

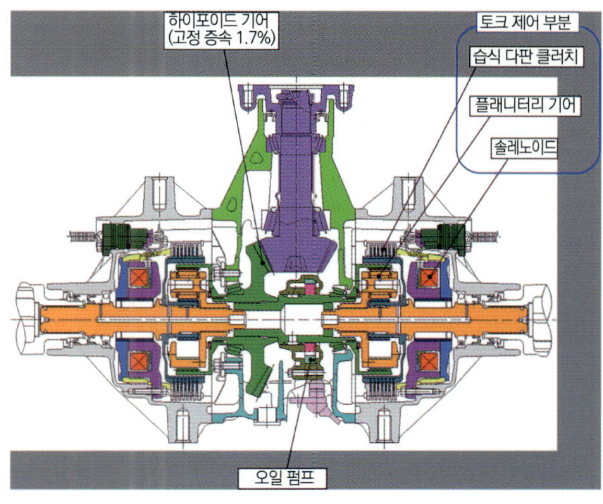

북미 전용의 어큐라 MDX와 RDX도 SH-AWD를 탑재(MY2007). 이것은 2단 증속기구를 제외한 보급판이며, 그에 대한 토크의 전달 · 전자 클러치의 입력 회전을 상시 1.7% 증속한다. 이것은 이론적으로는 선회 반경을 30~40m, 실제로는 타이어의 슬립도 있어 좀 더 작은 원의 선회에서 외륜보다도 입력의 회전이 여유가 있어 토크를 전달하는 것이 가능하다. 반대로 클러치에서는 어렵지만 개량으로 대응. 코일의 갭도 스퀘어를 넘어 효율을 높였다

미쓰비시 ACD + 수퍼 AYC : Mitsubishi ACD + Super AYC

Active Center Differential+Super Active Yaw Control

4륜구동에 따른 운동제어의 「본질」을 추구

ACD

● 랜서 에볼루션 IX

전방 축은 디퍼렌셜+전자제어 차동제한으로 선회력을 제어. 후륜은 구동력의 밸런스가 아니라 차륜의 회전속도에 관계없이 구동 토크를 어느 한 쪽으로 「이동」시켜 벡터링을 가능하게 한다는 현재 가장 집약된 메커니즘을 가지고 있는 고성능 지향의 머신이다. 다만 Evo IV에서 AYC를 도입한 이래 「구동력이 선회」 방향으로 약간 오버되는 느낌이 강하다. 사람과 기계가 조화를 이룬 스포츠 기어이기 때문에 느껴지는 감일 것이다. 개발의 핵심에 있는 기술자들도 이미 그것을 이해하고 있기 때문에 앞으로 더욱 기대가 된다.

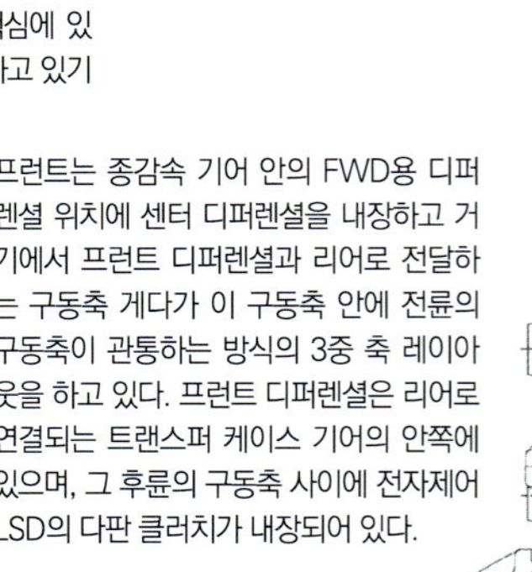

프런트는 종감속 기어 안의 FWD용 디퍼렌셜 위치에 센터 디퍼렌셜을 내장하고 거기에서 프런트 디퍼렌셜과 리어로 전달하는 구동축 게다가 이 구동축 안에 전륜의 구동축이 관통하는 방식의 3중 축 레이아웃을 하고 있다. 프런트 디퍼렌셜은 리어로 연결되는 트랜스퍼 케이스 기어의 안쪽에 있으며, 그 후륜의 구동축 사이에 전자제어 LSD의 다판 클러치가 내장되어 있다.

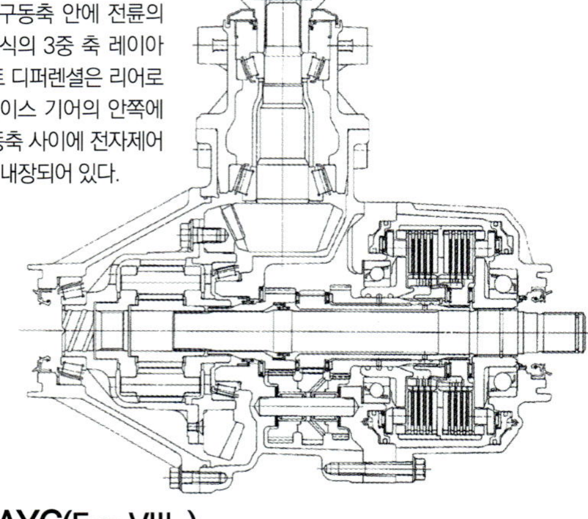

수퍼 AYC(Evo VIII~)

AYC(Evo IV~VII)

「수퍼 AYC」의 리어 디퍼렌셜+구동 토크의 이동 유닛. 사진 좌측 앞이 전방이며, 그 우측의 뒤 차축 부분은 파이널 드라이브의 사이드 기어 직전(차량에서는 좌측)에 보이는 플래니터리 기어가 리어 디퍼렌셜이다. 그 좌우의 출력은 차륜으로 연결될 뿐만 아니라 반대쪽의 증속/감속 기어와 각각의 끝에 설치되어 있는 2개의 클러치로도 연결되어 회전한다.

에볼루션 IV~VIII에서 사용했던 AYC 제1세대 리어 디퍼렌셜 유닛. 토크 이동 전달계통이 다르다 (우측 페이지).

제어 시스템

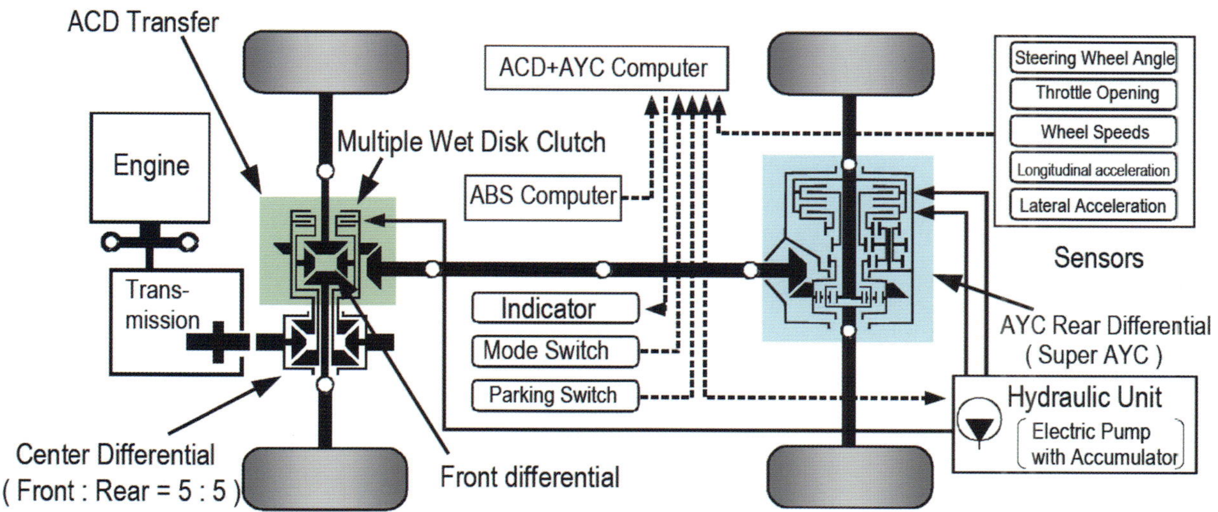

제어용 컴퓨터, 전동 펌프에 의한 유압장치, 조향각 및 앞뒤·가로 G, 휠(차륜) 속도 등의 센서는 ACD와 ACY에서 공용되고 있다. 앞으로는 ABS/스태빌리티 컨트롤(stability control)과 제어를 주고받는 데 까지 나아갈 것이다. 경기 지향이 강한 차종인 만큼 타맥(Tarmac, 포장)/그라벨(gravel, dirt)/스노 제어모드 선택, 사이드 브레이크 턴 대응 등도 포함되어 있다.

ACD 제어

AYC 제어

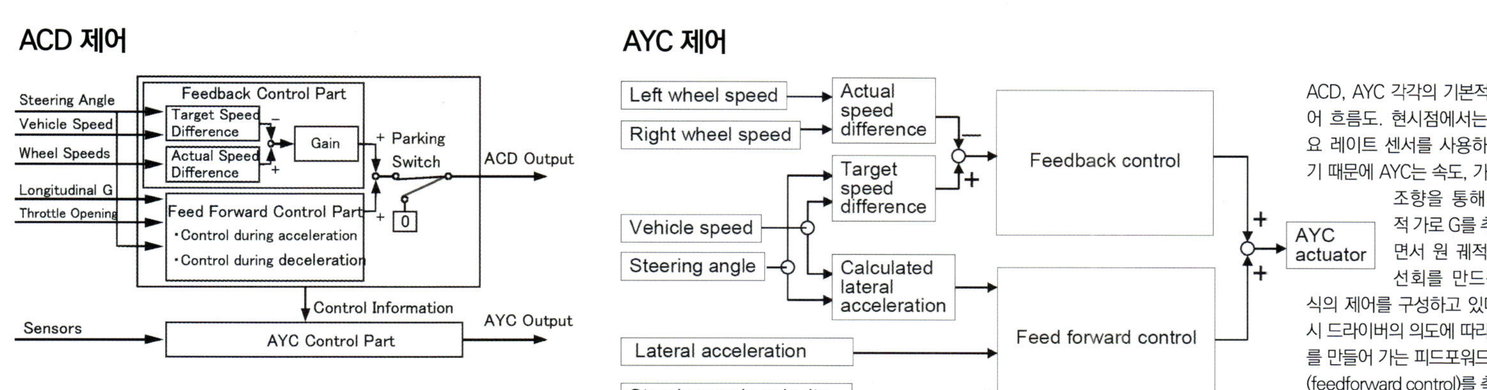

ACD, AYC 각각의 기본적인 제어 흐름도. 현시점에서는 아직 요 레이트 센서를 사용하지 않기 때문에 AYC는 속도, 가로 G, 조향을 통해 이론적 가로 G를 추정하면서 원 궤적 상의 선회를 만드는 방식의 제어를 구성하고 있다. 역시 드라이버의 의도에 따라 제어를 만들어 가는 피드포워드 제어(feedforward control)를 축으로 하고 있다.

「토크 이동」의 메커니즘 – 좌우 후륜 사이의 토크 흐름

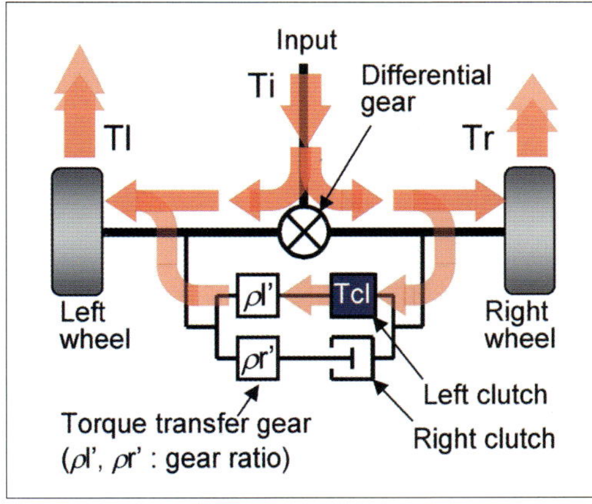

미쓰비시 AYC의 최대 특징은 디퍼렌셜의 출력에서 증속/감속 2계통의 기어 세트를 장착하고 각각에 다판 클러치를 조합하고 있다는 것이며, 이것이 의미하는 것은 좌우 바퀴 사이는 어느 쪽에서 보아도 증속/감속 2계통의 경로/클러치가 있다는 사실이다. 요컨대 한쪽 바퀴에 있어서 빨리 회전하는 쪽의 클러치를 압착시키면 반드시 그쪽에서 반대쪽으로 토크가 전달된다. 극단적으로 말하자면 한쪽의 바퀴에 브레이크 방향의 토크가 발생하여 그 반력이 반대쪽 바퀴에 가해지는 「토크의 이동」도 가능하다. 왼쪽 그림은 오른쪽으로의 선회를 강화한 벡터링(우측 바퀴의 구동 토크가 감소하면 좌측의 구동 토크가 「상승」된다.) 우측 그림은 그 반대의 흐름/벡터링.

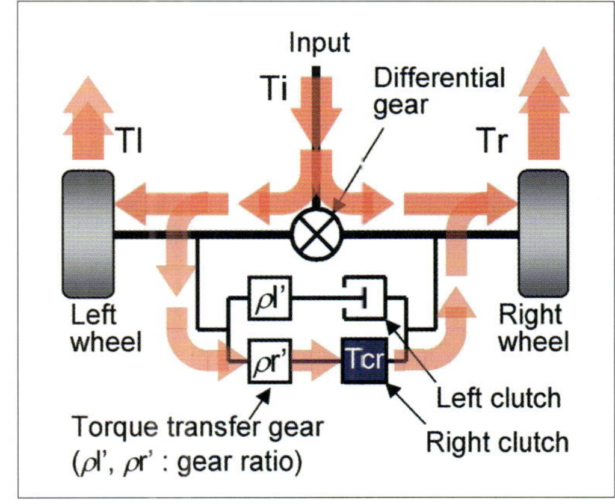

AYC에서 슈퍼 AYC로

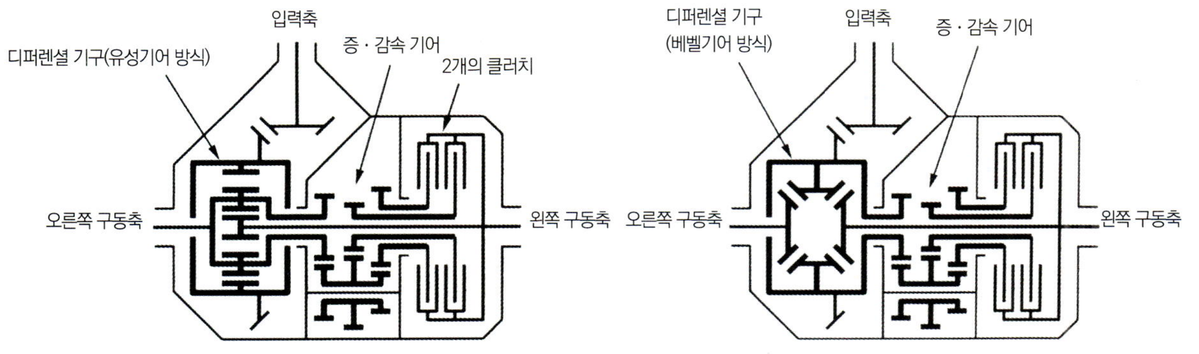

왼쪽 그림이 슈퍼 AYC의 리어 디퍼렌셜 + 토크 트랜스퍼 케이스 유닛 내부의 구성 개념도. 오른쪽 그림이 그 이전의 AYC 유닛 구성의 개념도이다. 오른쪽 페이지의 컷 모델과 비교하면서 검토해 보면 구성이 상당히 많이 변화된 것을 알 수 있다. 간단히 말하면 AYC 시대는 LSD로 보자면 「케이스 to 샤프트(case to shaft)」 방식이다. 이에 비하여 슈퍼 AYC는 좌우 바퀴를 직접 연결하는 「샤프트 to 샤프트」 방식을 취하고 있다. 이로 인해 주고받는 토크가 2배로 증가되어 토크의 이동능력이 상승되었다.

F1 드라이브 트레인

APPLICATION for BMW DYNAMIC PERFORMANCE DIRVE

트랜스미션(F1에서는 보통 기어박스라고 부른다)을 뺀 구동 계통으로는 클러치, 디퍼렌셜, 드라이브 샤프트, 허브(upright).
폭발적인 출력과 입력에 견디기 위해 강도와 강성을 확보하면서 작고 가볍게 만들어야 하는 것이 F1의 특징. 가격도 승용자동차용과는 비교가 되지 않는다.

글 : 세라 코타

사진 : BMW Sauber F1 team / Ferrari S.p.A / Honda / ZF Sachs Race Engineering GmbH / Toyota Motorsport GmbH / Ollie(오리하라 히로유키) / 스미요시 미치히토

BMW 자우버 F1.07(2007년)의 주요 구성품 분해도. 타이어의 크기와 별반 달라 보이지 않는 엔진을 필두로 모든 파트가 콤팩트 하게 만들어져 있다. 잘 살펴보면 디퍼렌셜 쪽의 등속 조인트는 트리포드 방식(tripod type)인 것을 알 수 있다.

가격은 문제가 되지 않는다. 어떻게 하던 가볍고 작게 만드는 것이 중요

F1에서 사용하는 디퍼렌셜이나 클러치, 등속 조인트, 허브와 같은 구동계통 부품들의 구조는 승용자동차용과는 큰 차이가 없다. 다만 승용자동차용의 부품을 개발할 때 가격적인 면을 도외시할 수 없는 것과는 달리 F1은 가격에서는 문제가 되지 않는다. 된다 하더라도 승용자동차용과는 비교가 되지 않을 정도로 제약이 약하다.

아무튼 스피드가 첫 번째이기 때문에 가볍고 작게 만들 필요가 있다. 더구나 전달하는 동력이나 받아들이는 동력, 발생하는 열은 승용자동차와 비교하여 매우 가혹하기 때문에 강도와 강성이 높은 소재가 필수적이다. 정밀도를 요구하는 수준도 상당히 높고 대부분 소량으로 생산하기 때문에 생산 단가를 인상시키는 요인들이 부지기수다. F1용 구동계통의 부품 일부는 승용자동차용 부품을 제작하는 메이커가 공급하고 있는 경우도 있지만 대개는 전문적인 노하우를 갖춘 모터스포츠 관련 메이커에서 만드는 경우가 많다. 구동계통의 부품 외에도 경쟁

팀보다 더 좋은 부품을 사용하고 싶을 경우에는 이미 다른 팀과 관계가 있는 기업에 의존하지 않고 새로운 메이커에 가능성을 요구하는 경우도 있다. 자기 팀에게 우선적으로 좋은 부품을 공급받기 위해서인 것이다. 생산 단가를 도외시한다고 해도 생산비의 절감에 대한 압박은 크게 다가오기 때문에 외부에서 조달하거나 조달처의 엔지니어를 팀 내에 상주시키지 않고 팀 내에서 처리하는 경우도 있다.

● Hub(Upright)

대폭적인 경량화를 실현할 수 있는 부품

승용자동차용으로 이용하는 철에 비하여 대폭적인 경량화를 도모할 수 있기 때문에 F1에 이 용하는 허브 베어링의 볼은 세라믹 소재이다. 모터스포츠 세계에서는 10년 이상의 역사가 있으며, 도입 당시에는 메인터넌스에 어려움이 있었지만 그것도 과거 이야기가 되었다. 볼을 지지하는 내외 레이스는 철로 되어 있다. 큰 힘이 가해졌을 때 강제(鋼製)의 볼은 접촉면이 변형된 상태에서 면으로 접촉이 이루어지지만 세라믹의 소재는 점으로 접촉된다. 그 때문에 철에 비하여 작은 볼이 여러 개가 배열되어 있다. 베어링은 바퀴 당 2열×4바퀴＝8열을 하고 있기 때문에 철→세라믹으로 경량화하면서 몇 백 그램이나 가벼워진다. 큰 하중을 견뎌야 하기 때문에 2열의 베어링 간격이 넓다.

2008년형 혼다 RA108의 프런트 우측 허브. F1에서는 서스펜션 암이나 브레이크 유닛을 장착하는 파트를 업라이트(upright)라고 부르는 경우가 많다. 베어링을 둘러싼 캐리어가 아주 얇게 가공되어 있다. 불필요한 두께를 극한까지 제거한 설계임을 엿볼 수 있다.

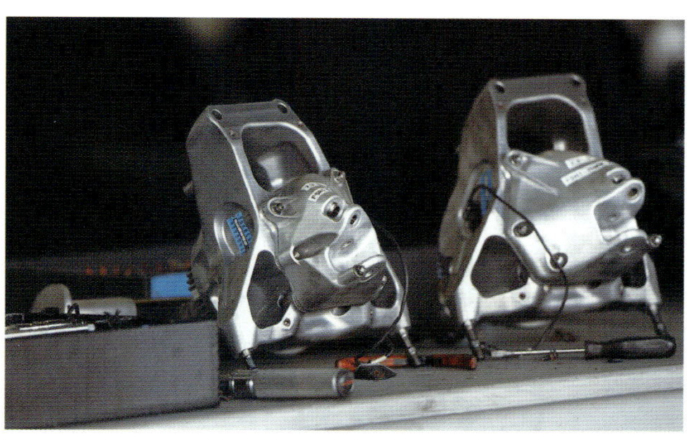

2008년형 렛드불 RB4의 프런트 업라이트를 차체 쪽에서 본 모습. 푸시로드를 부착하는 부품이 장착되어 있으며, 불필요한 두께가 전혀 없다. 측면에 길게 장착되어 있는 색으로 온도를 표시하는 센서.

혼다 RA108의 리어 업라이트. 경량화를 추구하기 위해 일부분에 티탄합금을 사용하며, 브레이크 캘리퍼, 로터&패드를 부착한 다음에 공력의 특성과 냉각을 컨트롤하는 CFRP(Carbon Fiber-Reinforced Plastics ; 탄소섬유강화 플라스틱)제의 덕트가 장착된다.

● CVJ / Drive shaft 마찰저항이 적은 트리포드 방식이 주류

사진은 2008년형 르노R 28의 기어박스＋리어 서스펜션 부분. 부츠가 부착되지 않아서 트리포드 방식의 조인트가 보이며, F1에서는 르노를 필두로 많은 팀이 트리포드 형(型)의 플랜지 등속 조인트를 사용하고 있다. 볼 형식에 비교하여 마찰저항이 적고 제조가 용이하기 때문인지 모르겠지만 일부 볼 형식을 사용하는 팀도 있다고 한다. 등속 조인트는 X-trac 등의 레이스용 부품 전문 메이커에서 구입하거나 자체 제작하는 경우도 있다. 드라이브 샤프트 소재는 스틸이다.

르노 R28의 등속 조인트가 장착되지 않는 모습. 플랜지에 그리스가 두텁게 도포. 리어 서스펜션의 스트로크는 50mm 전후이기 때문에 허브 쪽의 조인트에 필요한 각도와 슬라이드양이 작아서 플랜지가 비교적 얇다.

사진은 승용자동차용 플랜지 등속 조인트로서 기본 구조는 F1도 똑같다. 모터스포츠용 조인트＝트리포드라고 해도 무리가 없다. 드라이브 샤프트는 X-trac 외 커넥팅 로드의 제조(페라리 등이 사용)사인 오스트리아의 방클도에서 제조한다.

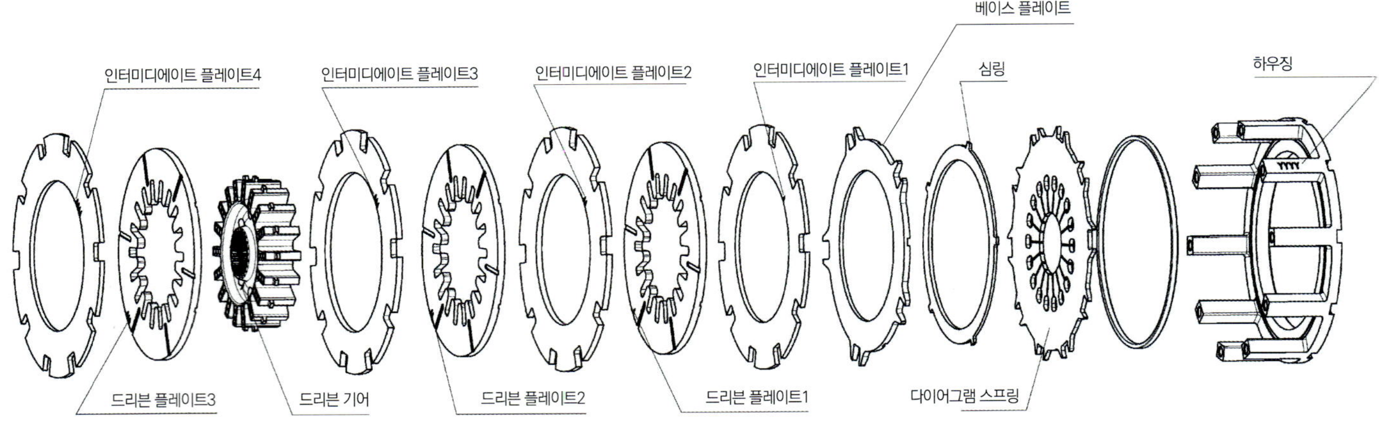

마찰재는 내열성이 뛰어난 카본 파이버를 사용. 플레이트는 3~4장. ZF작스 레이스 엔지니어링은 직경 86mm에서 97mm까지를 갖추고 있다. 마찰계수를 유지하면서 사용의 편리성을 향상시켰다고 한다.

● Clutch

단속(斷續)은 출발할 때와 피트할 때만 이루어진다

F1 엔진은 크랭크샤프트 중심이 낮은 탓에 지름이 큰 클러치는 장착할 수 없다. 그렇기 때문에 큰 용량을 확보할 필요성으로 인해 다판(3~4장)으로 구성된다. 2006년부터 2.4 ℓ /V8 엔진으로 바뀌면서 규정에 따라 크랭크샤프트 중심 위치가 기준면에서 58mm 이상이 되도록 하였다. 따라서 클러치의 지름이 크랭크샤프트의 중심 위치에 의해 저하되는 경우가 없어졌다. 2.4 ℓ 로 바뀌면서 배기량이 2할이나 감소되어 용량 면에서 여유가 생겼는가 하면 그렇지도 않다. 2007년 무렵부터 주류가 되기 시작한 클러치를 접속한 상태로 주행하는 "심리스(seamless) 시프트"가 원인. 변속시 오버로드 하였을 때 완충재로써의 역할이 클러치에 요구되기 때문이다. 또한 2008년부터는 론치 컨트롤(launch control ; 완전 정차되어 있는 차량을 부드럽고 빨리 출발시키는 시스템)이 금지됨으로써 출발의 조작이 완전 수동으로 되돌아간 것도 클러치를 혹사시키는 큰 원인이다.

클러치의 지름이 적은 것도 파악할 수 있지만 동시에 크랭크샤프트의 중심위치가 얼마나 낮은지 증명해 주는 사진.

일반적으로 1세트의 클러치는 주말을 통해서만 사용. 마모가 심해지면 브레이킹 시점이 달라지기 때문에 세션(session)마다 모니터하면서 전자제어 맵으로 조정한다. 온/오프 조작은 와이어로 하며, 작동은 유압으로 이루어진다.

맥라렌 MP4-22(2007년)의 머신 뒷부분. 큰 지름의 파이널 기어를 엿볼 수 있는 드문 장면. 이 뒤로 후방의 충돌흡수 구조가 부착된다. 공력의 효율을 높이기 위해서도 디퍼렌셜＋차동제한 기구는 얇은 편이 좋다.

● Differential

파이널 기어 폭 안으로 디퍼렌셜을 내장

디퍼렌셜 피니언 기어＋사이드 기어로 구성하지 않고 플래니터리 기어를 이용하여 차동제한 기구를 구성한 것은 폭을 줄이기 위해서이며, 파이널 기어 지름의 크기를 제대로 이용한 구조이다. 차동은 유압 다판 클러치의 압착력을 조정하여 제한한다. 팀이 독자적으로 ECU를 개발할 수 있었던 2007년까지는 속도나 스티어링 각도, 브레이크, 엔진 회전속도 등과 협조 제어하여 유압을 세밀하게 컨트롤하고 있었지만 2008년에 표준 ECU를 도입함으로써 제어하는데 있어서 앞뒤 G와 가로 G 신호만 사용할 수 있게 되었다. 감속 G가 높아지면 코너 입구라고 판단하고 가로 G가 강해지면 선회 중, 가속 G가 강해지면 코너를 탈출하는 것으로 판단하여 코너 입구에서는 약하게, 선회 중일 때는 적절하게, 탈출하는 지점에서는 강하게 압착력을 제어한다.

2008년형 페라리 F2008의 스티어링 휠. 왼쪽에 「IN」, 「MID」, 「EXIT」라고 적혀 있는 것이 차동제한력의 조정 다이얼이다. 드라이버가 액셀러레이터 페달에서 발을 떼었을 때 전륜에 엔진 브레이크가 걸리지 않도록 스로틀이 아주 조금 열리게 되는 엔진 브레이크 제어가 금지되었기 때문에 그것을 보완하기 위해 「IN」 이니셜 압착력은 강하게 세팅되어 있다. 속도신호를 저어하는데 사용할 수는 없지만 일정 속도를 한계치로 삼아 저속용, 고속용 등으로 제어 맵을 전환하는 것이 가능하다. 조정 다이얼의 종류나 수는 드라이버 기호에 맞추는 경우가 많다.

앞뒤로 구동력을 고정하여 배분하는 플래니터리 방식 센터 디퍼렌셜을 좌우로 배분하는 디퍼렌셜로 사용하는 스타일. 유압 다판 클러치는 좌우 드라이브 샤프트 플랜지 사이 파이널기어 중심부에 위치한다.

낮은 위치에 있는 인풋 샤프트에서 높은 위치에 있는 휠 센터까지 높여줄 필요가 있는데 그 역할을 기어박스 뒤쪽의 베벨기어가 담당한다. 최고 19000rpm이나 하는 고속 회전기 때문에 파이널 기어의 지름이 크다.

MFi편집부가 예측해서 그린 CG
Illusration：熊谷敏直

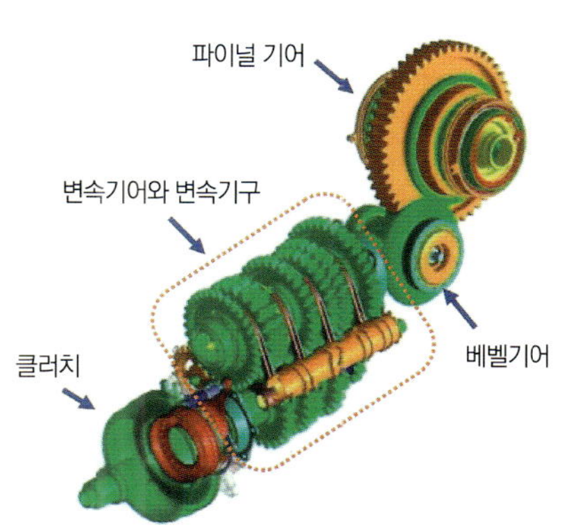

Introduction

일반 차량의 운동성을 추구하는 것이라면
이미 미드십 레이아웃은 불필요하다.

지금으로부터 30년 전에 닛산이 미드십 2시트 스포츠카 개발에 착수했다.
그러나 현재 차량의 운동성능을 담당하는 엔지니어들로부터 이런 얘기를 듣곤 한다.
「다른 부분을 희생하면서까지 미드십에 집착할 필요는 없다」라는.

글 : 마키노 시게오
사진 & 일러스트 : NISSAN / 마키노 시게오

일반 차량에는 실용성이 요구된다. 동승자와 화물을 싣는 공간이 완전 무시될 수 없는 것이다. 뒷자리와 차량 뒤쪽의 트렁크 룸이 갖춰진 GT-R은 그런 의미에서는 실용적인 자동차다. 그러나 운동성능을 강화하기 위해 4륜구동 방식을 사용함으로써 전후 차축의 하중배분을 맞추었다.

자동차의 동적 성능은 4개 타이어의 그립력으로 결정된다. 같은 그립력을 갖는 타이어를 장착하더라도 하중이 어떻게 걸리는지, 하중 변동의 크기와 완급은 어떤지에 따라 운동성능이 달라진다. 그립력에 걸맞은 충분한 하중을 가하는 것이 중요하며, 전후 차축의 중량 배분도 거기서부터 도출된다.

타이어의 그립력은 진행방향의 「구동력」, 브레이크를 작동시켰을 때의 「제동력」, 스티어링 핸들을 회전시켰을 때 발생하는 「선회력」 3가지로 나누어 마찰 원으로서 생각할 수 있는데 원의 면적은 일정하지만 노면의 상태에 따라 감소될 수도 있다. 급브레이크를 작동시켰을 때 핸들이 회전하지 않는 것은 마찰원을 제동방향으로만 사용하기 때문이다.

앞뒤 바퀴 사이의 휠 베이스 안에 중량물을 실을 수 있으면 요(yaw) 관성모멘트가 작아진다. 미드십의 목적은 이 모멘트를 작게 하는데 있다. 그러나 중량이 있는 엔진을 후륜의 차축 바로 앞에 장착했다고 해서 반드시 요 관성모멘트 상에 메리트가 생기는 것은 아니다. 미드십이라는 범주에서도 어떻게 엔진을 장착하느냐가 관건이다.

미드십(Midship)은 배의 중앙부분을 가리키는 말이었다. 범선에서 증기선으로 바뀌면서 배의 중앙부분에 동력실이 위치하고 추진기도 외륜식에서 선미에 배치하는 스크루로 바뀌면서 오늘날과 같은 모습으로 완성되었다. 뒤늦게 등장한 자동차의 미드십 엔진 방식에도 이 이름이 사용되다가 현재에 이르고 있다. 정의하자면 「휠베이스 안에 엔진이 배치되는 것」이라고 할 수 있는데 일반적으로 미드십이라고 불리는 레이아웃은 드라이버 뒤쪽에 엔진이 위치하는 리어 미드십을 가리킨다. 그리고 이 리어 미드십의 레이아웃은 「차량의 운동성을 추구하는데 있어서 궁극적인 스타일」로 칭송받아 왔다.

과연 정말로 그럴까. 리어 미드십과 같은 스타일이 레이싱 카에서 일반 자동차로 확대된 것은 반세기 전의 일로서 현재의 기술 가운데 FF＝프런트 엔진ㆍ프런트 드라이브 혹은 AWD＝올 휠 드라이브(4WD)에서도 MR＝미드십 리어 드라이브와 같거나 반대로 현재의 기술이 그 이상의 운동성능을 갖고 있지는 않을까. 타이어나 섀시도 당시와는 비교가 되지 않을 정도로 진화되었다. 심지어 당시에는 불가능했던 전자제어에 의한 운동성의 컨트롤도 가능해졌다.

MR이 정말로 스포츠카의 가장 뛰어난 스타일일까. 먼저 닛산 자동차에서 운동성능의 연구를 계속해 오고 있는 몇몇 엔지니어에게 이런 질문을 던져 보았다. 다음은 거기에 대한 회답이다.

※　　　※　　　※

닛산이 자동차의 운동성능을 설계하는 가운데 가장 기본에 두는 점은 「누가 탑승하더라도」, 「어느 때라도」, 「어떤 길이라도」라는 3가지의 「Any」로 트리플 에코 컨셉이라고 부르고 있다(아래표 참조). 움직이기 시작한 순간부터 도시나 교외의 와인딩 로드, 고속도로, 비가 오는 날 등 어떤 장소나 상황에서도 운전자의 뜻대로 주행하고 모든 탑승자까지 포함하여 기분 좋은 체감을 시켜준다는 것이다. 차량의 운동성능에 있어서도 단순히 절대치만 높이는 것이 아니라 이 3가지 「Any」를 항상 염두에 두고 있다.

운동성능을 높이기 위해서는 「엔진의 출력에 어울리는 타이어의 마찰원을 부여할 것」, 「특히 구동바퀴에 충분한 하중을 부여할 것」, 「4개의 타이어를 정확하게 유지할 것」 이 3가지가 중요하다. 이것은 FF나 FR, MR(미드십 후륜 구동)에서도 변함없는 공통된 사고방식이다.

그럼 타이어가 갖고 있다는 구동력ㆍ제동력ㆍ선회력의 3방향 그립 능력으로 규정되는 「마찰원」을 엔진의 출력에 어울리게 하는 방법은 무엇일까. 그것은 광폭을 포함한 타이어 자체의 그립력 상승과 타이어 하중의 상승이라고 할 수 있다. 이것은 차량의 레이아웃 단계부터 고려하여야 한다. 운동성능의 특징은 패키징의 좋고 나쁨으로 대부분 정해진다. 엔진의 출력이 큰 자동차에는 그만큼 마찰원을 크게 부여하고 그 마찰원을 잘 사용하기 위해 충분히 타이어에 하중을 부여하여야 한다.

단순히 한마디로 타이어 하중이라고 하지만 그것이 차량이 정지해 있는 정적인 상태뿐만 아니라 드라이버 혼자 탑승하였을 때부터 풀로 탑승하였을 때 또는 화물까지 가득 실은 상태로 주행할 때 그 상태에서 전륜으로 하중이 크게 이동하는 브레이킹과 같은 동적인 상태까지 고려하여야 한다. 4개의 타이어에 어느 정도의 정적하중을 부여할 지는 이러한 복잡한 요소들로부터 결정된다.

아주 단순하게 말하면 FF차에서는 전륜과 후륜이 50%대 50%보다도 약간 전륜쪽으로 하중이 많이 실리는 시점이 타협점이 된다. 4~5인 좌석의 FR차에서는 뒷자리 부근에 있는 연료 탱크를 가득 채우고 뒷자리에 풀로 탑승하였 경우에 50대50으로 정적인 상태를 설정하면 실용 단계에서는 후륜으로 하중이 치우치는 중량의 배분이 된다. 구동바퀴인 후륜의 하중이 증가한다는 것이 플러스 요인이긴 하지만 동시에 전륜의 하중이 줄어드는 결과가 됨으로써 스핀 모드에 걸리기 쉬운 경향을 띠게 된다.

같은 후륜구동이라 하더라도 예를 들면 서킷 같은 포장도로만 달리는 레이싱 카의 경우는 타이어 사이즈와 보디 전체의 공력 밸런스(특히 전후 타이어에 가해지는 다운포스)의 자유도가 일반 차량보다 높아진다. 전륜하중이 작다는 점을 역으로 이용하는 설계도 가능하다. 그러나 일반 차량에서는 과다한 후륜하중을 취할 수 없다. 그것은 트리플 애니 컨셉에 반하기 때문이다. 숫자로만 어필해서는 곤란하지만 모든 요소를 고려한 가운데 정리된 기준으로는 전륜 하중 52%대 후륜 하중 48% 부근이 중량의 밸런스가 「적절한 선」으로 여겨진다.

닛산의 FR 모델은 소위 말하는 FM패키지인 스카이라인이 엔진의 중심을 가능한 캐빈 쪽으로 치우치도록 하고(엔진은 후퇴시켜) 있다. 4륜 하중을 약간 경감시키는 효과를 얻기 위해서다. GT-R에서는 이것과 마찬가지로 엔진을 후퇴시킨 가운데 트랜스미션을 후륜쪽에 장착하는 트랜스 액슬 방식을 채택하였다. 엔진에 비하면 트랜스미션이 가볍지만 그래도 이것을 후륜쪽에 배치함으로써 얻을 수 있는 하중의 분산효과는 크다.

무엇보다 후륜구동 자동차의 후륜하중을 최대한으로 늘리고 싶으면 엔진을 후륜 부근에 배치하여 엔진의 중량으로 하중을 가하는 미드십 방식이 가장 효과적이다. 그러나 단순히 후륜의 하중을 높이기만 해서는 앞서 말한 문제가 발생하기도 하고 자동차의 진행방향을 결정하는 전륜도 단단히 접지시키면서 후륜 구동력을 지면에 전달시키기는 차원에서 GT-R의 FR 레이아웃이 연구되었다.

또 하나 구동바퀴의 하중을 높인다는 의미에서는 4륜을 구동바퀴로 하는 것도 효과적이다. 4개 타이어의 마찰원을 효과적으로 사용할 수 있다. 일반 자동차의 경우는 선회/가ㆍ감속이라는 자동차 쪽의 자세뿐만 아니라 노면의 상태에 따라서 타이어의 하중이 변화된다. 이러한 동적인 타이어의 하중 변화를 최대한 억제시키는 주요 기술 가운데 하나로서 AWD화는 효과가 있다. GR-R의 4WD도 이러한 효과를 노린 것이다.

서스펜션 설계도 타이어의 하중에 크게 영향을 미친다. 일반 자동차가 주행하는 도로가 꼭 좋은 것만은 아니어서 좌우 바퀴의 하중이 변화하는 불규칙한 도로도 많다. 타이어를 노면에 단단히 접지시키고 좌우 바퀴의 하중 변동을 최대한 작게 하기 위해서는 잘 움직이면서 스트로크가 긴 서스펜션이 필요하다. 동시에 보디의 공력 특성도 일정 이상의 속도 영역에서는 접지성에 영향을 주기 때문에 리프트를 억제시키는 보디 설계가 중요하다. 서스펜션과 보디에 대해서는 자세의 변화를 시키는 것이 아니라 자세의 변화를 흡수하는 설계가 요구된다.

이와 같이 차량의 운동성능에 있어서 구동바퀴의 타이어 하중은 중요한 요소를 이루는데 후륜구동 자동차의 후륜하중을 무턱대고 높여서는 마이너스 측면도 불러오게 된다. 그립의 영역에서 안심과 그것을 넘어섰을 때의 안전을 생각했을 때 반드시 양산 스포츠카에 MR방식이 메리트가 있다고 단언할 수는 없다. MR의 레이아웃을 선택하고 만약의 경우에는 스태빌리티 컨트롤로 드라이버의 운전조작에 개입하는 방법도 있는데 스핀 모드에 빠지기 쉬운 MR에서는 그런 개입도 조금 빨리 할 필요가 있다. 그런데 이렇게 까지 하면서 MR을 선택하는 것은 그 의미가 퇴색되는 것 같다.

Anyone	드라이버가	동승석 사람이	뒷자리 사람이	
Anywhere	건조한 노면에서		젖은 노면에서	
Anytime	출발 후 30m 동안	일반 간선 도로에서	고속도로에서	초고속 영역에서

닛산자동차 기술개발본부 차량성능 개발부
차량 동성능 개발 그룹
엑스퍼트 리더

하토 노부야
Nobuya HATO

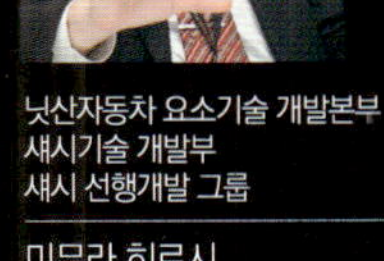

닛산자동차 요소기술 개발본부
섀시기술 개발부
섀시 선행개발 그룹

미무라 히로시
Hiroshi MIMURA

닛산자동차 기술 개발본부
차량성능 개발부
차량 동성능 개발 그룹

오고세 와타루

11

미드십 차량의 드라이브 트레인 구성

미드십이라고 한 마디로 얘기해도, 엔진에서 파이널 드라이브 유닛에 이르기까지를
차체의 어디에 어떤 형태로 배치하고 배열하는지에 따라 다양한 패턴이 존재한다.
그 대표적인 구성을 잠깐 살펴보는 것만으로도 시판되는 미드십 차량의 설계가 얼마나 어려운지 짐작할 것이다.

글 : 마쓰다 유지

일러스트 : 주후쿠 타카시 / 쿠마가이 토시나오/ LANCIA / PORSCHE

미드십 차량의 설계에 있어서 기술적인 과제 중 하나는 파워 패키지와 드라이브 트레인의 구성이다.

레이싱 머신의 경우는 규정(regulation)과 공력적인 요구와의 균형을 바탕으로 그때그때의 최적인 구성을 도출해 낸다. 그러나 양산 차량의 경우는 역학적, 기계적인 최적의 구성이 반드시 상품성 향상으로 연결되는 것은 아니다. 애초에 「엔진을 차체의 중앙에 가깝게 가능한 낮게 탑재한다.」라는 것과 탑승자의 쾌적성 및 실용성 자체가 상반되기 쉬운 것이다. 심지어 변속기나 구동 계통의 부품을 설계한 다음에 연료 탱크나 스페어 타이어, 화물용 공간도 확보하여야 한다. 이로 인해 수없이 반복되어 온 시행착오의 역사를 되짚어 보자.

● 엔진 세로 배치 / 트랜스미션 세로 배치 – 1

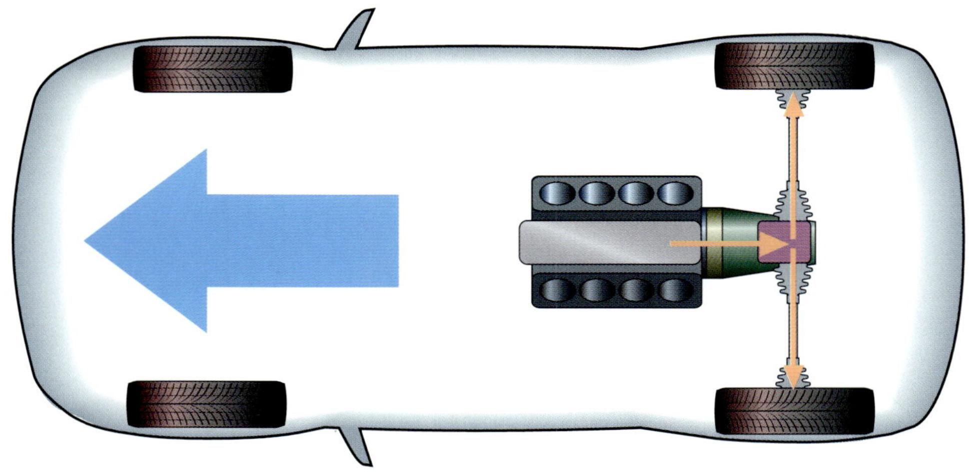

엔진부터 FDU(Final Drive Unit)까지 순서대로 직렬로 배치한다. 가장 기초적이고 간단한 배치로서 앞뒤의 중량 배분, 중심위치 등의 측면에서도 이상적이라고 생각할 수 있는 구성이지만 특히 양산 자동차에서 사용한 경우는 드물다. 그 이유는 단순명쾌하다. 드라이브 트레인 전체의 앞뒤 길이가 커져서 차량의 패키지 상 제약이 커지기 때문이다. 그림에서는 편의적으로 트랜스미션 하우징 안에 FDU를 배열하여 앞뒤의 길이를 맞추었지만 그래도 다른 구성과 비교하여 엔진의 탑재 위치를 전진시키지 않을 수 없다. 심지어 연료 탱크나 보조기기류의 배치를 어떻게 할 것인가에 대한 문제에 봉착하기도 쉽다. 미드십을 하려는 본질적인 의의에 충실한 구성이지만 상품으로서는 가장 구현하기 어렵다는 점이 아이러니하다.

● 엔진 세로 배치 / 트랜스미션 세로 배치 - 2

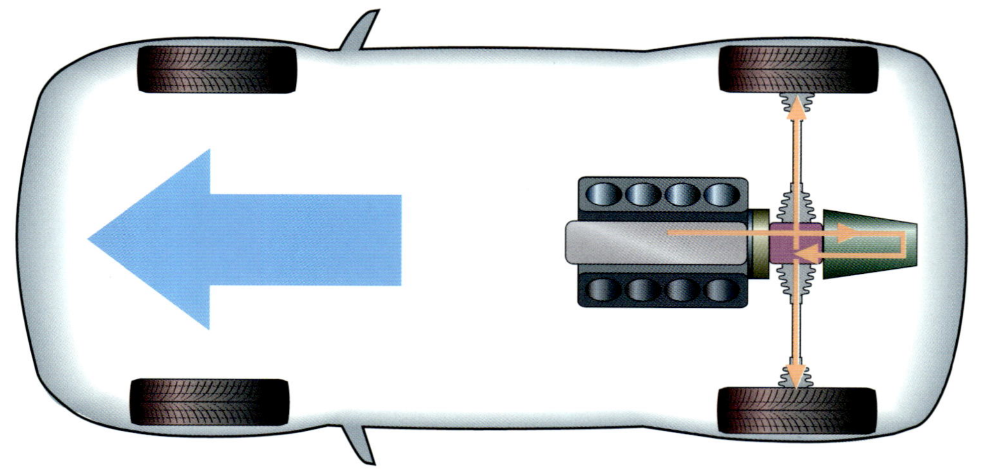

트랜스미션을 후륜의 차축 후방에 배치하고 카운터 샤프트 쪽에서 출력을 전방의 FDU로 전달한다. 흔히 말하는 트랜스 액슬 방식으로 엔진을 세로로 배치한 미드십 차량의 일반적인 구성이다. 시판되는 미드십 차량의 원조인 데토마소 빌레룽가가 이 구성을 사용한 것은 VW 비틀이 트랜스 액슬 하우징을 유용한 것이 이유였다. 트랜스미션의 중량이 차체의 뒤쪽에 치우치게 되지만 차체의 패키지와의 균형을 고려하였을 경우 특히 배기량이 적은 자동차에서는 큰 문제가 아니라고 판단하였다. 그러나 고출력의 엔진을 탑재하여 트랜스미션을 대용량화할 경우에는 그 중량으로 인해 조종성과 안정성에 미치는 영향을 무시할 수 없게 된다.

● 엔진 세로 배치 / 트랜스미션 세로 배치 - 3

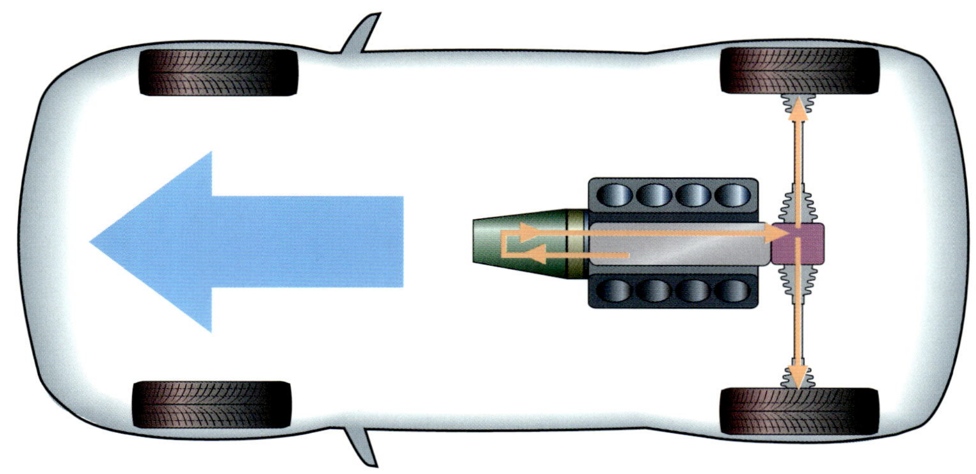

FR차량의 일반적인 드라이브 트레인 구성을 180° 반전시킨 레이아웃이다. 트랜스미션이 차량의 실내로 들어가지만 그것은 FR차량의 경우도 드물지 않은 것이고 시프트 링케이지의 배치는 오히려 용이하게 된다. 파올로 스탄짜니(Paolo Stanzani)가 람보르기니 카운타크(Lamborghini Countach)에 적용한 어 레이아웃은 양산 미드십 차량의 패키지에 있어서 하나의 이론적 필연이라고 할 수 있다. 특히 2500mm 정도의 휠 버 이스 사이에 12기통 등 앞뒤 길이가 큰, 고출력 엔진을 탑재하면서 앞뒤의 중량 배분을 조금이라도 적정화하려고 생각했을 경우는 최적의 방법이라고도 할 수 있다. 다만 문제는 소음과 열, 진동 등이다. 특히 근대적인 기준으로 보자면 이 패키지를 성립시키는데 있어서 곤란한 점이 수반된다.

● 엔진 세로 배치 / 트랜스미션 가로 배치

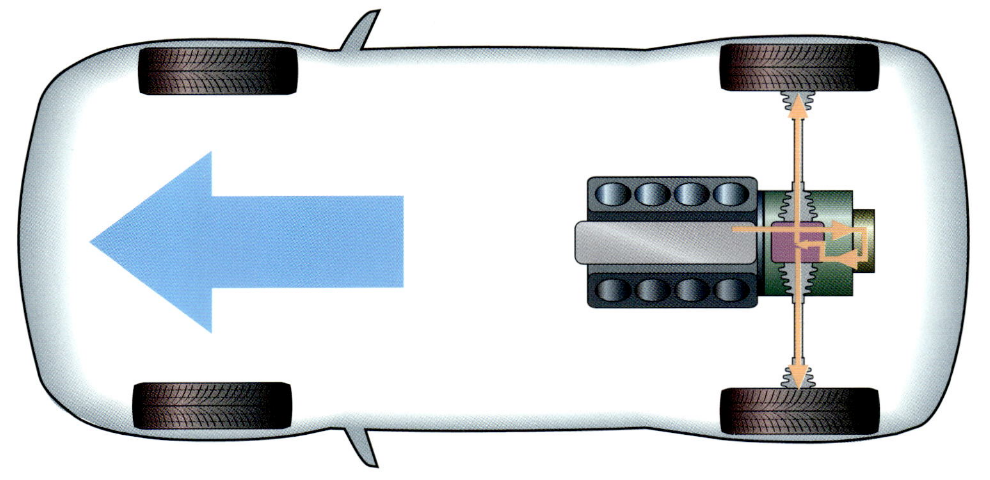

엔진 쪽에서 출력의 전달 방향을 베벨기어 등에 의해서 가로방향으로 변환한 후 세로로 배치한 트랜스미션의 입력축에 전달한다. 그림은 클러치 하우징을 드라이브 트레인 뒤쪽 끝에 배치한 페라리 348tb를 참고한 것으로 트랜스 액슬 부분을 어떻게 구성하느냐에 따라 달라지기 때문에 다른 배열로도 레이아웃을 할 수 있다. 중량을 배분하는데 있어서 여유를 확보한 상태에서 리어 오버행의 중량을 저감할 수 있는 외에 기계적으로도 그다지 복잡하지 않기 때문에 레이싱 머신에서도 사용하는 경우가 적지 않다. 양산 미드십 차량에 있어서도 중량 배분의 적정화와 차체 패키지의 자유도를 양립시키는 가장 좋은 레이아웃 가운데 하나라고 생각할 수 있다. 앞으로의 미드십 형태를 예측하건데 4WD로 변화시키지 못한다는 점이 단점이라면 단점이다.

● Ferrari 365GT4 BB(1973)
엔진 : 세로 배치 / 트랜스미션 : 엔진 아래 세로 배치

람보르기니 미우라 그리고 카운타크 등 슈퍼카급 퍼포먼스 미드십 차량의 등장에 자극받은 페라리는 대항책을 기획하게 된다. 당시 F1 머신에 탑재하고 있던 180도 V형 12기통의 레이아웃을 답습한 엔진으로 양산 미드십 차량을 내놓는다는 것이다. F1 직계라는 이미지를 활용한 마케팅 전략이다. 나아가 숏 휠 베이스와 실내의 거주성을 확보하기 위한 패키징을 실현하기 위해 세로배치의 트랜스미션과 FDU를 엔진의 아래쪽에 배치하는 「2중 구조」의 레이아웃을 취해야 했다. 그 결과 중심의 위치가 높아지는데서 오는 조종성과 안정성의 악화에 대처하기 위해 다양한 처리가 이루어진 것으로도 유명하다.

엔진형식 : 180도 V형 12기통
밸브구동 : DOHC 2밸브
배기량 : 4390.3cc
보어×스트로크(mm) : 81×71
트랜스미션 : 5단 MT

전장×전폭×전고(mm) : 4360×1800×1120
휠 베이스(mm) : 2500
트레드(mm) : F1500 R1510
차량중량(kg) : 1385
서스펜션 : FR 모두 더블 위시본
타이어 사이즈 : FR 모두 215/70VR15

● Lamborghini Countach(1973)
엔진 : 세로 배치 / 트랜스미션 : 엔진 후방 세로 배치

V형 12기통 미드십 차량으로 가장 먼저 등장한 것은 미우라지만 그 조종성과 안정성에 대해서는 결코 높은 평가를 얻었다고는 할 수 없다. 후속 모델의 기획단계에서는 미드십 차량으로서 당연히 갖춰야할 운동성능과 안정성 2가지 측면의 양립이 테마로 등장하였다. 엔진은 세로로 배치하였지만 탑재 방향은 일상적인 경우와 반대로 출력쪽이 전방을 향하고 있다. 그 전방 즉, 차량의 실내로 침범하듯이 세로로 트랜스미션을 배치하여 카운터 쪽의 출력을 오일 팬 내부를 관통하는 프로펠러 샤프트를 매개로 엔진 배후의 FDU로 전달한다. 이렇게 함으로써 2450mm나 되는 휠 베이스에 V형 12기통을 장착하는데 성공하였지만 프로펠러 샤프트만큼 엔진의 탑재위치가 높아지게 됨으로써 부정적인 측면도 무시할 수 없다.

엔진형식 : 60도 V형 12기통
밸브구동 : DOHC 2밸브
배기량 : 3929cc
보어×스트로크(mm) : 82×62
트랜스미션 : 5단 MT

전장×전폭×전고(mm) : 4140×1890×1070
휠 베이스(mm) : 2450
트레드(mm) : F1500 R1520
차량중량(kg) : 1065
서스펜션 : FR 모두 더블 위시본
타이어 사이즈 : F205/70VR14 R215/70VR14

Porsche 914 (1969)

엔진 : 세로 배치 / 트랜스미션 : 엔진 후방 세로배치

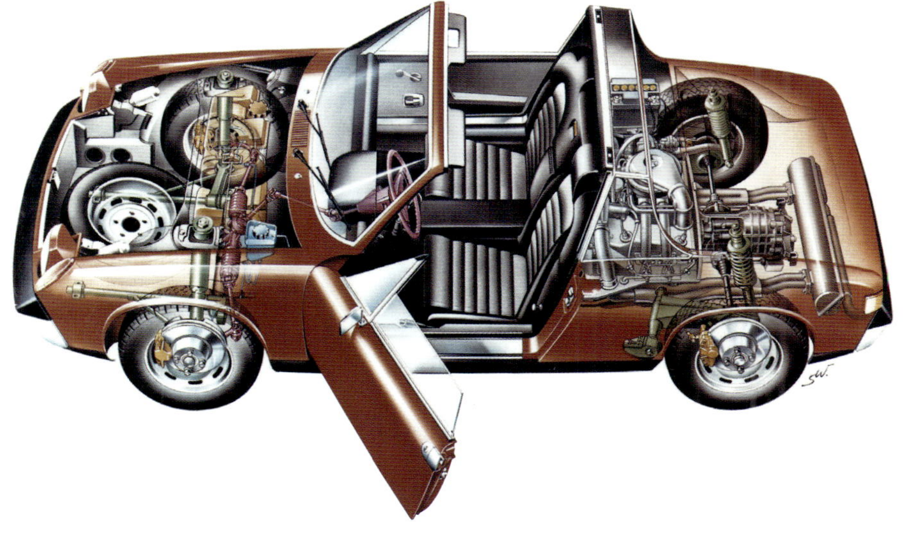

엔진형식 : 수평대항 4기통
밸브구동 : OHV 2밸브
배기량 : 1679cc
보어×스트로크(mm) : 90×66
트랜스미션 : 5단 MT

전장×전폭×전고(mm) : 3985×1660×1230
휠 베이스(mm) : 2450
트레드(mm) : F1337 R1374
차량중량(kg) : 900
서스펜션 : F 스트럿 R 세미 트레일링 암
타이어 사이즈 : FR 모두 155SR15

피아트 X1/9와 나란히 미드십 차량을 적정화한 존재. 911 차체에 VW 제 4기통 엔진을 탑재한 912를 라인업하고 있었는데 가격대가 그래도 고가였던 관계로 이를 해소할 차량으로 기획되었다. 파워 패키지는 VW가 비틀의 후계차로 생각하여 리어 엔진의 4도어 「411」용으로 개발한 것을 앞뒤를 반대로 탑재하였다. 앞뒤의 길이가 짧은 수평대항 4기통 엔진＋트랜스 액슬의 레이아웃으로 인해 뛰어난 중량의 배분과 중심위치를 갖추고 있다. 심지어 거주성도 높은 수준을 확보하고 있지만 운동 성능을 포함한 상품성의 면에서 주력 모델인 911을 능가하는 일은 없도록 오픈 보디만 만드는 등 전략은 오늘날의 박스터와 비슷하다.

BMW M1 (1978)

엔진 : 세로배치 / 트랜스미션 : 엔진 후방 세로배치

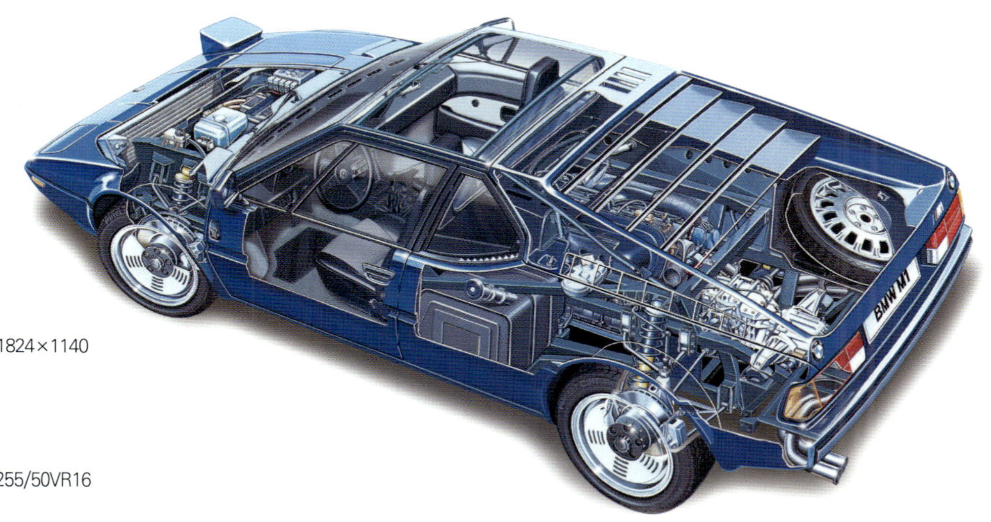

엔진형식 : 직렬 6기통
밸브구동 : DOHC 4밸브
배기량 : 3453cc
보어×스트로크(mm) : 93.4×84
트랜스미션 : 5단 MT

전장×전폭×전고(mm) : 4360×1824×1140
휠 베이스(mm) : 2560
트레드(mm) : F1545 R1584
차량중량(kg) : 1290
서스펜션 : FR 모두 더블 위시본
타이어 사이즈 : F205/55VR16 R255/50VR16

1976년부터 세계 메이크스 선수권이 걸린 투어링카 그룹5 규정의 제패를 목표로 BMW 모터 스포츠 GmbH가 기획한 베이스 차량. 이를테면 란치아 스트라토스의 대중적인 모델이라고 생각하면 될 것이다. 개발 작업을 람보르기니 및 이탈디자인과 제휴하여 진행되었던 것으로도 유명하다. 엔진은 「빅6」로 불리며 당시 3.0CSL 등에 탑재되어 있던 M49/4형 직렬 6기통을 베이스로 삼아 오일 팬을 새로 설계하고 트윈 플레이트 클러치를 사용한 M88형 엔진을 가로로 배치한다. 구동계통은 레이스 사양으로서 정비의 편리성 등도 고려하여 ZF제 5DS25형 트랜스 액슬을 조합한 상당히 표준적인 구성을 사용하고 있다.

Lancia Delta S4 (1985)

엔진 : 세로 배치 / 트랜스미션 : 엔진 후방 세로 배치

엔진형식 : 직렬 4기통
밸브구동 : DOHC 4밸브
배기량 : 1759cc
보어×스트로크(mm) : 88.5×71.5
트랜스미션 : 5단 MT

전장×전폭×전고(mm) : 4005×1800×1500
휠 베이스(mm) : 2440
트레드(mm) : F1500 R1520
차량중량(kg) : 1200
서스펜션 : FR 모두 더블 위시본
타이어 사이즈 : FR모두 205/55VR16

미드십 차량의 역사를 말하는데 빼놓을 수 없는 것이 B~C 세그먼트의 FF해치백 차량을 미드십으로 만든 랠리 베이스 차량이다. 그 원조격이 사진 왼쪽의 르노5 터보(1980년)라 할 수 있고 좌측 그림의 델타S4 사진 우측의 푸조 205T16(1984년)이 대표적이라 할 수 있다. 다만 각 차량의 파워 트레인 배치는 제각각이며, 5터보는 람보르기니 카운타크와 마찬가지로 「세로 장착/세로 장착-2」 배치의 후륜 구동을 하고 있다. 베이스 차량이 이전 모델인 르노4와 마찬가지로, FF 상태에서 사용하고 있던 세로 배치를 그대로 후방으로 옮겨놓은 형태로 미드십으로 만들었기 때문이다. 205T16은 가로 배치/가로 배치로 비스커스 커플링 사용의 센터 디퍼렌셜에 의한 4WD 방식이다. 그리고 델타S4는 세로 배치/세로 배치로 비스커스 방식 센터 디퍼렌셜의 4WD로 되어 있다.

엔진 가로 배치 / 트랜스미션 가로 배치

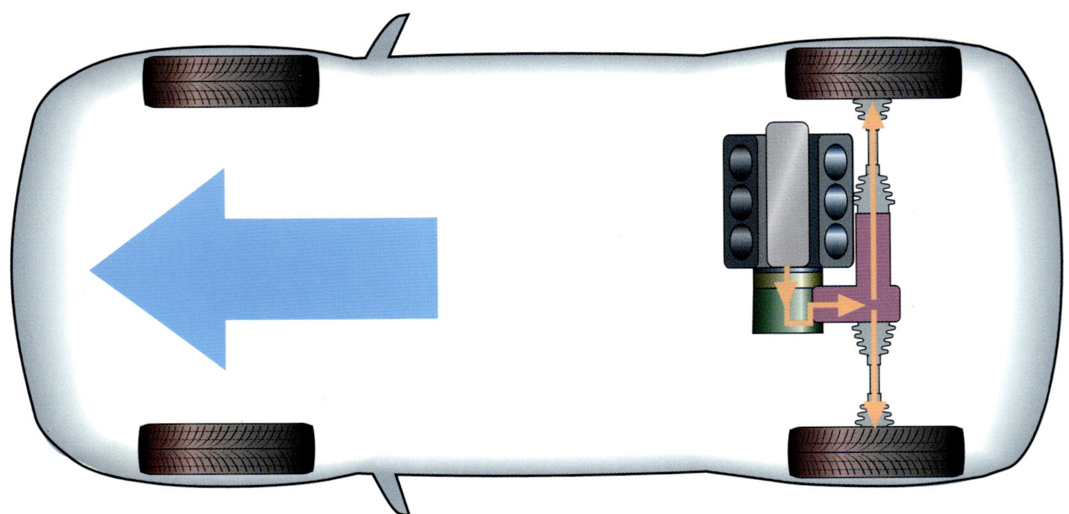

가로로 엔진을 배치한 미드십 차량의 원조로 알려진 것은 레이싱 머신을 순식간에 미드십으로 바꾸는 계기를 부여한 쿠퍼 500(1947년)이다. 다만 이것은 모터사이클용 엔진을 탑재한 데서 나온 "결과"로 차량의 패키지 효율을 높이기 위한 가로 배치는 혼다 최초의 F1 머신인 RA271(1964년)이 그 시조라고 생각해야 할 것이다.

그리고 근대에 있어서 가로 배치는 피아트 X1/9에서 시작된 FF용 트랜스 액슬 유닛의 유용이 그 의미를 갖는다고 하겠다. 생산 단가의 절감, 패키지 효율의 향상이라는 장점이 있긴 하지만 엔진의 탑재위치가 크게 제한을 받기 쉬워 미드십의 본질적인 의미가 반영되었는지가 의문스런 구성이다.

▶ Lamborghini Miura(1966)

엔진 : 가로 배치 / 트랜스미션 : 엔진 측면 가로 배치

엔진형식 : 60도 V형 12기통
밸브구동 : DOHC 2밸브
배기량 : 3929cc
보어×스트로크(mm) : 82×62
트랜스미션 : 5단 MT

전장×전폭×전고(mm) : 4360×1780×1080
휠 베이스(mm) : 2504
트레드(mm) : F1418 R1412
차량중량(kg) : 1180
서스펜션 : FR 모두 더블 위시본
타이어 사이즈 : FR 모두 205VR15

강판을 용접하여 완성시킨 섀시에 V형 12기통 엔진을 미드십으로 배치하고 마르첼로 간디니의 손길에 의해 물 흐르듯이 아름다운 보디 디자인으로 탄생한 것만으로도 세상의 주목을 받은 "원조 슈퍼카"이다. 미우라는 파워 패키지의 구성부터도 이채로운 구성을 띄었다. 장파올로 달라라가 지휘한 이 구성은 엔진 실린더 블록 옆으로 블록을 감싸듯이 트랜스미션을 배치하여 양쪽을 일체로 성형하는 말하자면 유닛 컨스트럭션 구조(unit construction, 단체구조)를 사용한 것이다. 당시에는 운동성능을 확보하기 위해서 휠 베이스를 2500mm 정도로 설정하는 것이 정설로 여겨졌던 상황이고 그 안에 배기량 많은 12기통 엔진을 장착하기 위한 필연적 원인에서 태어난 레이아웃이었다. BMC 미니나 마세라티의 F1용 시작(試作) 파워 트레인에 영향을 끼쳤다고 전해지고 있다.

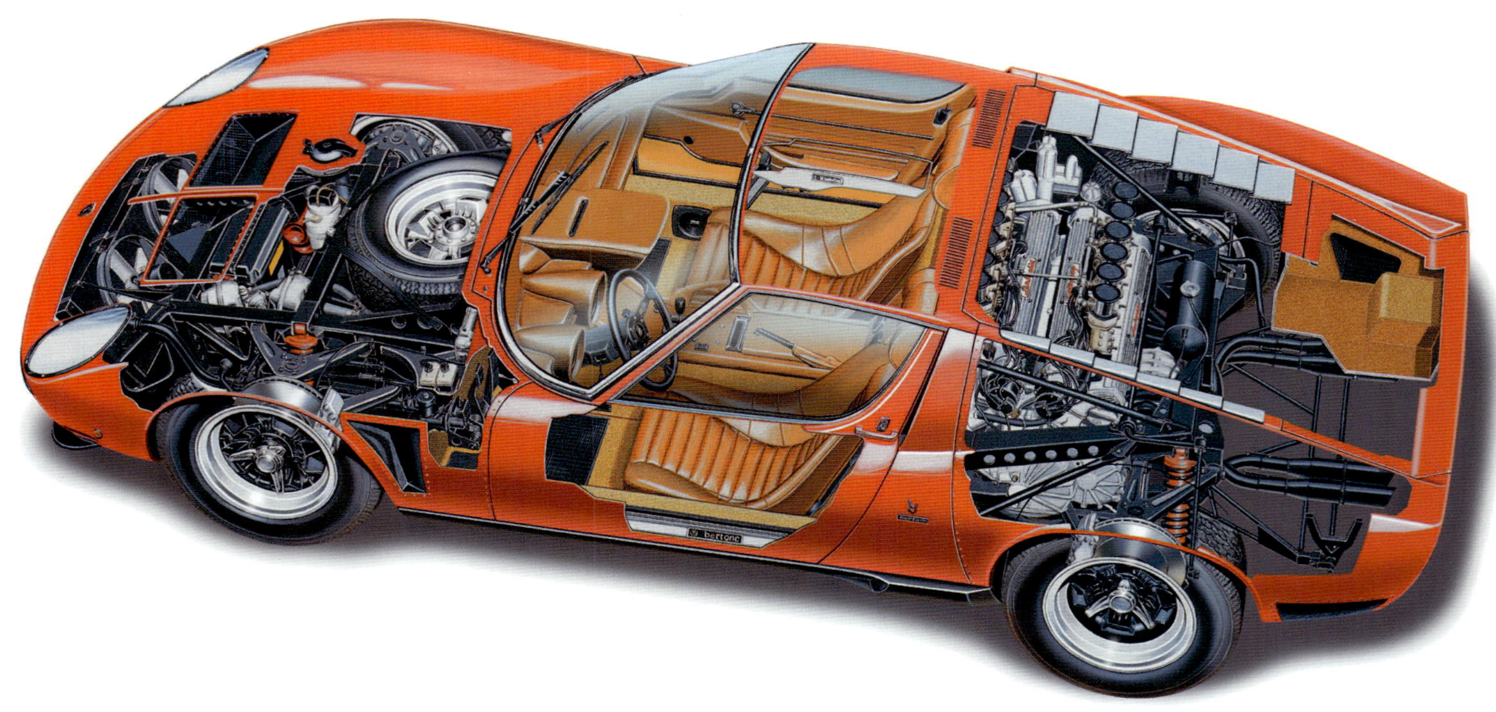

Dino 246GT(1969)
엔진 : 가로 배치 / 트랜스미션 : 엔진 배후 가로 배치

엔진형식 : 65도 V형 6기통
밸브구동 : DOHC 2밸브
배기량 : 1987cc
보어×스트로크(mm) : 86×57
트랜스미션 : 5단 MT

전장×전폭×전고(mm) : 4200×1700×1115
휠 베이스(mm) : 2280
트레드(mm) : F1425 R1400
차량중량(kg) : 1040
서스펜션 : FR 모두 더블 위시본
타이어 사이즈   FR 모두 185VR14

「앞뒤 트레드의 평균치로 휠 베이스를 나눈 수치가 1.6정도」라는 목표를 달성하기 위해 65도 V뱅크 각에서 55도 옵셋의 6슬로 크랭크를 갖는 6기통 엔진을 트랜스미션과 함께 가로로 배치한 레이아웃을 하였다. 다만 미우라와는 달리 유닛 컨스트럭션 구조가 아니며, 또한 전용의 설계도 아니기 때문에 오일 팬과 일체로 만들어진 트랜스미션은 엔진 경사면 아래 부근에 위치하게 됨으로써 크랭크샤프트의 중심위치가 높아진다. 엔진의 출력은 클러치를 통과한 후 3개의 스퍼 기어를 매개로 트랜스미션으로 전달되는 형태이다. 이 「반 이층건물」과 같은 레이아웃은 그 후에도 미들 사이즈 페라리에 계승되어 가게 된다.

Honda NSX(1990)
엔진 : 가로 배치 / 트랜스미션 : 엔진 옆에 가로 배치

엔진형식 : 90도 V형 6기통
밸브구동 : DOHC 4밸브
배기량 : 2977cc
보어×스트로크(mm) : 90×78
트랜스미션 : 5단 MT

전장×전폭×전고(mm) : 4430×1810×1170
휠 베이스(mm) : 2530
트레드(mm) : F1510 R1530
차량중량(kg) : 1350
서스펜션 : FR 모두 더블 위시본
타이어 사이즈 : F205/50ZR15 R225/50ZR16

피아트 X1/9에서 시작된 자코사(giacosa) 방식 FF용 파워 파키지 전용의 가로 배치 미드십 레이아웃에 있어서 하나의 궁극점에 도달한 예라고 할 수 있다. 기호 초기 단계에서는 세로 배치도 검토되었지만 V형 6기통의 경우 엔진 자체의 치수는 세로 배치든 가로 배치든 큰 차이는 없다. 구태여 가로로 배치한 것은 어디까지나 패키지 효율의 향상이 목적이었다. 우측의 핸들이 전제이기 때문에 동승석의 위치를 전진시키는 데는 한계가 있어서 심지어 실린더 헤드에는 큰 부피의 VTEC 사용이 요구되는 상황 등에 따라 휠 베이스가 2530mm로 약간 길게 설정되었다. 그러나 연료 탱크를 캐빈과 엔진의 칸막이 사이에 배치함으로써 연료의 잔량이 조종성에 미치는 영향을 최소한으로 억제시킨다. 차체의 일부분을 철저히 강화시킨 제조 기법으로 인해 미드십 차량의 조종성과 안정성의 측면에서 새로운 경지를 개척하였다.

사진 & 일러스트로 보는 꿈의 자동차 기술

Motor Fan illustrated

日本語版 직수입

2013 서울 모터쇼에서 호평

판매가 28,000원

MFi 과월호 안내

구입은 **www.gbbook.co.kr** 또는 영업부 Tel_ **02-713-4135**로 연락주시길 바랍니다.
본 서적은 일본의 삼영서방과 도서출판 골든벨의 **재고량에 따라 미리 소진**될 수 있음을 알려 드립니다.

Vol.1	Vol.2 재고없음	Vol.3	Vol.4	Vol.5 재고없음	Vol.6	Vol.7	Vol.8 재고없음
디젤 신시대	하이브리드차의 능력	최신 서스펜션도감	패키징 & 스타일링론	엔진 기초지식과 최신기술	4WD 최신 테크놀로지	안전기술의 현재	트랜스미션

      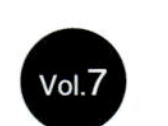 

        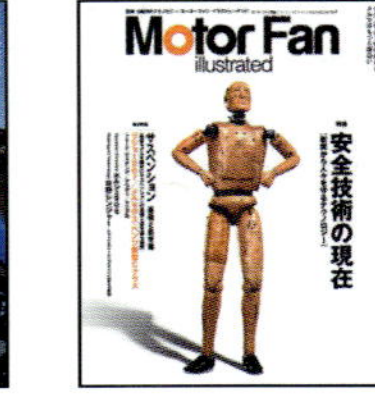 

Vol.9	Vol.10 재고없음	Vol.11	Vol.12	Vol.13	Vol.14	Vol.15	Vol.16
ITS 고도정보화 교통시스템	보디 컨스트럭션	조향 · 브레이크의 테크놀로지	쇽업소버의 테크놀로지	과급 엔진 테크놀로지	엔진의 배기다기관 디자인	최신 자동차기술총감	Electric Drive

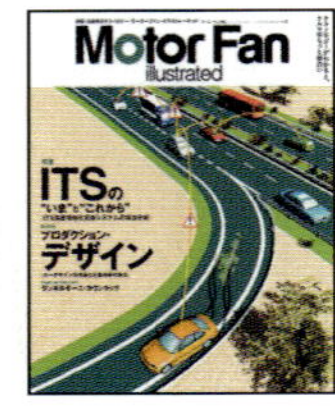      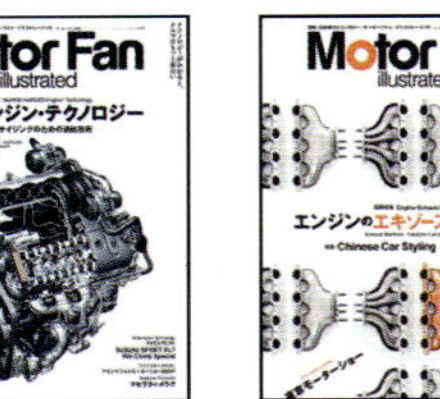   

Vol.17	Vol.18	Vol.19	Vol.20	Vol.21	Vol.22	Vol.23	Vol.24
랜서 에볼루션	자동차의 플랫프레임	로터리 엔진	수평대향 엔진 테크놀로지	변속기 진화론	차세대 자동차 개발 최전선	에어로 다이나믹스 자동차의 공력 개발	구동계 완전 이해

     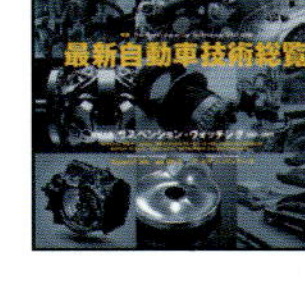  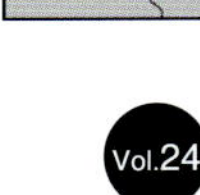

  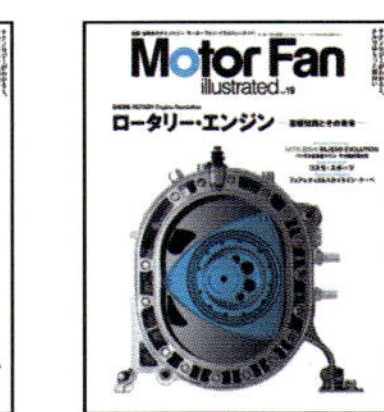      

Vol.25	Vol.26	Vol.27	Vol.28	Vol.29	Vol.30	Vol.31	Vol.32
디젤의 역량	가솔린의 테크놀로지	최신 자동차기술총감 (2008~2009)	배기열 이용의 테크놀로지	시트의 테크놀로지	레이싱 엔진	독일 엔진	미드십 레이아웃

   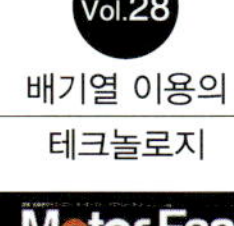    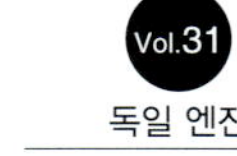 

 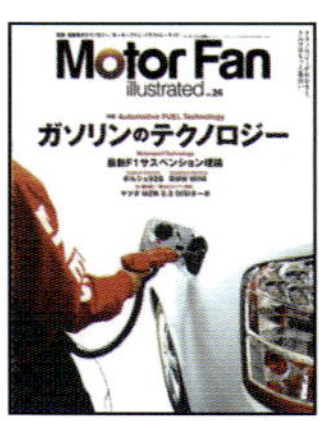